高等学校计算机类"互联网+"规划教材配套教材

大学计算机基础实验教程

（第5版）

主　编　张　兵　王亚明　吕海芳
副主编　杨翠芳　谢　渠
主　审　张学东

北京邮电大学出版社
·北京·

内 容 简 介

本书根据教育部高等学校大学计算机课程教学指导委员会针对计算机基础教学的目标与定位、组成与分工，以及计算机基础教学的基本要求和计算机基础知识的结构所提出的“大学计算机基础”课程教学大纲并结合高等教育阶段信息技术教育的现状编写而成。全书共5章，包括 Windows 10 操作系统实验、办公软件（WPS）实验、计算机网络基础实验、多媒体技术基础实验、常用工具软件实验。

本书可作为高等学校本科、专科计算机基础教学的教材，也可以供计算机爱好者系统学习计算机知识参考。

图书在版编目（CIP）数据

大学计算机基础实验教程 / 张兵，王亚明，吕海芳主编. -- 5 版. -- 北京 ：北京邮电大学出版社，2024.
ISBN 978-7-5635-7297-7

Ⅰ. TP3

中国国家版本馆 CIP 数据核字第 2024RG0107 号

策划编辑：马　飞　　**责任编辑：**向　蕾　　**封面设计：**广信达雅

出版发行：北京邮电大学出版社
社　　址：北京市海淀区西土城路 10 号（100876）
电话传真：010-82333010　62282185（发行部）010-82333009　62283578（传真）
网　　址：www. buptpress3. com
电子信箱：buptpress3@163. com
经　　销：各地新华书店
印　　刷：三河市骏杰印刷有限公司
开　　本：787 mm × 1 092 mm　1/16
印　　张：13.75
字　　数：335 千字
版　　次：2011 年 8 月第 1 版　2024 年 8 月第 5 版
印　　次：2024 年 8 月第 1 次印刷

ISBN 978-7-5635-7297-7　　定价：42.00 元

前言

进入 21 世纪以来，计算机的应用更为普遍，计算机已经成为人们日常工作和生活的重要组成部分。“大学计算机基础”课程的主要任务是培养大学生利用计算机来分析和解决问题的思维能力和操作能力。为进一步加强计算机基础教学，2004 年 9 月、2009 年 10 月和 2023 年 4 月，教育部高等学校大学计算机课程教学指导委员会先后发布了《关于进一步加强高等学校计算机基础教学的意见》（俗称“白皮书”）、《高等学校计算机基础教学发展战略研究报告暨计算机基础课程教学基本要求》和《新时代大学计算机基础课程教学基本要求》等计算机基础教学改革指导性文件，为高等学校开展计算机基础教学改革指明了方向。2010 年 7 月，清华大学、北京大学和浙江大学等 9 所高校发表《九校联盟（C9）计算机基础教学发展战略联合声明》，指出计算机基础教学是培养大学生综合素质和创新能力不可或缺的重要环节，同时旗帜鲜明地提出了把“计算思维能力培养”作为计算机基础教学的核心任务。2023 年 12 月，教育部高等学校大学计算机课程教学指导委员会在厦门召开会议，指出大学计算机基础教学肩负高等教育阶段培养非计算机专业学生的计算思维能力、普及新一代信息技术教育、提高大学生计算机应用能力的历史重任。在此次会议中，与会专家和学者就智能化时代如何根据专业差异化需求构建大学计算机通识教育课程体系，如何与时俱进地改革大学计算机通识课程内容、开展课程思政和教材建设，如何融合新兴技术开展实践教学改革等问题进行了相关探索。

近年来，人工智能在多个领域取得了令人赞叹的成绩，推出了一系列成功的商业应用，诸如 AlphaGo、元宇宙、无人驾驶、脑机接口、人形机器人和智能客服机器人等。特别是 2022 年 11 月和 2024 年 2 月，OpenAI 先后发布了 ChatGPT 和 Sora，一时间全球瞩目，这被视为人工智能领域里程碑式的事件。面对 ChatGPT 强大的文本和视频生成能力，很多人预言它将对人工智能产业乃至各行业数智化转型升级带来颠覆性变革。当然，高等学校在计算机教学方面也面临较人的机遇和挑战。

在这样的背景之下，编者对本书的第 4 版进行了修订，主要调整包括：将第 4 章办公软件及其应用进行了国产化软件替代，由 Microsoft Office 变更为我国金山软件公司开发的 WPS Office；将第 8 章信息安全变更为计算机新技术，增加了对云计算、大数据、人工智能、物联网技术的专门介绍；其他章节也根据计算机技术的发展进行了整体调整和局部优化，并根据教学中的反馈对部分内容进行了修订。

本书中，编者试图探索将“计算思维”融入计算机教学研究和教学改革当中的方法。党的二十大报告提出“用社会主义核心价值观铸魂育人，完善思想政治工作体系，推进大中小学思想政治教育一体化建设”。本书在编写时特别注重立德树人的理念，加入了大量的课程思政元素，围绕政治认同、家国情怀、文化素养等重点，将学科内容和课程思政结合起来，充分发挥好教材的育人作用，以帮助全面提高人才培养质量。

本书由张兵、王亚明、吕海芳担任主编，杨翠芳、谢渠担任副主编。参加编写和修订的有谢渠（第1章）、杨翠芳（第2章）、吕海芳（第2章、第4章）、王亚明（第2章、第3章）、张兵（第4章、第5章）。张学东担任本书的主审，对本书的章节设置、内容安排、文字表述等进行了细致的审核，并对本书的编写提出了很多建设性意见。此外，马飞、李敏审查了全书配套在线课程的教学资源并提供了版式和装帧设计方案。

大学计算机基础是一门发展中的课程，其涉及的知识面较广，将众多知识贯穿起来难度较大，再加上编者水平有限，本教材中难免有不完善之处，恳请各位读者、专家提出宝贵意见。

编者

2024年6月

目录

第1章 Windows 10 操作系统实验 1

第2章 办公软件实验 34

第1章　Windows 10操作系统实验

操作系统是最重要的计算机软件，它是用户与计算机之间的交互接口，用户通过操作系统提供的平台来管理、控制和监督计算机的各种软件和硬件资源。同时，操作系统也是其他软件得以运行和工作的基础。

Windows 10 是微软公司于 2015 年推出的新一代跨平台及设备应用的操作系统，与以前的 Windows 操作系统版本相比，Windows 10 整合了运行在计算机、手机、游戏机、智能眼镜等各类设备上的所有操作系统。Windows 10 操作系统的功能和特点如下。

跨平台：Windows 10 旨在整合并为所有设备提供统一的操作系统。目前，Windows 10 内置的 Continuum 功能能够根据用户使用的设备（如计算机或手机终端）情况询问用户是否需要调整到最适合当前模式的输入方式，以便提供最佳的输入模式。

生物识别技术：Windows 10 新增的 Windows Hello 功能带来一系列对于生物识别技术的支持。除常见的指纹扫描之外，系统还能通过面部或虹膜扫描让用户进行登录。

Cortana 搜索功能：可以用 Cortana 来搜索硬盘内的文件、系统设置、安装的应用，甚至是互联网中的其他信息。作为一款私人助手服务，Cortana 还能像在移动平台那样帮用户设置基于时间和地点的备忘。

虚拟桌面：以往的操作系统只有一个桌面，Windows 10 可以让用户将窗口放进不同的虚拟桌面上，并在各虚拟桌面间轻松切换。

任务切换器：Windows 10 的任务切换器不再仅显示应用图标，而是通过大尺寸缩略图的方式显示内容，让用户进行预览。

增强的智能分屏：在以往版本的 Windows 操作系统中，用户将窗口拖到屏幕左右两侧热区时，系统会自动安排窗口占 1/2 屏幕的比例完成分屏。在 Windows 10 中，这样的热区增加至七个，除之前的左、上、右三个边框热区外，还增加了左上、左下、右上、右下四个边角热区以实现更为强大的 1/4 分屏。

同步云共享服务：同步云共享服务 OneDrive 提供相册的自动备份功能，通过自动将设备中的图片上传到云端保存，用户即使在设备出现故障时仍然可以从云端获取并查看图片；同步云共享服务提供在线 Office 功能，用户可以在线创建、编辑和共享文档，文档被实时保存到本地磁盘并同步到云端，提高了文件的可靠性；通过同步云共享服务，用户通过提供一个共享内容的访问链接给其他用户，可以分享指定的照片文件或者整个文件夹。

实验 1.1　Windows 10 的基本操作与系统设置

【实验目的】

（1）掌握 Windows 10 的启动和退出。

（2）掌握 Windows 10 桌面的使用方法，并进行个性化设置。

（3）熟悉“开始”菜单和任务栏的基本设置。

（4）掌握“控制面板”的打开及应用。

（5）掌握应用程序的安装与卸载。

（6）掌握用户账户的创建与管理。

（7）掌握输入法的添加与删除。

（8）掌握键盘、鼠标的设置。

【实验环境】

中文 Windows 10。

【实验内容及操作步骤】

1. Windows 10 的启动和退出

（1）首先接通计算机主机和显示器的电源，打开显示器电源开关，然后按下主机箱上的电源开关按钮，此时系统开始自检启动，最后进入 Windows 10 桌面，如图 1-1-1 所示。

图 1-1-1　Windows 10 桌面

（2）单击桌面左下角的“开始”按钮，在弹出的“开始”菜单中单击“关机”按钮，如图 1–1–2 所示，系统就会自行关闭计算机电源。最后，手动关闭显示器。

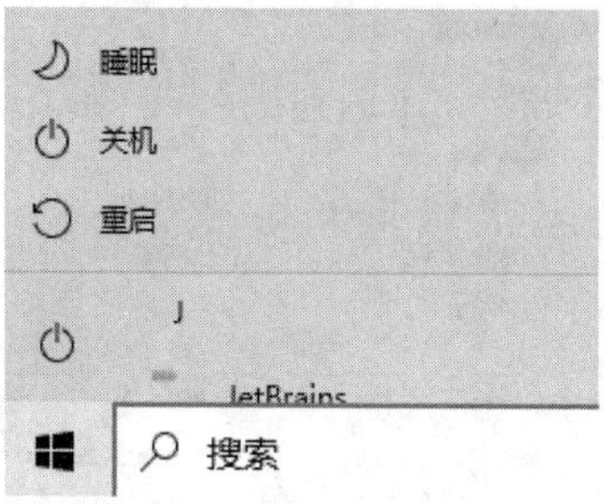

图 1–1–2 “关机”按钮

2. Windows 10 桌面的设置

（1）桌面风格的个性设置。

在桌面空白区域右击，在弹出的快捷菜单中选择“个性化”命令，打开“个性化”窗口，如图 1–1–3 所示，选择主题样式后，关闭“个性化”窗口。

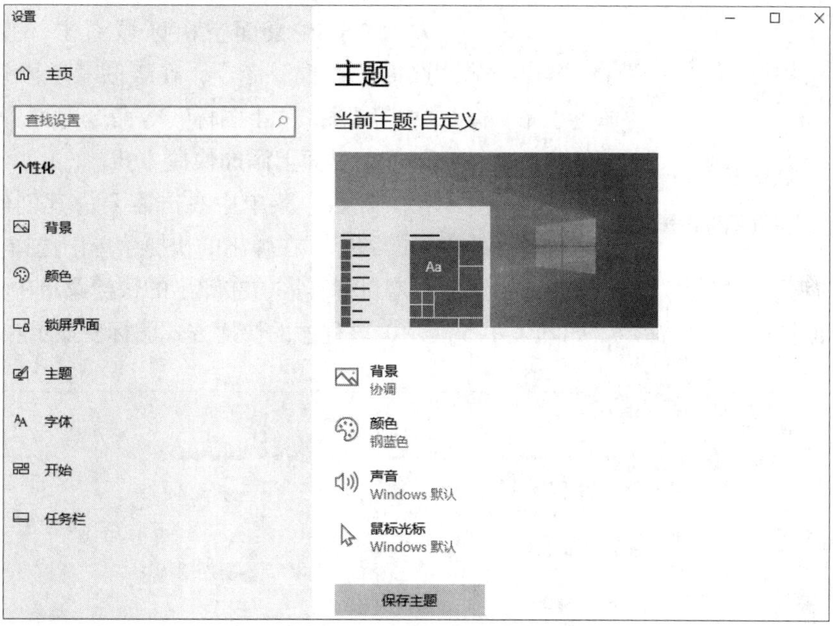

图 1–1–3 “个性化”窗口

（2）在桌面上添加常用图标。

打开“个性化”窗口，在左侧单击“主题”，在右侧选择“桌面图标设置”，打开“桌面图标设置”对话框，如图 1–1–4 所示。在“桌面图标”选项卡中勾选想要添加到桌面的图标的复选框，或取消勾选，然后单击“确定”按钮，即可为桌面添加或删除相应的图标。

（3）排列桌面上的图标。

① 排列局部图标：对某些局部图标的位置不满意时，可以用鼠标将其拖动到桌面上的新位置。

② 排列整体图标：在桌面空白区域右击，在弹出的快捷菜单中选择“查看”→“自动排列图标”命令。

③ 对齐到网格：在桌面空白区域右击，在弹出的快捷菜单中选择“查看”→“将图标与网格对齐”命令。

④ 改变排序方式：在桌面空白区域右击，在弹出的快捷菜单中选择“排序方式”命令，然后选中其中的命令可将桌面图标以一定的顺序进行排列。

图 1-1-4 “桌面图标设置”对话框

（4）隐藏桌面图标。

在桌面空白区域右击，在弹出的快捷菜单中选择“查看”→“显示桌面图标”命令可以清除复选标记，完成桌面图标的隐藏操作，此时可以看到桌面上不再显示任何图标。同理，可以通过再次选择“显示”→“显示桌面图标”命令来显示图标。

（5）更改桌面图标的大小。

方法 1：按住 Ctrl 键，同时滚动鼠标的滚轮，即可方便地改变桌面图标的大小。

方法 2：在桌面空白区域右击，弹出快捷菜单，选择“查看”命令，在级联菜单中选择“大图标”“中等图标”“小图标”等命令即可。

（6）在桌面上添加快捷方式。

在“开始”菜单中右击需要为其创建快捷方式的程序的图标，在弹出的快捷菜单中选择“更多”命令，单击“打开文件位置”，在打开的位置中右击目标程序，在弹出的快捷菜单中选择“发送到”→“桌面快捷方式”命令，如图 1-1-5 所示，该程序的快捷方式图标便显示在桌面上了。

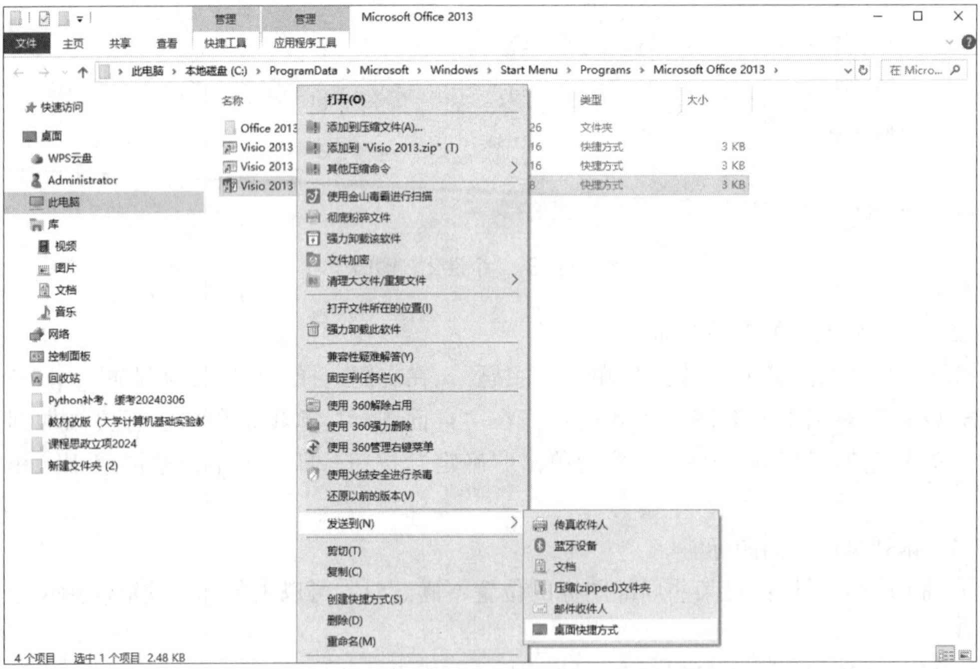

图 1-1-5 “桌面快捷方式”命令

（7）设置屏幕保护程序。

打开“个性化”窗口，单击“锁屏界面”，在右侧单击“屏幕保护程序设置”，打开“屏幕保护程序设置”对话框，如图 1-1-6 所示，在“屏幕保护程序”选项区中可选择需要的屏幕保护程序。

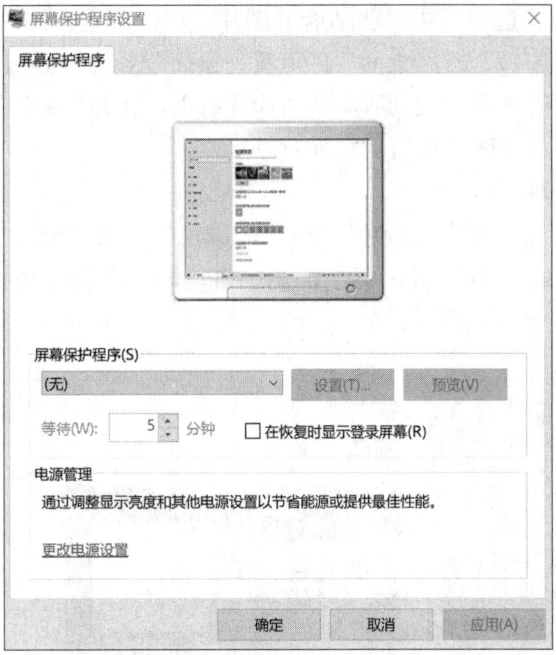

图 1-1-6　“屏幕保护程序设置”对话框

（8）设置桌面背景。

方法 1：在桌面空白区域右击，弹出快捷菜单，选择“个性化”命令，打开“个性化”窗口，在左侧单击“背景”，进入“背景”界面，如图 1-1-7 所示。单击“浏览”按钮，弹出“浏览文件夹”对话框，选择相应的文件夹后单击“确定”按钮。

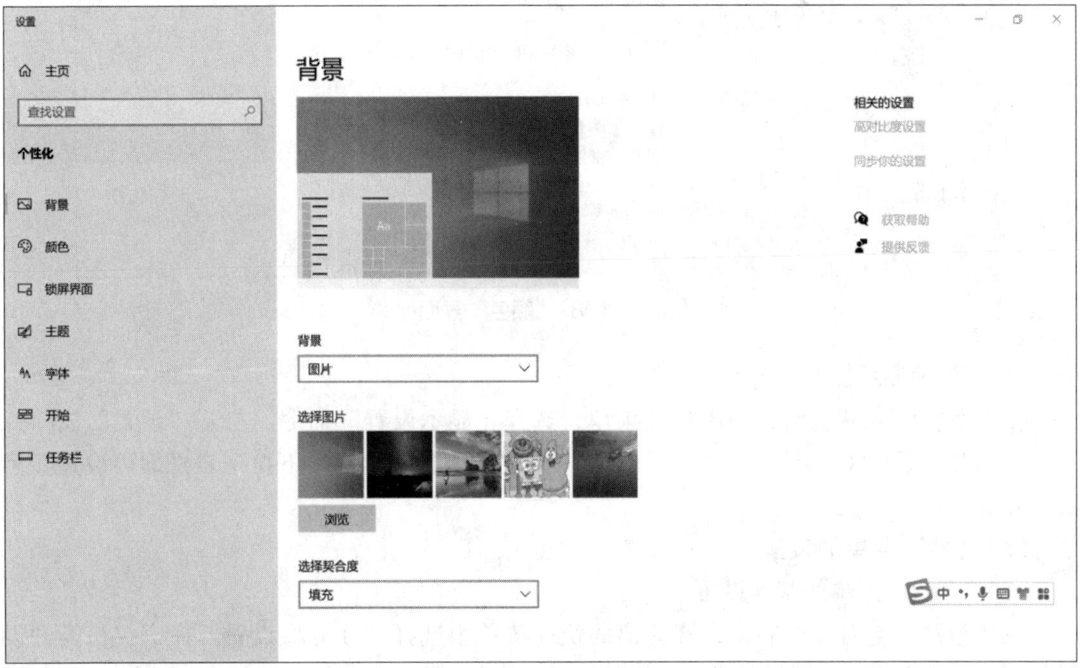

图 1-1-7　“背景”界面

返回“背景”界面，选择其中一张适合的图片，单击“选择图片”按钮，单击“关闭”按钮，关闭“个性化”窗口，返回桌面后即可看到桌面背景已经应用了所选择的图片。

方法2：打开资源管理器，找到所需的图片并右击，在弹出的快捷菜单中选择“设置为桌面背景”命令，即将所选图片设置为桌面背景。

（9）设置颜色和外观。

打开“个性化”窗口，单击“颜色”，进入“颜色”界面，如图1-1-8所示，选择一种窗口颜色，单击“关闭”按钮，关闭“个性化”窗口即可看到已经打开的窗口的颜色发生了变化。

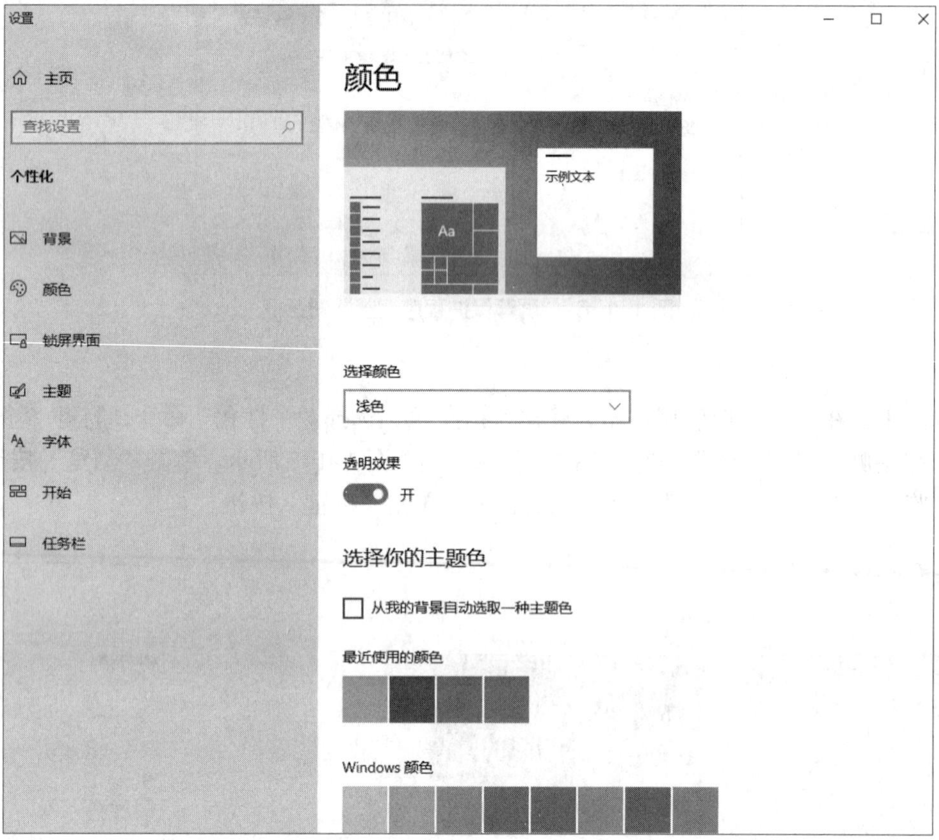

图1-1-8 “颜色”界面

（10）设置显示器的分辨率。

在桌面空白区域右击，弹出快捷菜单，选择“显示设置”命令，打开“设置”窗口并进入“屏幕”界面（见图1-1-9），利用其中的“显示器分辨率”下拉列表框即可设置显示器的分辨率。

3.“开始”菜单的设置

（1）“开始”菜单的基本设置。

在任务栏的空白区域右击，在弹出的快捷菜单中选择“任务栏设置”命令，打开“设置”窗口，然后单击“开始”进入“开始”界面，如图1-1-10所示，在其中可进行“开始”菜单的基本设置。

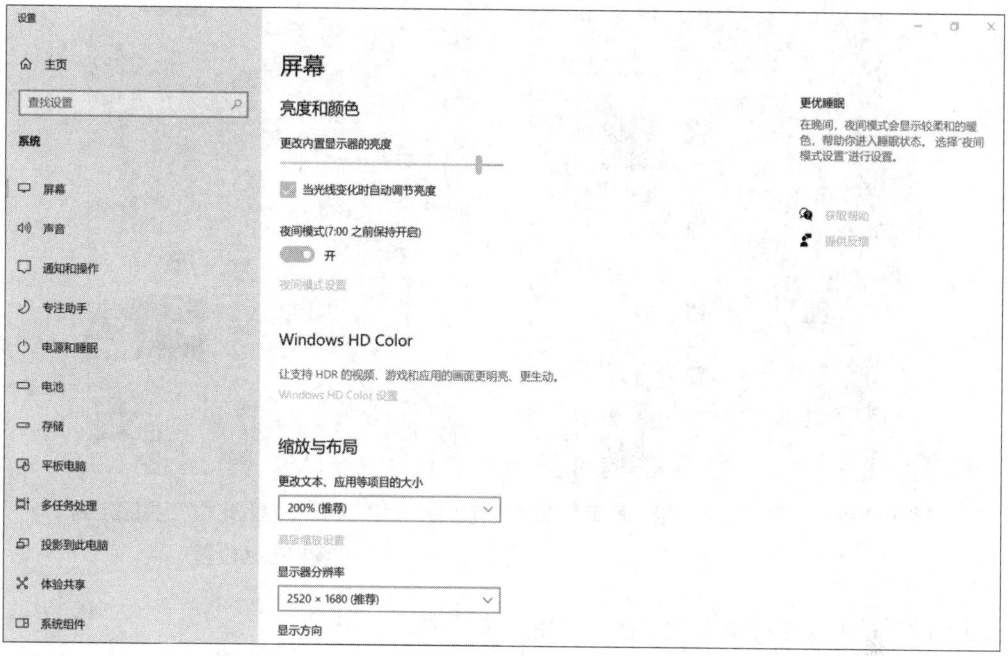

图 1–1–9　“屏幕”界面

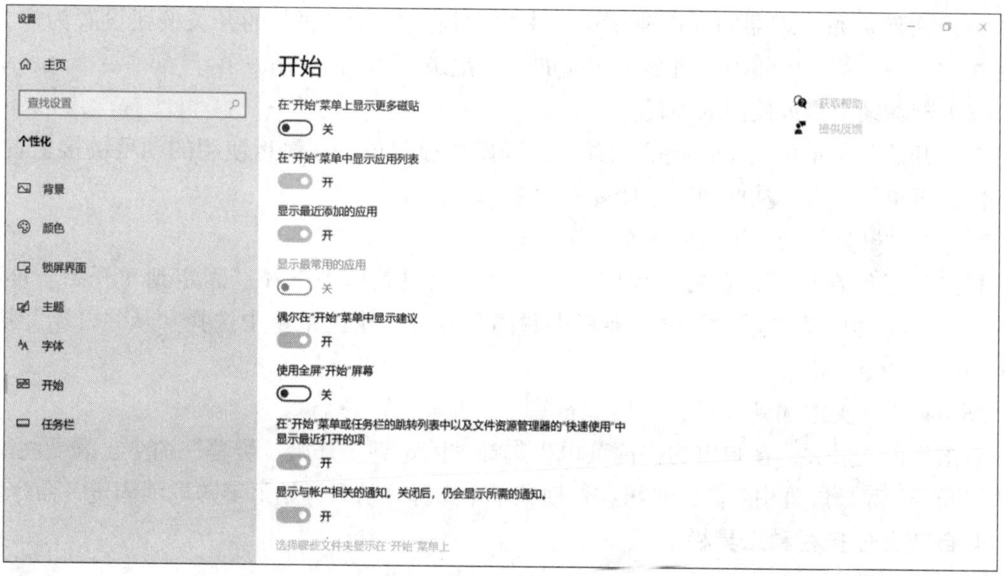

图 1–1–10　“开始”界面

（2）自定义“开始”菜单的右窗格磁贴设置。

单击任务栏的“开始”按钮（也可以按键盘上的 Windows 徽标键，此键在 Ctrl 键和 Alt 键之间）打开“开始”菜单，右击所需选项，如右击“画图 3D”工具，在弹出的快捷菜单中选择“固定到‘开始’屏幕”命令，如图 1–1–11 所示，“画图 3D”工具即显示在“开始”菜单的右窗格磁贴位置，如图 1–1–12 所示。在右窗格磁贴位置单击选项图标并按住鼠标左键不松开，可以将其拖动到任意不同位置。

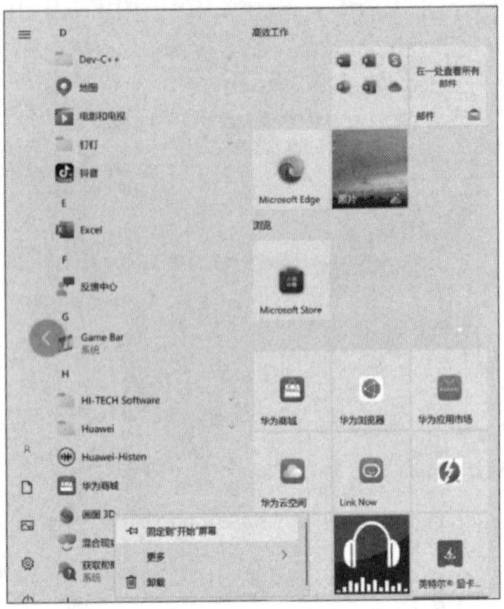

图1-1-11 “固定到‘开始’屏幕”命令

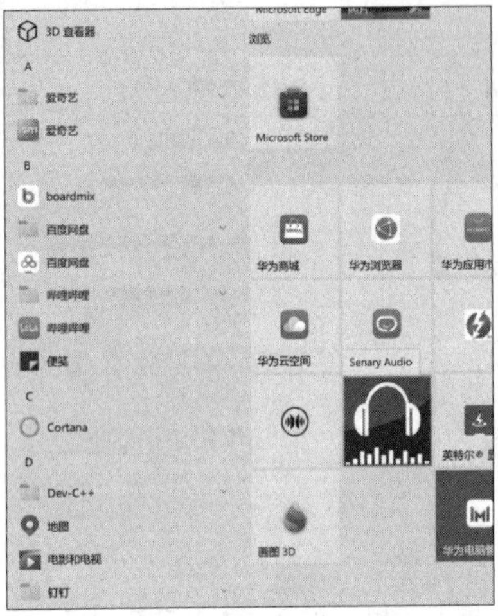

图1-1-12 将“画图3D”工具固定到右窗格磁贴位置

（3）设置最近使用记录不显示在“开始”菜单中。

在任务栏的空白区域右击，在弹出的快捷菜单中选择“任务栏设置”命令，打开“设置”窗口，然后单击“开始”，进入“开始”界面。将“在‘开始’菜单或任务栏的跳转列表中以及文件资源管理器的‘快速使用’中显示最近打开的项”的开关按钮设置为“关”，此后在“开始”菜单中便不会再显示相应的使用记录了。

（4）删除某个最近使用的项目。

在“开始”菜单中右击待删除的项目，弹出快捷菜单，在最近使用的项目链接上右击，弹出快捷菜单，选择“从此列表中删除”命令。

（5）在“开始”菜单屏幕中添加固定程序。

找到程序所在目录，右击该程序，在弹出的快捷菜单中选择“固定到‘开始’屏幕”命令。若要将程序从“开始”菜单屏幕中脱离，则可在快捷菜单中选择“从‘开始’屏幕取消固定”命令。

（6）将文件夹添加到“开始”菜单屏幕。

右击目标文件夹，在弹出的快捷菜单中选择“固定到‘开始’屏幕”命令。若要将文件夹从“开始”菜单屏幕中脱离，则可在快捷菜单中选择“从‘开始’屏幕取消固定”命令。

4. 自定义任务栏和工具栏

（1）任务栏的设置。

任务栏默认位于桌面的底端，其各组成部分如图1-1-13所示。在任务栏空白处右击，在弹出的快捷菜单中选择“任务栏设置”命令，可在打开的“设置”窗口的“任务拦”界面中对任务栏进行设置，如图1-1-14所示。

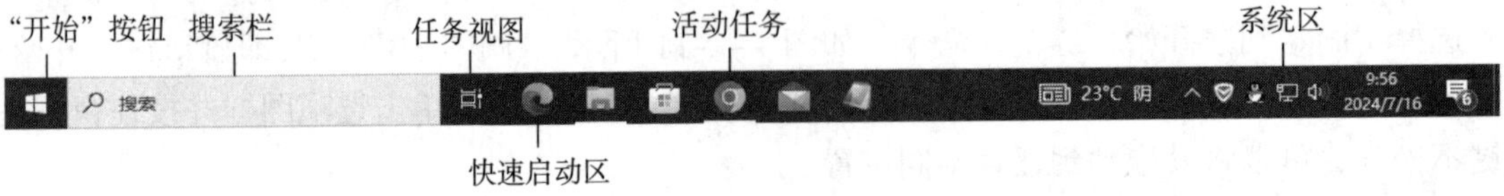

图1-1-13 任务栏

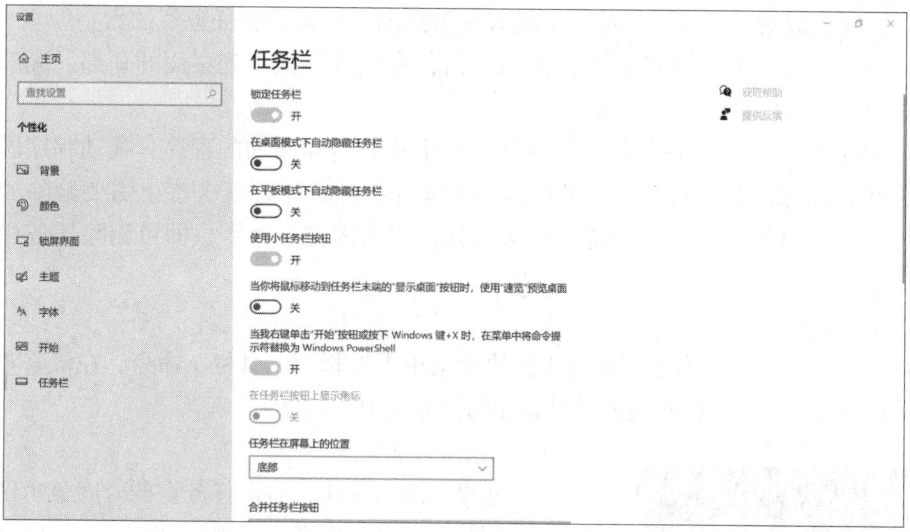

图 1-1-14　“任务栏”界面

①“锁定任务栏”设置为“开”，可使任务栏的大小和位置保持在固定状态而不能被改动。“在桌面模式下自动隐藏任务栏”设置为“开”，可在鼠标指针离开任务栏时隐藏任务栏。

② 使用任务栏切换窗口。若要切换到另一个窗口，可单击它的任务栏按钮，则会使其窗口成为当前窗口；按住 Shift 键，同时右击一个窗口的任务栏按钮，显示窗口菜单，可执行还原、最小化、最大化、移动等命令；单击任务栏中的“任务视图”按钮，可以通过大尺寸缩略图的方式查看所有任务，如图 1-1-15 所示，单击其中的缩略图即可切换到对应窗口。

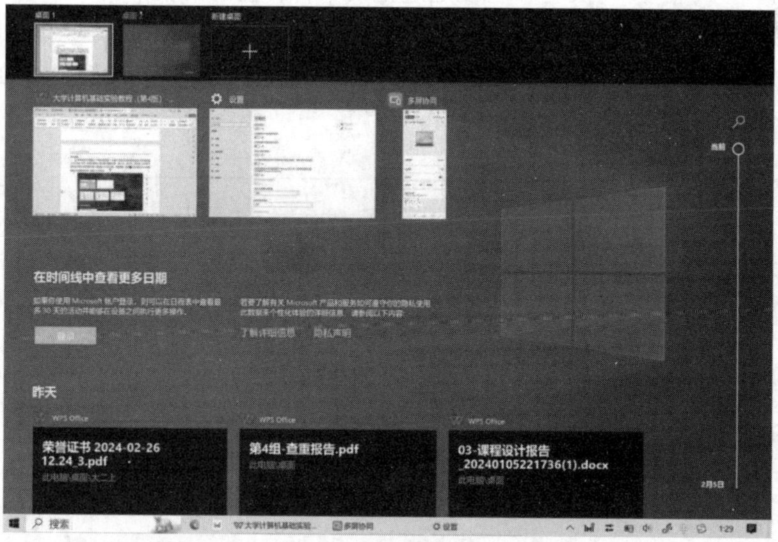

图 1-1-15　大尺寸缩略图显示“任务视图”

③ 调整任务栏的大小。在任务栏的空白区域右击，弹出快捷菜单，如果“锁定任务栏”命令旁边有标记，则清除该标记，解除对任务栏的锁定。将鼠标指针指向任务栏的边缘，

直到鼠标指针呈双箭头形状，然后向上或者向下拖动，即可调整任务栏的大小。

④ 移动任务栏。在任务栏的空白区域单击，将任务栏拖动到桌面的顶部、底部或者两侧，当拖动至目标位置时，释放鼠标。

⑤ 在任务栏上添加和删除图标。在计算机中找到需要添加的程序，拖动程序图标到任务栏上，释放鼠标，即可将该程序的图标添加至任务栏上。在任务栏上需要删除的程序图标上右击，在弹出的快捷菜单中选择“从任务栏取消固定”命令，即可删除任务栏上的程序图标。

（2）工具栏的设置。

在任务栏的空白区域右击，在弹出的快捷菜单中选择“工具栏”命令，在级联菜单中选择所需工具的命令，即可将相应的工具添加到任务栏中。

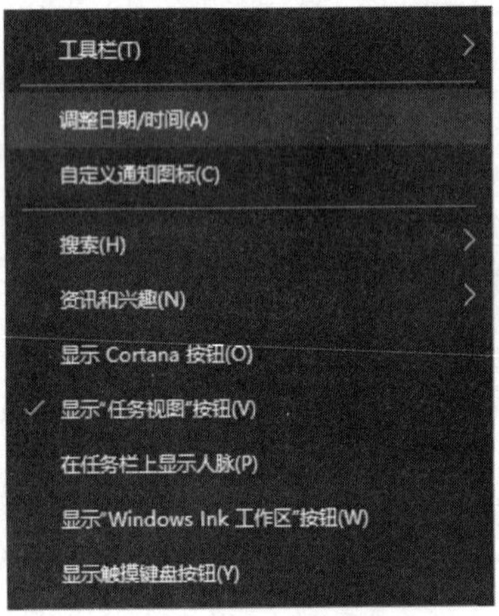

图1-1-16　“日期和时间”界面

（3）系统设置。

① 设置日期和时间。右击任务栏的时间显示区域，从弹出的快捷菜单中，选择“调整日期/时间”命令，如图1-1-16所示，打开“日期和时间”设置窗口，将“自动设置时间”关闭，即可激活“手动设置日期时间”，单击“更改”按钮，在日期下方的列表中选择日期，在时间下方的数值框中输入正确的时间，单击“更改”按钮，返回“日期和时间”设置窗口，单击“立即同步”按钮，系统会自动与Internet时间服务器同步。

② 设置系统声音。在任务栏通知区域中右击扬声器图标，从弹出的快捷菜单中选择“打开音量合成器”命令，打开“音量合成器－扬声器”对话框，在“设备”栏中可以通过拖动声音音量的滑块来调节输出音量的大小。

5.“控制面板”窗口的打开及应用

（1）打开资源管理器，如图1-1-17所示，单击“控制面板”按钮，或在桌面上双击“控制面板”图标，打开“控制面板”窗口。

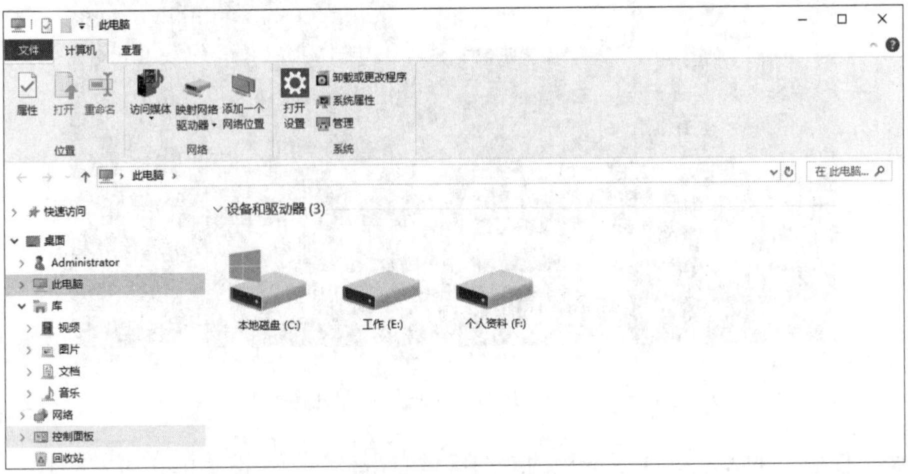

图1-1-17　资源管理器

（2）在如图 1–1–18 所示的“控制面板”窗口中，通过“查看方式”下拉列表可以设置控制面板的显示风格，查看方式有类别、小图标、大图标三种。

图 1–1–18 “控制面板”窗口

6. 应用程序的卸载

（1）单击“控制面板”窗口中的“程序”，进入“程序”窗口，如图 1–1–19 所示，根据需要选择相关的功能按钮即可。

（2）单击“卸载程序”链接，进入“程序和功能”窗口。选择需要卸载的程序并右击，在弹出的快捷菜单中选择“卸载”命令，如图 1–1–20 所示，即可实现程序的卸载。

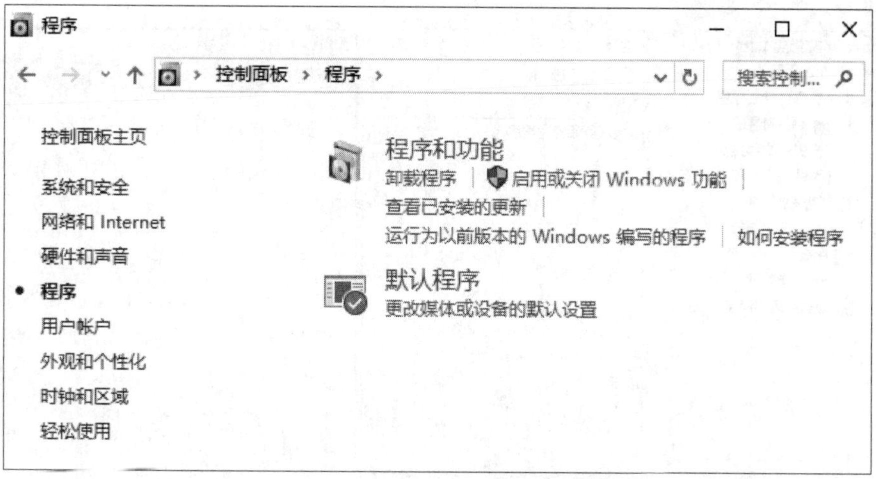

图 1–1–19 “程序”窗口

图1-1-20 选择“卸载”命令

7. 创建和管理用户账户

（1）创建新用户。

右击桌面中的“此电脑”图标，在弹出的快捷菜单中选择“管理”命令，进入“计算机管理”窗口，如图1-1-21所示。单击“本地用户和组”→“用户”，如图1-1-22所示，在用户列表空白处右击，在弹出的快捷菜单中选择“新用户”命令，打开“新用户”对话框，输入用户名并设置密码，如图1-1-23所示，单击“创建”按钮，然后单击“关闭”按钮，即在用户列表中生成一个新创建的用户。

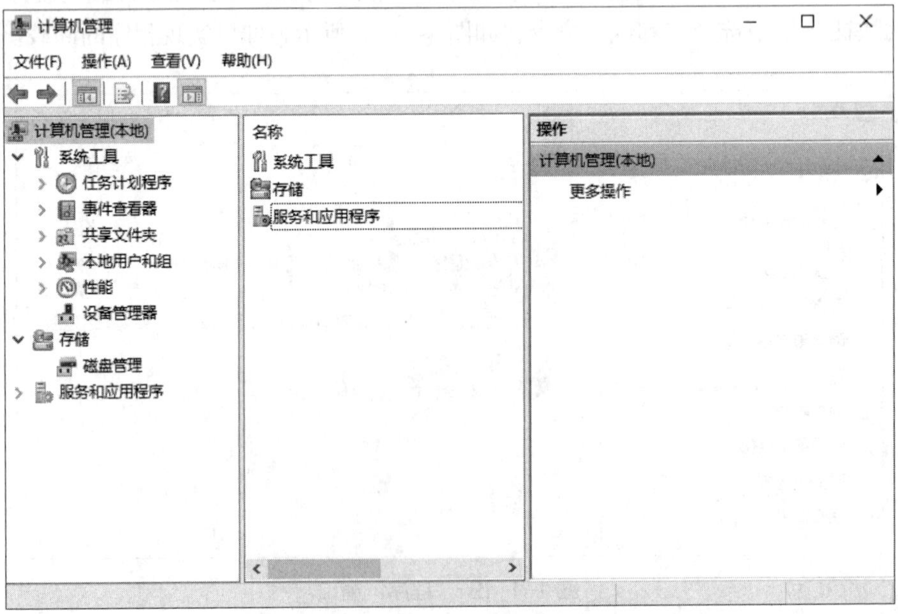

图1-1-21 “计算机管理”窗口

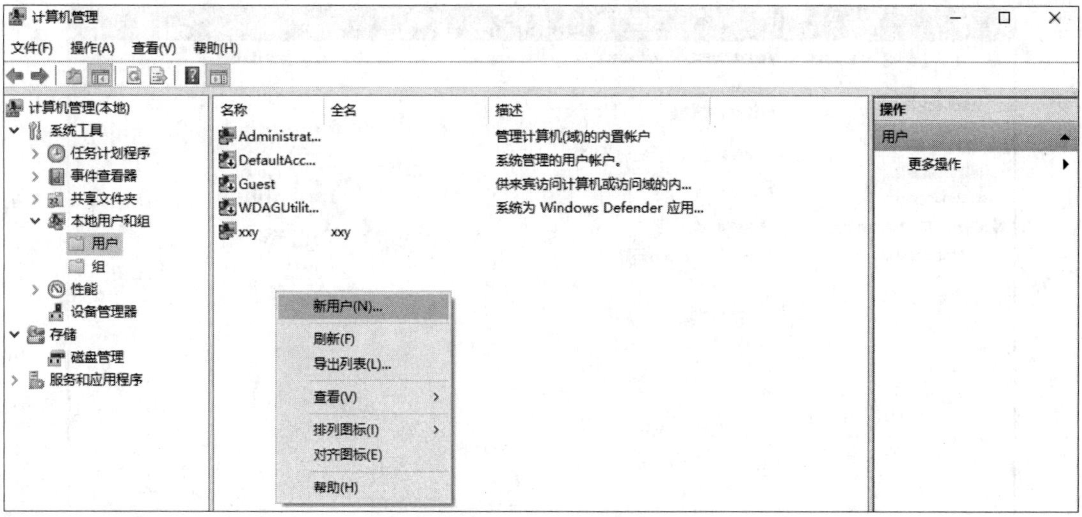

图 1-1-22 选择“新用户”命令

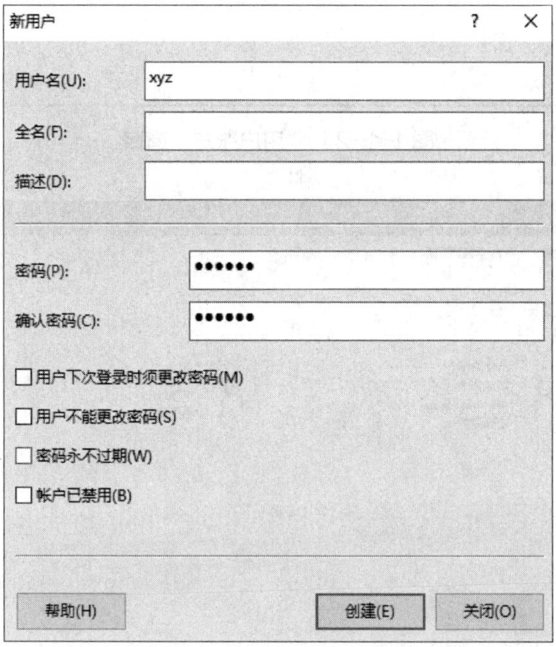

图 1-1-23 “新用户”窗口

（2）查看和管理用户账户。

打开“控制面板”窗口，单击“用户账户”命令进入“用户账户”窗口，如图 1-1-24 所示。单击“管理其他账户”，进入“管理账户”窗口，如图 1-1-25 所示，在该窗口中可以对已有的账户进行查看和管理操作。如需继续添加新用户，可以单击下方的“在电脑设置中添加新用户”进行添加。

图1-1-24 “用户账户”窗口

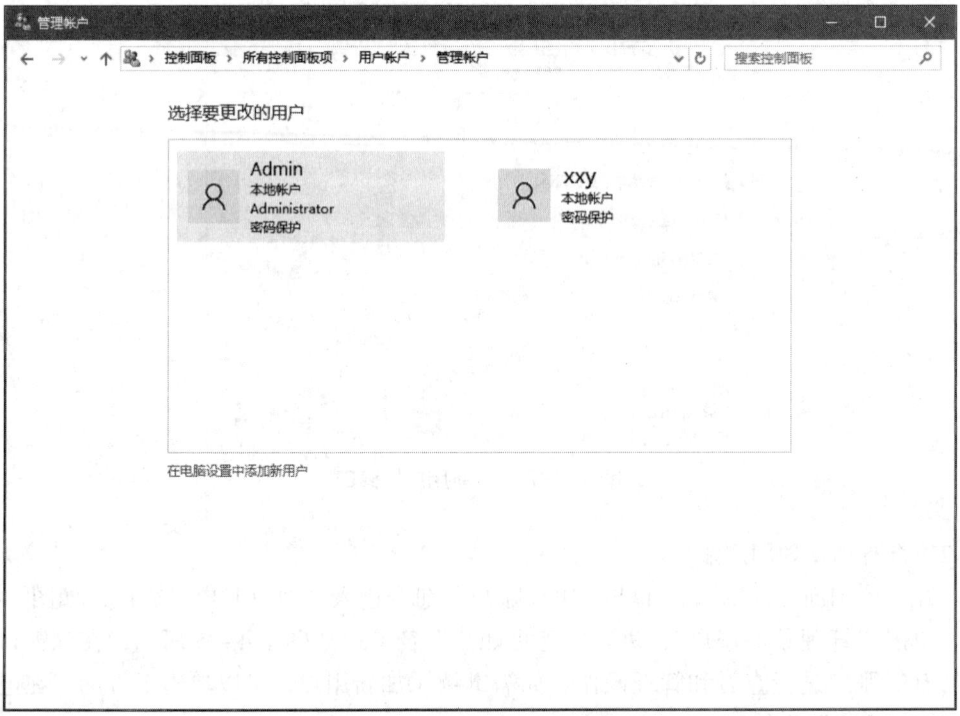

图1-1-25 “管理账户”窗口

（4）更改账户名称。

打开“管理账户”窗口，然后选择需要更改名称的账户，打开“更改账户”窗口，如

图 1–1–26 所示，单击“更改账户名称”，进入“重命名账户”窗口，在窗口中输入新账户名，单击“更改名称”按钮，完成设置。

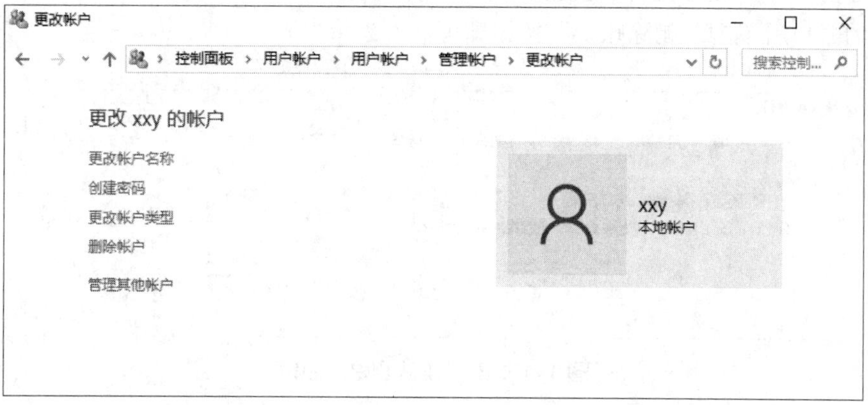

图 1–1–26 “更改账户”窗口

（5）设置账户密码。

打开“管理账户”窗口，选择需要设置密码的用户账户，进入“更改账户”窗口，单击“创建密码”，进入“创建密码”窗口，在文本框中输入密码，单击“创建密码”按钮，即可为所选账户设置密码。

（6）更改密码。

在“更改账户”窗口中，单击“更改密码”，进入“更改密码”窗口，在文本框中输入新密码，单击“更改密码”按钮，即可更改所选账户的密码。

（7）更改账户类型。

打开“管理账户”窗口，选择需要更改类型的账户，进入“更改账户”窗口，单击“更改账户类型”，进入“更改账户类型”窗口，如图 1–1–27 所示，选中“标准”或“管理员”单选按钮，单击“更改账户类型”按钮，即可更改账户的类型。

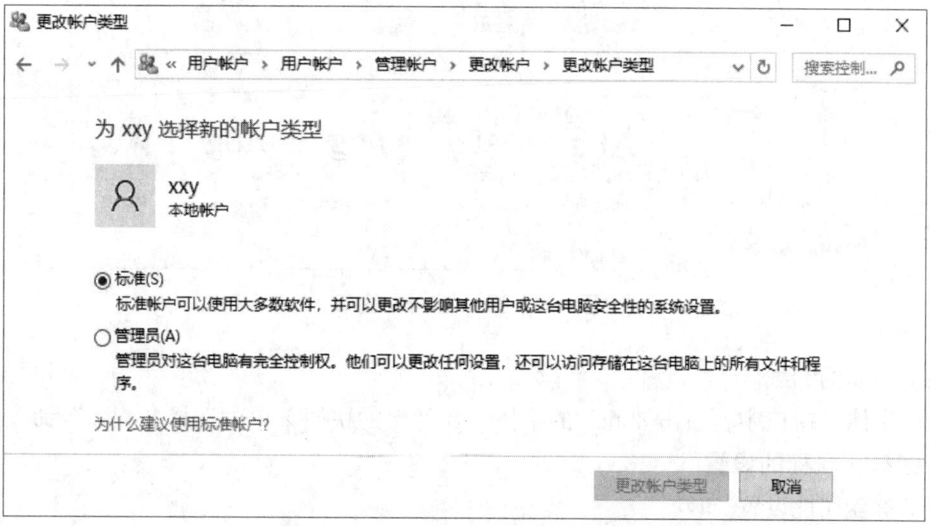

图 1–1–27 “更改账户类型”窗口

（8）删除用户账户。

打开“管理账户”窗口，然后选择需要删除的用户账户，进入“更改账户”窗口，单击“删除账户”→“删除文件”按钮，进入“确认删除”窗口，如图 1-1-28 所示，确认要删除所选的账户后单击“删除账户”按钮即可。

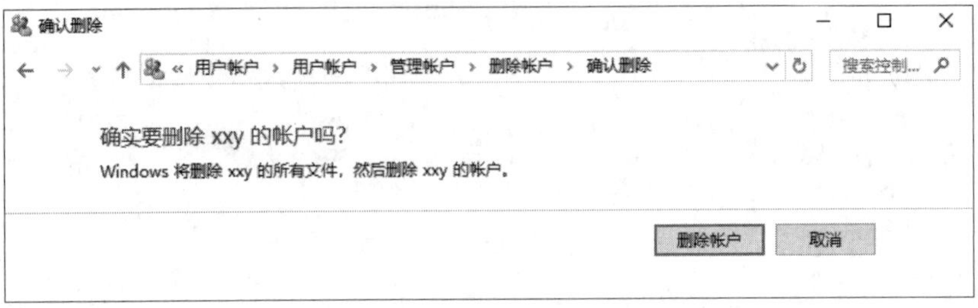

图 1-1-28 “确认删除”窗口

8. 字体的安装与卸载

（1）字体的安装。

在“控制面板”窗口中选择“小图标”查看方式，单击“字体”，打开“字体”窗口，如图 1-1-29 所示，将需要安装的字体复制到此处，即可安装该字体。

图 1-1-29 “字体”窗口

（2）字体的卸载。

在“字体”窗口中，右击要卸载的字体，在弹出的快捷菜单中选择“删除”命令即可。

9. 键盘、鼠标的设置

（1）键盘属性设置。

在“控制面板”窗口中，单击“键盘”，打开“键盘 属性”对话框，在其中可以对键盘的字符重复速度和光标闪烁速度进行设置，如图 1-1-30 所示。

（2）鼠标属性设置。

在“控制面板”窗口中，单击“鼠标”，打开“鼠标 属性”对话框，在其中可以对鼠标的双击速度、指针图标、指针移动速度等进行设置，如图 1-1-31 所示。

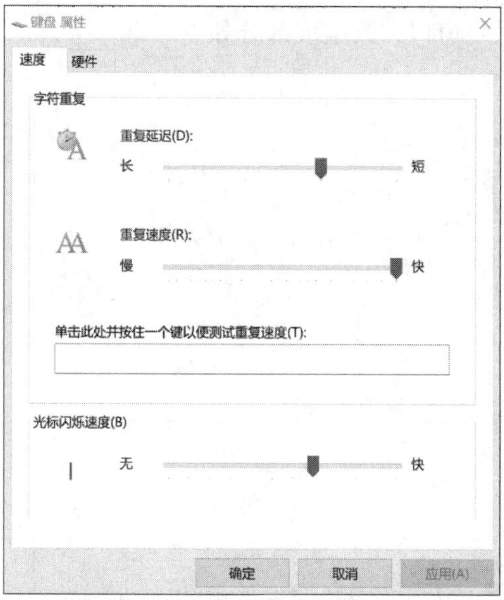

图 1-1-30　“键盘 属性”对话框

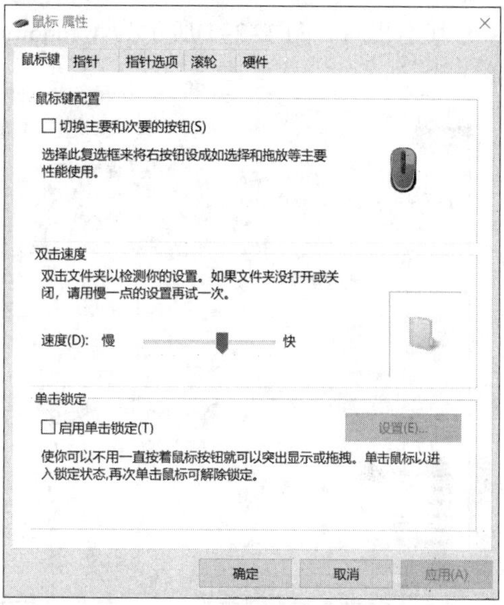

图 1-1-31　“鼠标 属性”对话框

实验 1.2　Windows 10 的窗口操作、文件和文件夹管理

【实验目的】

（1）掌握 Windows 10 多窗口切换预览、特色窗口操作、大尺寸缩略图任务程序切换操作。

（2）掌握 Windows Powershell 窗口、命令提示符窗口的应用。

（3）掌握 Windows 10 文件资源管理器的使用方法。

（4）掌握文件和文件夹的浏览和选定、新建、命名、复制、移动、删除等基本操作。

（5）掌握文件和文件夹的高级操作。

（6）掌握回收站的管理。

【实验环境】

中文 Windows 10。

【实验内容及操作步骤】

1. Windows 10 窗口操作

（1）Windows 10 窗口的组成。

在 Windows 10 中，窗口一般分为系统窗口和程序窗口。二者在功能上虽有差别，但组成部分基本相同。图 1-2-1 所示为 Windows 10 系统窗口，其组成部分如下。

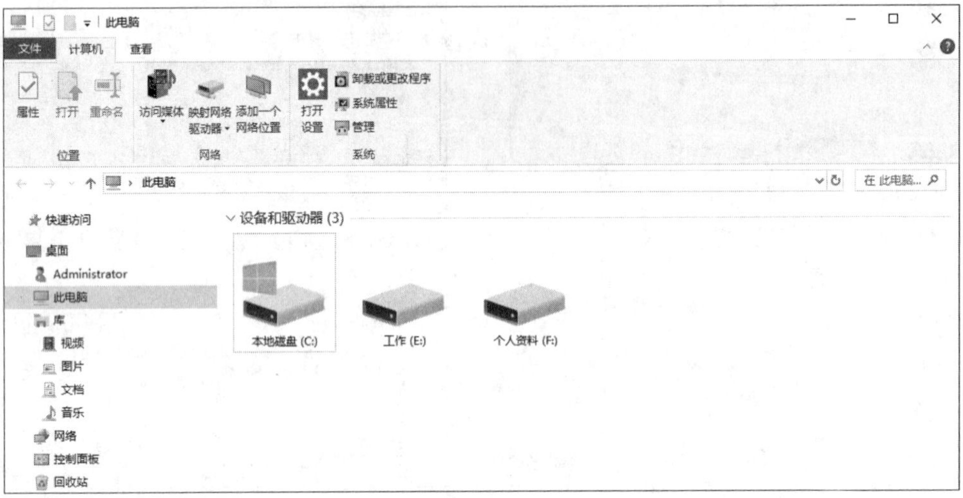

图 1-2-1　Windows 10 系统窗口

① 快速访问工具栏：位于窗口左上方，由若干个工具按钮组成，若想增加或删除工具按钮，可单击其中最右侧的按钮，出现下拉菜单后，从中进行选择即可。

② 标题栏：位于窗口的顶部，显示当前窗口的名称或文档的名称。标题栏右侧通常包含“最小化”、“最大化 / 还原”和“关闭”按钮，用于调整窗口大小或关闭窗口。

③ 选项卡与功能区：选项卡位于标题栏下方，若干个选项卡的名字排成一行，每个选项卡上包含若干个命令按钮。若单击某个选项卡，则会在下面出现该选项卡对应的功能区，功能区中显示出该选项卡的所有命令按钮；选项卡上的命令按钮分为若干个组，每个组都有一个名称。若单击某个命令按钮，就会执行对应的命令。

④ 搜索框：与“开始”菜单中的搜索框在用法上相同，都具有在计算机中搜索文件和程序的功能。

⑤ 边框和滚动条：边框是指窗口四周的 4 条边，用鼠标拖动边框，可放大或缩小窗口。如果一个窗口中的内容在窗口中不能完全显示，窗口的右边和下边将显示相应的垂直和水平滚动条，通过拖动滚动条可以将不能显示的内容显示出来。

⑥ 地址栏：显示当前打开的文件夹的路径。每个路径都由不同的按钮连接而成，单击这些按钮，就可以在相应的文件夹之间进行切换。

⑦ 窗口工作区：占据窗口的大部分面积，用于显示当前窗口的内容或执行某项操作后显示的内容。

⑧ 导航窗格：位于窗口工作区的左边，用户可以浏览系统结构的更多内容，方便用户进行切换。

（2）多窗口切换预览。

① 通过任务栏按钮预览。将鼠标指针移动到任务栏按钮上，系统会显示该按钮对应窗口的缩略图，如果相同类型的按钮太多，则系统会自动合并该种类型的按钮。此时单击合并的任务栏按钮，并将鼠标指针移动到打开菜单的任意窗口选项上，系统同样会显示该选项对应窗口的缩略图。

② 不同的窗口切换缩略图。按 Alt+Tab 组合键就可以在不同的窗口之间进行切换。在按 Alt+Tab 组合键切换窗口时，Windows 10 会显示各个窗口的缩略图，以方便用户了解窗口的内容。

（3）特色窗口的操作。

在 Windows 10 中，用户在进行复制、校对工作时，只需要拖动窗口，轻轻向桌面左侧一碰，窗口就会立刻在左侧半屏显示，以方便同时打开两个窗口进行对照。若想恢复窗口原来的大小，可向反方向轻拖窗口。

① 窗口向上碰。如果用户需要查看详细信息，可拖动窗口上边框碰一下桌面顶端，窗口瞬间就最大化。若想恢复窗口原来的大小，可向反方向拖动窗口。

② 窗口摇一摇。在桌面上打开多个窗口时，只要用鼠标拖住一个窗口，并轻轻晃几下，其他的窗口立即最小化，桌面恢复清爽。再晃几下，消失的窗口又会出现在原来的位置。

（4）大尺寸缩略图任务程序切换。

通过按 Windows 徽标+Tab 组合键激活大尺寸缩略图任务程序切换，使用户可以更大程度地了解不同窗口的内容，更为便捷地查询数据资料和选择所使用的程序。

2. 应用 Windows PowerShell 窗口

单击“开始”→“Windows 系统”→“命令提示符”命令，可以打开命令提示符窗口，通过输入命令来与计算机交互。在 Windows 10 系统中，Windows PowerShell 窗口的功能要比命令提示符窗口的功能更强大，可以运行更多的命令。

（1）更改 Windows PowerShell 窗口的外观。

① 单击“开始”→“所有程序”→Windows PowerShell 命令，打开 Windows PowerShell 窗口，如图 1-2-2 所示。在该窗口标题栏右击，在弹出的快捷菜单中选择“默认值”命令。

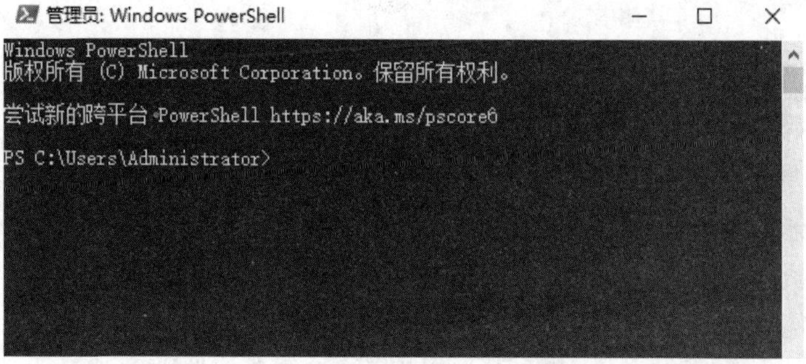
管理员: Windows PowerShell
Windows PowerShell
版权所有 (C) Microsoft Corporation。保留所有权利。
尝试新的跨平台 PowerShell https://aka.ms/pscore6
PS C:\Users\Administrator>

图 1-2-2　Windows PowerShell 窗口

② 打开“控制台窗口 属性”对话框，如图 1-2-3 所示，在该对话框中可对窗口的外观进行各种设置。

③ 若要更改当前 Windows PowerShell 窗口的设置，可右击标题栏，在弹出的快捷菜单中

选择“属性”命令，打开“Windows PowerShell 属性”对话框，在该对话框中可对当前窗口进行外观设置，设置完成后单击“确定”按钮。

（2）运用命令打开命令提示符窗口和 Windows PowerShell 窗口。

按 Windows 徽标+R 组合键打开“运行”对话框，输入 cmd 命令，如图 1-2-4 所示，单击“确定”按钮，即可打开命令提示符窗口。

图 1-2-3 “控制台窗口 属性”对话框

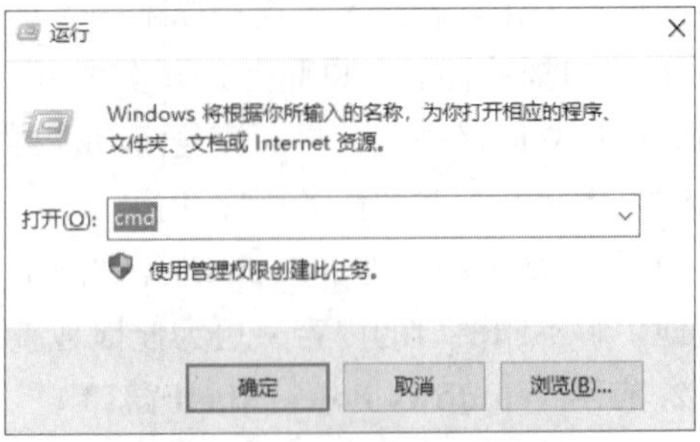

图 1-2-4 “运行”对话框

打开“运行”对话框，输入 PowerShell 命令，单击“确定”按钮即可打开 Windows PowerShell 窗口。

（3）在当前目录下打开 Windows PowerShell 窗口。

在当前计算机中进入想要进入的目录，在按住 Shift 键的同时在文件夹上右击，在弹出的快捷菜单中选择“在此处打开 PowerShell 窗口”命令，系统即打开当前目录下的 Windows PowerShell 窗口。

3. 文件资源管理器及其应用

（1）文件资源管理器简介。

文件资源管理器（见图 1-2-5）是 Windows 10 中一个至关重要的组件，它为用户提供了一个图形界面来浏览、管理和操作计算机上的文件和文件夹。单击“开始”→“Windows 系统”→“文件资源管理器”命令，可以打开文件资源管理器窗口。

（2）显示功能区。

在选项卡右侧空白区右击，在弹出的快捷菜单中取消勾选“取消最小化功能区”命令，功能区即可显示在选项卡下方，如图 1-2-6 所示。

（3）文件和文件夹的显示及排列方法。

在“查看”选项卡中，单击“超大图标”“大图标”“中图标”“小图标”“列表”“详细信息”“平铺”“内容”等选项，即可使文件和文件夹以相应的显示方式显示，如图 1-2-7 所示。

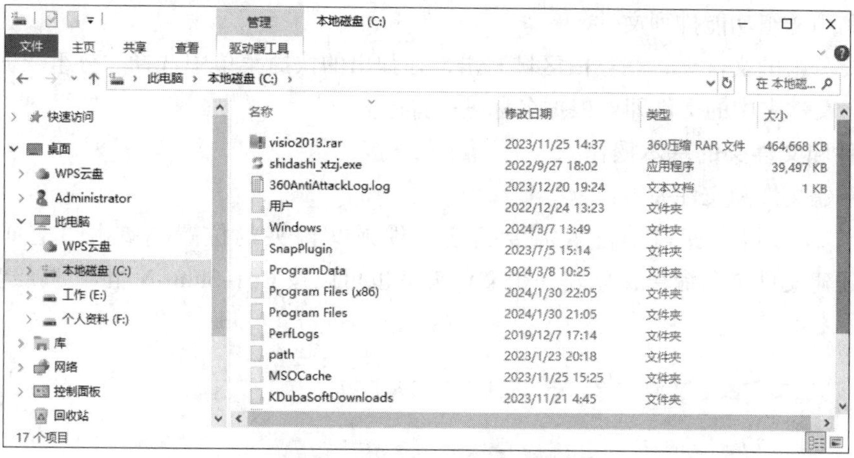

图 1-2-5　文件资源管理器

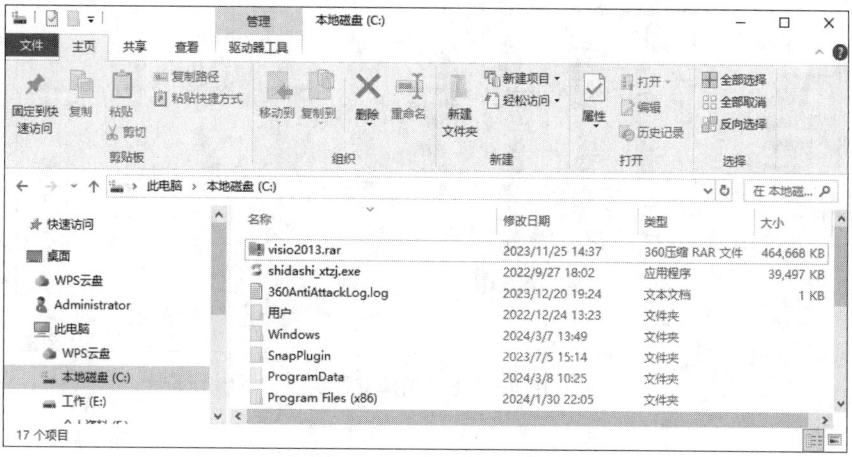

图 1-2-6　显示功能区

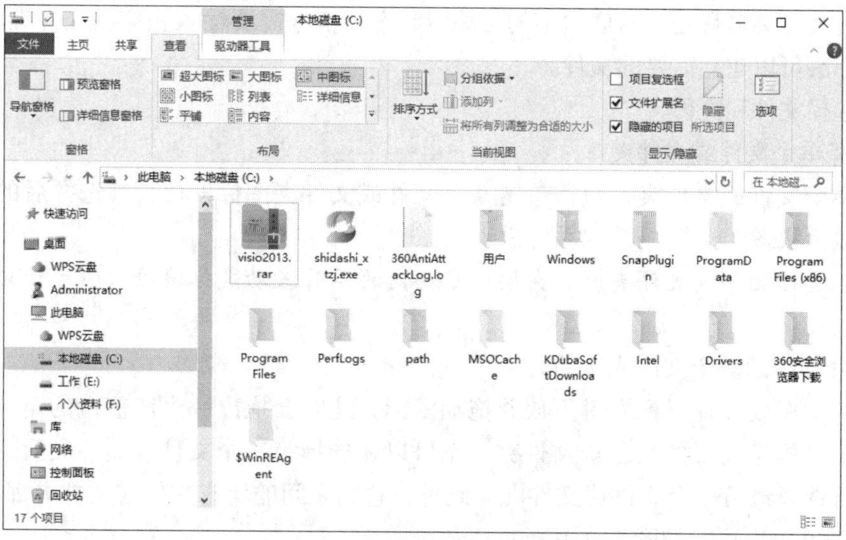

图 1-2-7　文件和文件夹的显示方式

（4）利用分组功能排列文件。

进入要分组的文件夹，在空白区域右击，在弹出的快捷菜单中选择“分组依据”→“名称”命令，文件夹中的文件即可根据名称进行排序。

4. 文件和文件夹的基本操作

（1）新建文件和文件夹。

① 在“计算机”窗口中进入需要新建文件或文件夹的位置，单击“主页”→“新建”→“新建文件夹”命令，创建一个文件夹，也可以按 Ctrl+Shift+N 组合键新建一个文件夹，如图 1-2-8 所示。

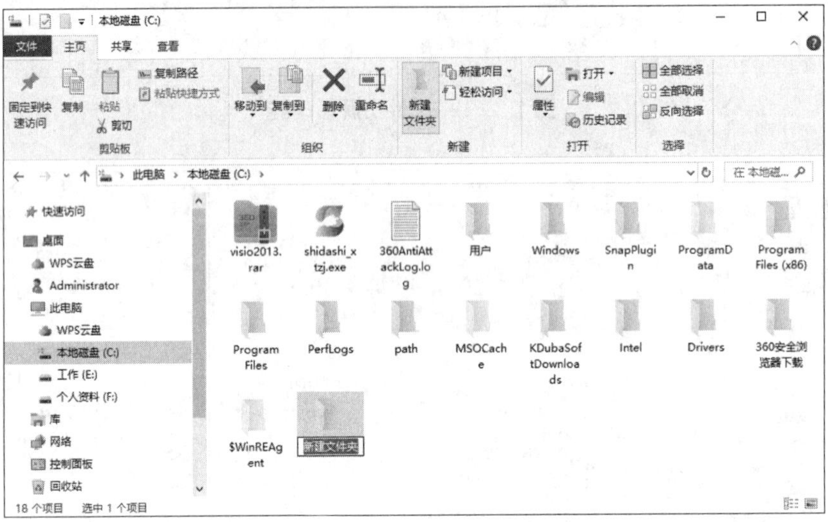

图 1-2-8　新建文件夹

② 在想要新建文件夹的磁盘空白处右击，在弹出的快捷菜单中选择“新建”→“文件夹”命令，也可新建一个文件夹。

新建的文件夹名称处于蓝底白字的可编辑状态，根据需要输入相应的文件夹名称即可。用同样的办法可以建立需要的文件。

（2）选择文件和文件夹。

① 选择单个文件或文件夹。

选择单个文件或文件夹，只需单击某个文件或文件夹图标即可，被选择后的文件或文件夹呈浅蓝色状态。

注意： 选择文件或文件夹时，在按住 Ctrl 键的同时滚动鼠标滚轮，即可让文件或文件夹图标放大或放小。

② 选择连续的多个文件或文件夹。

在窗口空白处按住鼠标左键不放并拖动鼠标，此时会拖出一个浅蓝色的矩形框，可通过该矩形框来框选需要的文件或文件夹。也可以在选择第一个文件或文件夹后，按住 Shift 键不放，再选择最后一个文件或文件夹，此时，它们之间的所有文件或文件夹都将被选择，最后释放 Shift 键即可，如图 1-2-9 所示。

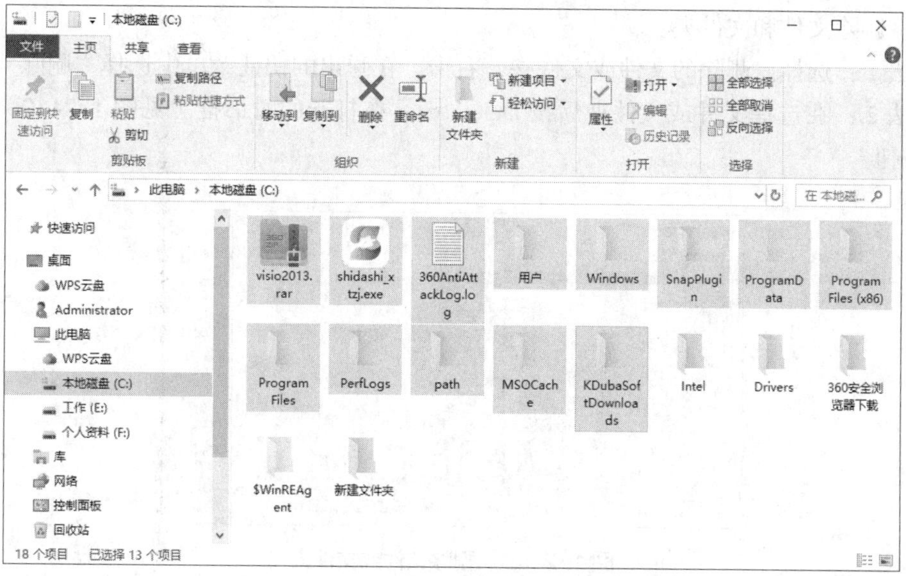

图 1-2-9　选择连续的多个文件或文件夹

③ 选择不连续的多个文件或文件夹。

要选择不连续的多个文件或文件夹，只需先选择一个文件或文件夹，按住 Ctrl 键不放，再依次单击所需选择的其他文件或文件夹，最后释放 Ctrl 键即可。

④ 选择所有的文件或文件夹。

在打开的磁盘分区或文件夹中，直接按 Ctrl+A 组合键或单击“主页”→“全部选择”命令即可。

⑤ 反选文件或文件夹。

先利用 Ctrl 或 Shift 键，选择不需要的文件，然后单击“主页”→“反向选择”命令即可。

（3）移动文件和文件夹。

① 打开要移动的文件或文件夹所在的文件夹，选择需要移动的文件或文件夹并右击，弹出快捷菜单，选择“剪切”命令。在目标文件夹中右击，弹出快捷菜单，单击“粘贴”命令即可。

② 在同一盘符下，可以直接使用鼠标将需要移动的文件或文件夹拖动至目标位置。单击选中需要移动的文件或文件夹，按住鼠标左键，拖动至目标位置。

注意：在不同盘符之间拖动文件或文件夹可完成复制操作。

（4）复制文件和文件夹。

在需要复制的文件或文件夹上右击，在弹出的快捷菜单中选择“复制”命令，再在目标位置右击，弹出快捷菜单，选择“粘贴”命令即可。

（5）重命名文件和文件夹。

选择需要重命名的文件或文件夹，单击“文件”→“重命名”命令或在快捷菜单中选择“重命名”命令，此时选中的文件或文件夹的名称处于可编辑状态，在其中输入需要的名称即可。

注意：单击选中某个文件或文件夹后，再次单击，同样可以进入编辑状态，进行重命名操作。

（6）删除文件和文件夹。

方法1：选择需删除的文件或文件夹，右击，在弹出的快捷菜单中选择“删除”命令。

方法2：在选择文件或文件夹后按 Delete 键，在打开的对话框（见图 1-2-10）中单击“是”按钮。

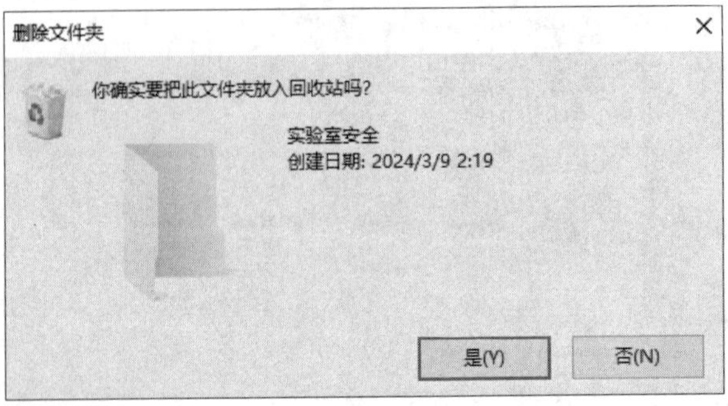

图 1-2-10　删除文件或文件夹

如果用户希望彻底删除某一文件或文件夹，可以双击桌面上的“回收站”图标，打开“回收站”窗口，选择需要彻底删除的文件或文件夹并右击，在弹出的快捷菜单中选择“删除”命令即可。或按 Shift+Delete 组合键，彻底删除文件。

（7）恢复删除的文件和文件夹。

如果不小心将还要使用的文件或文件夹删除了，可以通过回收站将其还原。双击桌面上的“回收站”图标，打开“回收站”窗口，选择要恢复的文件或文件夹并右击，在弹出的快捷菜单中选择“还原”命令，即可将其还原至被删除前的位置，如图 1-2-11 所示。按 Ctrl+Z 组合键可以撤销一次操作。

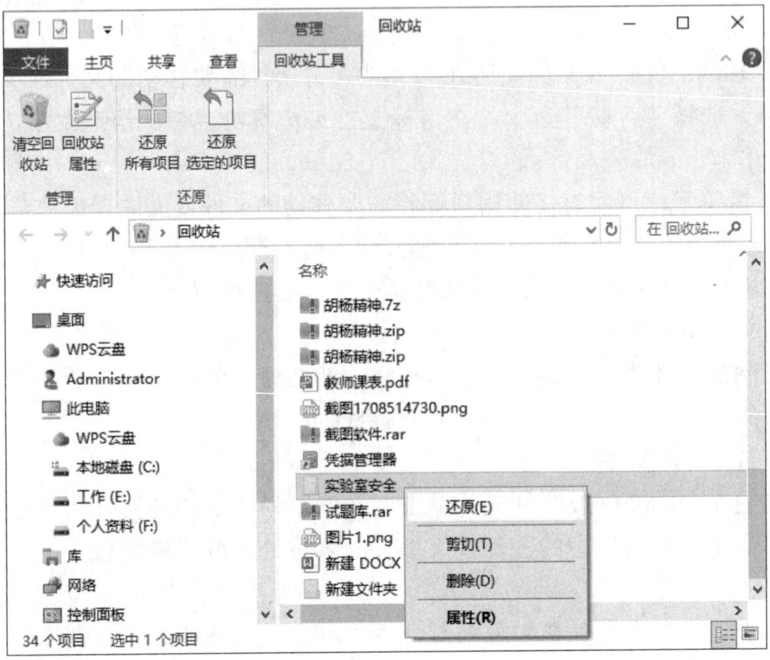

图 1-2-11　恢复删除的文件和文件夹

5. 文件和文件夹的高级操作

（1）设置文件和文件夹的属性。

主要有以下两种方法。

① 右击要设置属性的文件或文件夹，在弹出的快捷菜单中选择“属性”命令，弹出属性对话框，然后在“常规”选项卡的“属性”栏中设置其属性。

② 通过“计算机”窗口，选择需要设置属性的文件或文件夹，单击“主页”→“打开”→“属性”命令，也可打开属性对话框，如图 1-2-12 所示。

（2）搜索文件和文件夹。

打开资源管理器，在搜索框中输入要搜索的文件的名字或名字的一部分，如图 1-2-13 所示，完成搜索后，在“搜索”工具栏中单击“保存搜索”按钮，弹出“另存为”对话框，在“文件名”文本框中输入文件名，单击“保存”按钮。保存完搜索后，即可查找或应用保存的文件，或者可以通过进一步设置搜索条件，完成精确的搜索功能。

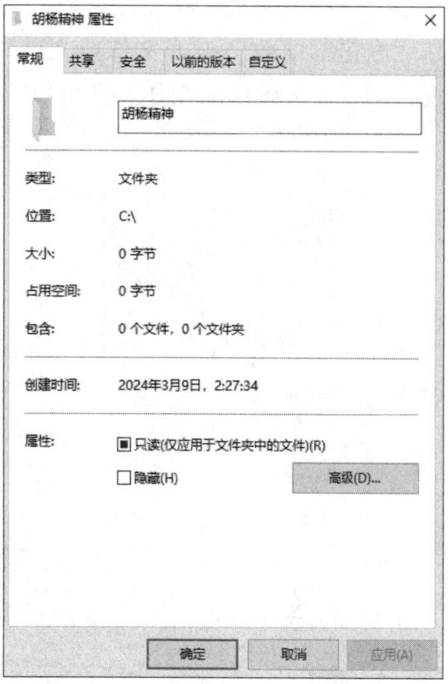

图 1-2-12　文件或文件夹属性设置

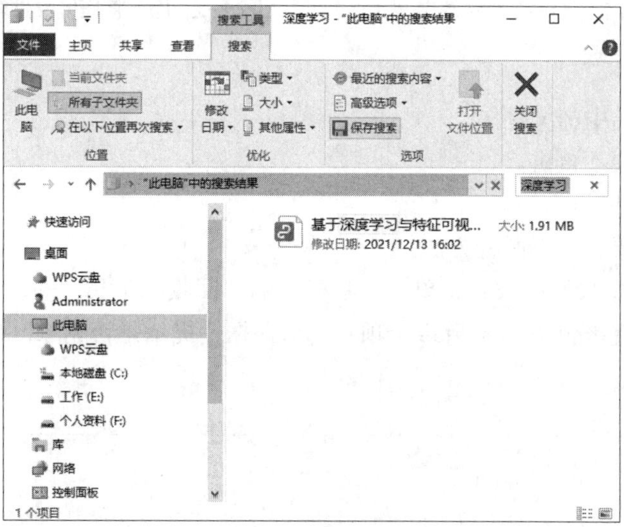

图 1-2-13　搜索到的内容

（3）隐藏文件和文件夹。

右击需要隐藏的文件或文件夹，在弹出的快捷菜单中选择“属性”命令，打开属性对话框，然后在“常规”选项卡的“属性”栏中勾选“隐藏”复选框，完成设置后，单击“应用”或“确定”按钮。

（4）压缩文件和文件夹。

右击需要压缩的文件或文件夹，弹出快捷菜单，选择“发送到”→“压缩（Zipped）文件夹”命令，如图 1-2-14 所示。

（5）解压缩文件和文件夹。

右击需要解压缩的文件或文件夹，弹出快捷菜单，选择一种解压缩文件或文件夹的方式，即可完成解压缩操作，还可以将压缩文件解压缩到指定的路径，如图 1-2-15 所示。

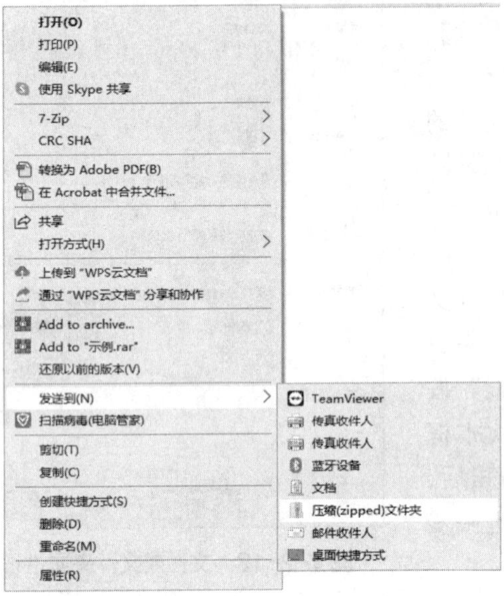

图 1-2-14　压缩文件文件夹

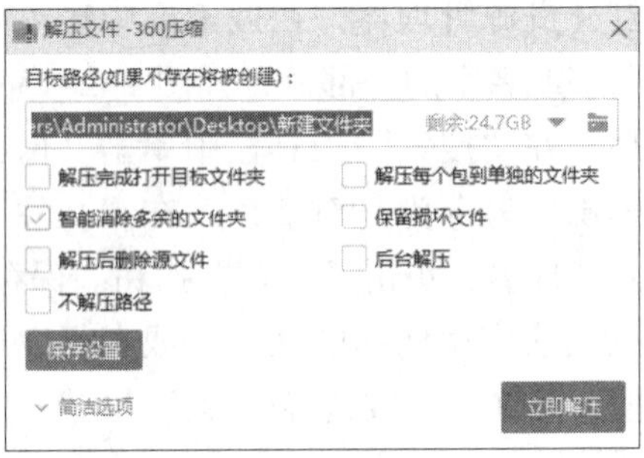

图 1-2-15　将压缩文件解压缩到指定的路径

6. 回收站

（1）还原回收站中的文件。

前面已述，此处不再讲。

（2）清空回收站。

清空回收站主要有以下两种方法。

① 在桌面上双击打开回收站，单击工具栏上的“回收站工具”→“清空回收站”按钮，如图 1-2-16 所示，系统弹出“删除多个项目”对话框，提示是否删除，单击“是”按钮，即可清空回收站。

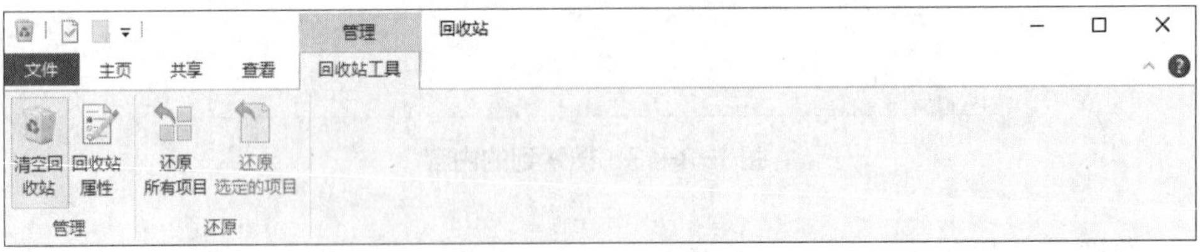

图 1-2-16　清空回收站

② 右击“回收站”图标，弹出快捷菜单，选择“清空回收站”命令。

（3）配置回收站。

右击“回收站”图标，在弹出的快捷菜单中选择“属性”命令，打开“回收站 属性”对话框。在其中可以设置回收站的位置、最大容量，如图 1-2-17 所示。

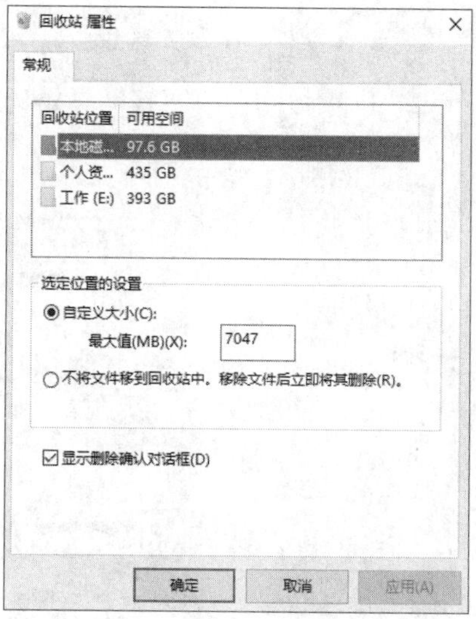

图 1-2-17 “回收站 属性”对话框

实验 1.3　Windows 10 常用附件和管理工具

【实验目的】

（1）掌握 Windows 10 中写字板、记事本、画图和截图工具等常用附件的使用方法。
（2）掌握 Windows 10 远程桌面连接方法。
（3）掌握 Windows 10 中的磁盘管理操作、硬盘优化和系统更新等操作。
（4）了解 Windows 10 中的其他常用管理工具。

【实验环境】

中文 Windows 10。

【实验内容及操作步骤】

1. Windows 10 附件的打开及应用

单击“开始”→“Windows 附件”命令，即可查看系统内置附件，其中包括写字板、记事本、截图工具等，如图 1-3-1 所示。

（1）写字板。

单击“Windows 附件”→“写字板”命令，如图 1-3-2 所示，即可打开“写字板”应用程序，进入“写字板”工作界面，如图 1-3-3 所示。

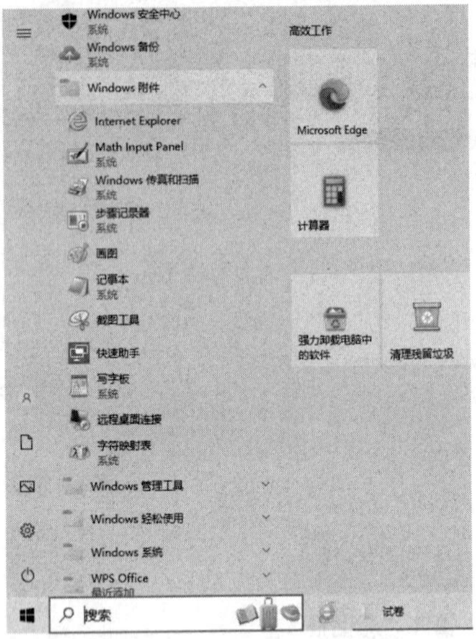

图1-3-1　Windows 附件

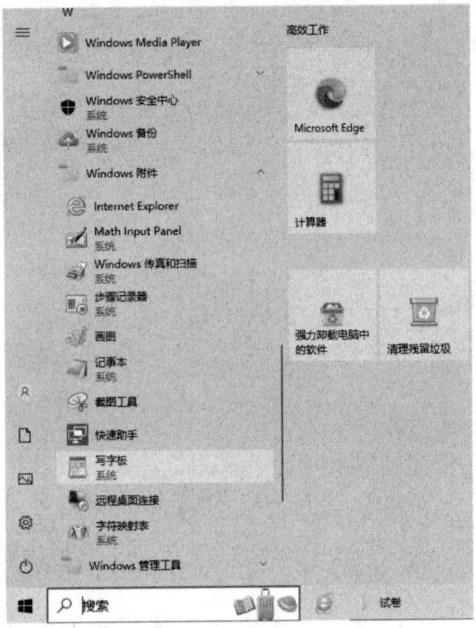

图1-3-2　“写字板”命令

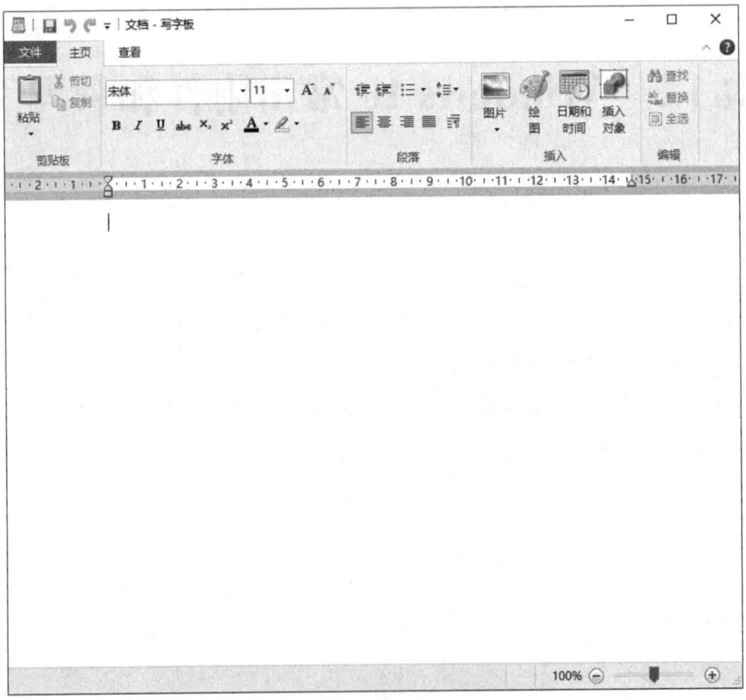

图1-3-3　“写字板”工作界面

用户利用写字板可对字符、图片和链接等内容进行编辑操作。

（2）记事本。

单击“Windows 附件”→“记事本”命令，即可打开“记事本”应用程序，进入“记事本”工作界面，如图 1-3-4 所示。记事本相较于写字板而言，功能相对单一，仅能对字符内容进行编辑处理。

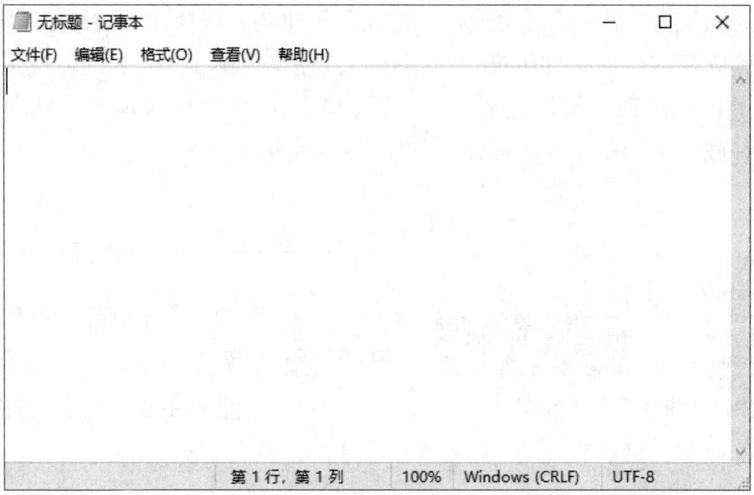

图 1-3-4 “记事本”工作界面

（3）画图。

单击“Windows 附件”→“画图”命令，即可打开“画图”应用程序，进入“画图”工作界面，如图 1-3-5 所示。

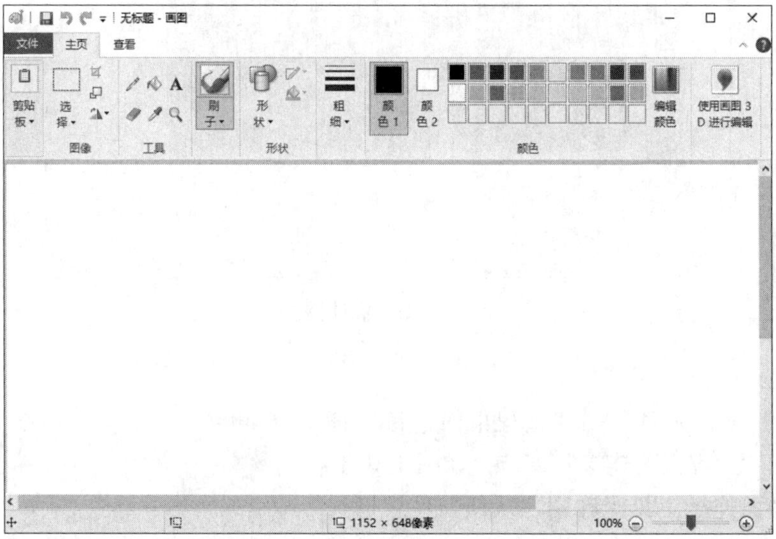

图 1-3-5 “画图”工作界面

（4）截图工具。

单击“Windows 附件”→“截图工具”命令，即可打开“截图工具”应用程序，进入“截图工具”工作界面，如图 1-3-6 所示。

图 1-3-6 “截图工具”工作界面

在“截图工具”工作界面中，可通过“模式”下拉菜单选择合适的截图模式，如图1–3–7所示。选择好截图模式以后，即可通过“新建”按钮（见图1–3–8）进行截图操作，拖动鼠标选取要截取的区域。截图操作完成以后，所截取的区域将会显示在“截图工具”窗口下方区域，并可对截图进行相关标注操作，如图1–3–9所示。

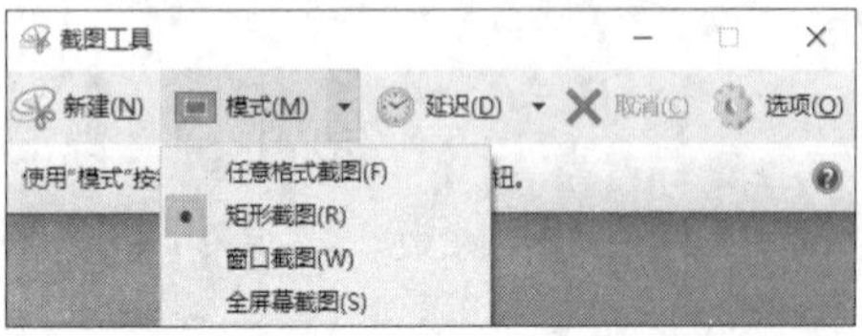

图1–3–7 “模式”下拉菜单

图1–3–8 “新建”按钮

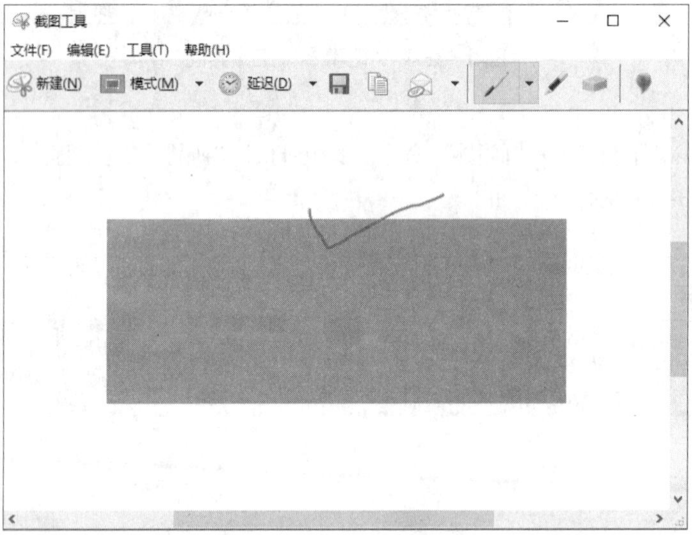

图1–3–9 标注截图

（5）远程桌面连接。

单击“Windows 附件”→“远程桌面连接”命令，即可打开“远程桌面连接”窗口，如图1–3–10所示。远程桌面连接工具允许用户从任何位置通过网络安全地访问和控制另一台运行Windows 10的计算机，就像坐在该计算机前一样，进行文件访问、应用程序操作和系统管理等工作，极大地提高了工作效率和灵活性。

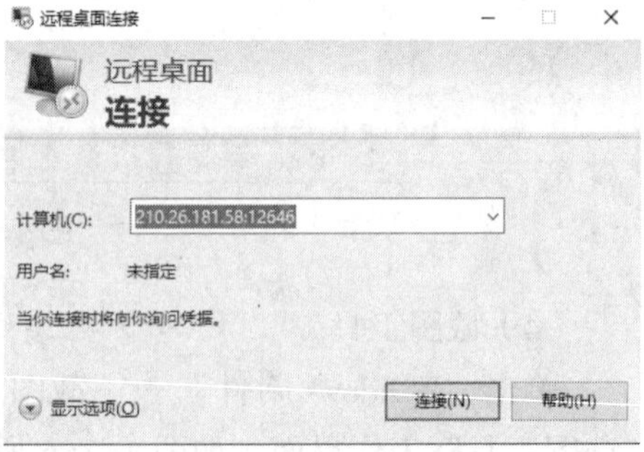

图1–3–10 “远程桌面连接”窗口

2. Windows 10 管理工具

（1）磁盘管理。

① 磁盘清理。在计算机中找到相应磁盘并右击，在弹出的快捷菜单中选择“属性”命令，打开磁盘属性对话框（见图1–3–11），单击“常规”选项卡中的“磁盘清理”按钮，即可对磁盘中的文件进行清理操作。

② 磁盘优化。在计算机中找到相应磁盘并右击，在弹出的快捷菜单中选择“工具”命

令，打开磁盘属性对话框的“工具”选项卡，如图 1–3–12 所示，单击“优化”按钮，即可对磁盘中的文件进行清理操作，如图 1–3–13 所示。利用磁盘优化管理工具可对磁盘空间碎片进行整合，从而提高磁盘空间中数据的读取效率。

图 1–3–11　磁盘属性对话框

图 1–3–12　“工具”选项卡

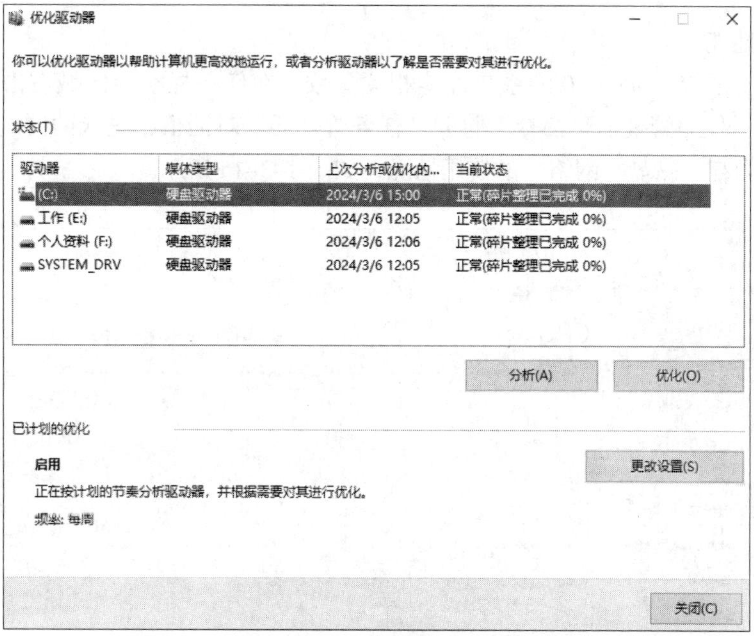

图 1–3–13　磁盘优化

（2）系统自动更新。

Windows 10 默认系统更新功能为启用状态，无须人工参与，系统将自动定期下载和安装更新补丁，提升系统安全性。通过“设置”窗口可查看系统更新情况或更改使用时段。打开“设置”窗口，选择“更新和安全”，选择窗口左侧的“系统更新”，即可查看和更改相关更新状态，如图 1-3-14 所示。

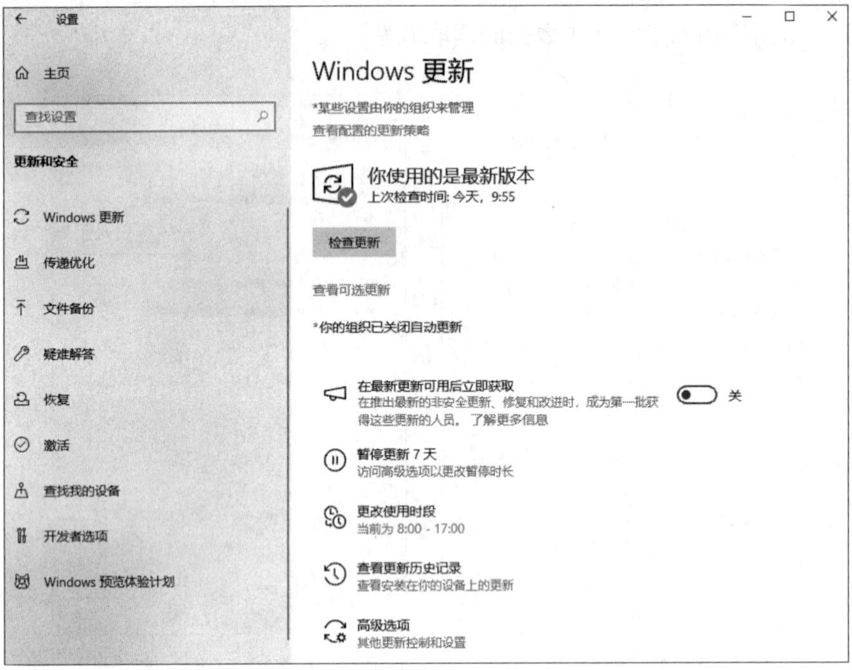

图 1-3-14　“Windows 更新”界面

（3）系统性能。

可以实时查看 Windows 10 的系统性能相关参数。在任务栏空白区域右击，在弹出的快捷菜单中选择“任务管理器”命令，打开“任务管理器”对话框，进入“性能”选项卡，可以查看 CPU、内存、磁盘、网络等的使用情况，如图 1-3-15 所示。

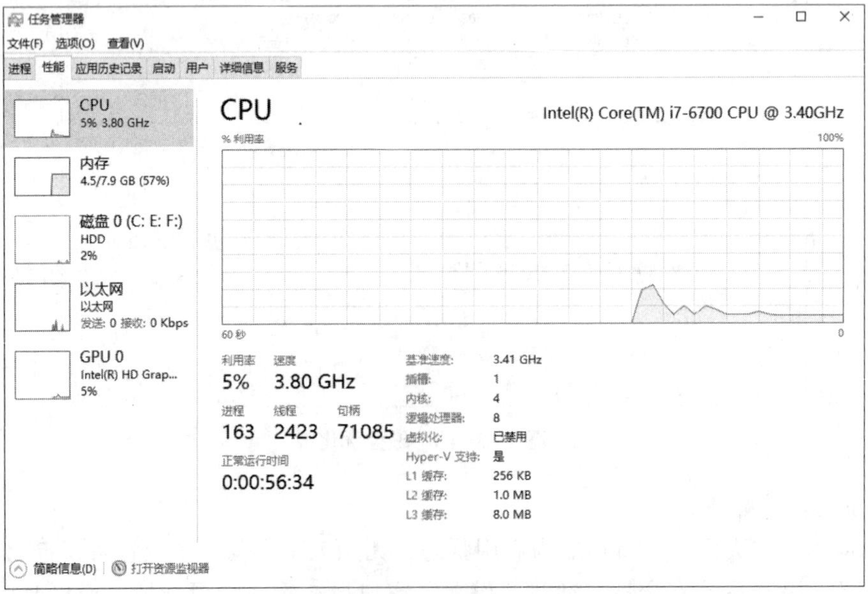

图 1-3-15　查看系统性能

通过“进程”选项卡可以查看各进程占用资源的情况，如图 1–3–16 所示。

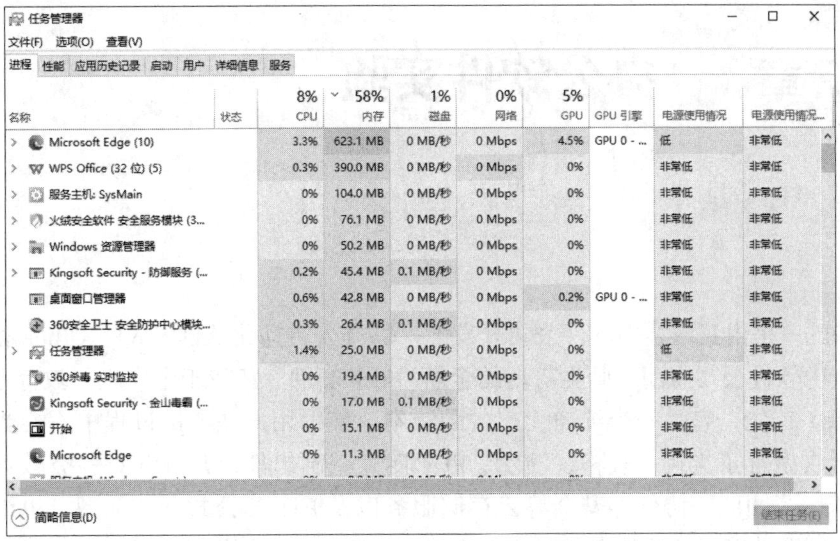

图 1–3–16　查看各进程占用资源的情况

（4）其他 Windows 管理工具。

单击“开始”→“Windows 管理工具”命令，可以选择需要的相关工具进行系统管理操作，如图 1–3–17 所示。

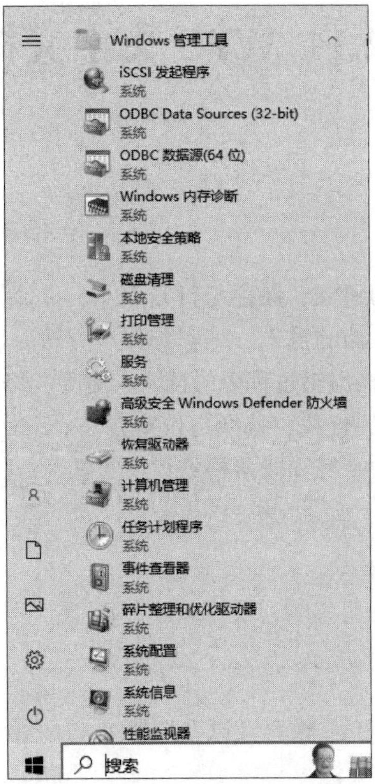

图 1–3–17　Windows 管理工具

第2章　办公软件实验

WPS Office是由我国金山软件公司开发的一款办公自动化软件。WPS Office教育考试专用版是由金山软件公司专门为师生打造的全新Office套件。相较于个人版，教育考试专用版有诸多特点。首先，它是一个纯净无广告的版本，使得用户在考试过程中不会受到任何干扰。其次，它融合了文档、表格、演示、PDF四大基础组件，并且针对各类教育用户的使用需求，新增了团队、协作、安全等云存储服务以及LaTeX公式、几何图、思维导图、流程图等专业绘图功能。这些特点无疑大大增强了该版本的实用性和专业性。

本章重点介绍了WPS Office教育考试专用版中的主要组件文字、表格和演示的相关实验，最后简要介绍了MS Office与其三大功能模块。

实验2.1　WPS文字文档编辑

【实验目的】

（1）掌握WPS文字文档的建立、保存与打开。

（2）熟练掌握WPS文字文档的输入、编辑与修改方法。

（3）熟练掌握WPS文字文档编辑过程中的插入、删除、修改、移动、复制、粘贴等操作。

（4）掌握快速定位及文本的查找、替换与校对方法。

（5）掌握WPS文字文档的字符和段落格式设置方法。

（6）掌握文档的版面设计。

（7）熟悉打印文档的方法。

【实验环境】

中文Windows 10和WPS Office教育考试专用版。

【实验内容及操作步骤】

1. WPS 文字的启动与退出

（1）启动。

启动 WPS 文字有以下四种方法。

① 单击“开始”→“WPS Office 教育考试专用版”命令，在 WPS 窗口中，单击“新建”→“文字”命令。

② 双击桌面上 WPS Office 的快捷方式图标，在 WPS 窗口中，单击“新建”→“文字”命令。

③ 双击一个 WPS 文字文档，也可启动 WPS 文字并打开该文档。

④ 如果最近使用过 WPS Office，可以在“开始”菜单中右击“WPS Office”命令，选择“最近”列表中的某个 WPS 文字文档选项，即可启动 WPS 文字并打开该文档。

（2）退出。

退出 WPS 文字有以下五种方法。

① 单击 WPS 文字工作窗口标题栏右侧的“关闭”按钮。

② 如果文档修改过且没有保存，WPS 文字将弹出一个对话框询问是否保存。当关闭所有打开的文件后，也就退出了 WPS 文字。

③ 单击“文件”→“退出”命令。

④ 单击 WPS 文字窗口标题栏，在弹出的下拉菜单中选择“关闭”命令。

⑤ 按 Alt+F4 组合键。

2. WPS 文字工作窗口

WPS 文字工作窗口如图 2-1-1 所示。窗口的顶部为标题栏，显示 WPS 文字文件的文件名，文件名的右边是“新建”按钮，最右边为“登录”、“最小化”、“最大化 / 向下还原”和“关闭”按钮。标题栏下方是选项卡，便于快速地对文档进行编辑操作。WPS 文字的操作基本都是由选项卡中的命令完成的，在选项卡中排列着多个功能区，每个功能区中存放着一类功能或者操作相似的命令。为了方便用户操作，每个选项卡又进行了分类。同时为了避免

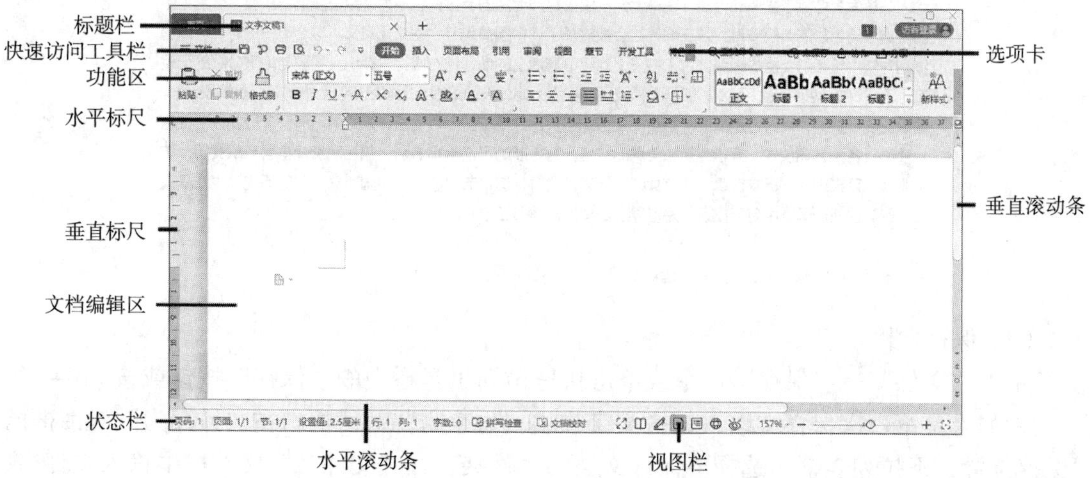

图 2-1-1　WPS 文字工作窗口

操作混乱，某些选项卡只在需要时才显示。例如，当用户在 WPS 文字中选择某一张图片后，即可显示与图片相对应的“图片工具”选项卡。

WPS 文字窗口中的选项卡包括“开始”、“插入”、“页面”、“引用”、“审阅”、“视图”和“工具”等，它是 WPS 文字的核心部分。

标尺可以通过“视图”选项卡的“标尺”命令显现和隐藏。窗口的最底部是状态栏，可以显示正在编辑的文档的属性。视图栏内有“阅读版式”“Web 版式”“页面视图”“大纲”“写作模式”五个视图按钮，也可以通过“视图”选项卡切换视图。中间的空白区域是 WPS 文字的文档编辑区。

3. 创建文档，保存文档

（1）新建 WPS 文字文档。

在 WPS 文字中，新建文档包括新建空白文档、新建在线文档、以推荐模板新建等方式。

新建空白文档主要有以下三种常用的方法。

① 单击“文件”→“新建”命令。

② 使用快速访问工具栏中的“新建”按钮。

③ 按 Ctrl+N 组合键。

（2）输入文档内容。

在新建的空白文档中输入如图 2-1-1 所示的文字内容。

春节，是集除旧布新、拜神祭祖、祈福辟邪、亲朋团圆、欢庆娱乐和饮食为一体的民俗大节。春节历史悠久，起源于早期人类的原始信仰与自然崇拜，由上古时代岁首祈岁祭祀演变而来，在传承发展中承载了丰厚的历史文化底蕴。百节年为首、四季春为先，春节是中华民族最隆重的传统佳节。新春贺岁活动围绕祭祝祈年为中心，以除旧布新、拜神祭祖、驱邪攘灾、祈求丰年等形式展开，内容丰富多彩，热闹喜庆，年味浓郁，凝聚着中华文明的传统文化精华。在春节期间，全国各地均有举行各种贺岁活动，各地因地域文化不同而又存在着习俗内容或细节上的差异。中国过年历史悠久，在传承发展中已形成了一些较为固定的习俗，有许多还相传至今，如买年货、扫尘、贴年红、吃年夜饭、守岁、拜岁、拜年、舞龙舞狮、拜神祭祖、祈福禳灾、游神、押舟、庙会、游锣鼓、游标旗、上灯酒等。传统的节日仪式与相关习俗活动，是节日元素的重要内容，承载着丰富多彩的节日文化底蕴。

七夕节，亦称为七巧节、七姐节、女儿节、乞巧节、七娘会、巧夕、牛公牛婆日及双七等，是中国传统的民间庆典，庆祝时间定于农历七月初七。这一天，人们会进行拜祭七姐的仪式，祈求智慧和手艺，观赏牵牛星与织女星，祈愿美好的姻缘，以及储存所谓的七夕水等传统活动。七夕节的历史沿革中，牛郎织女的动人故事为其增添了爱情的内涵，使得七夕不仅仅是拜七姐的节日，也成为了象征爱情的庆典，被誉为中国最具浪漫色彩的传统节日，并在现代社会被赋予了“中国情人节”的文化意义。这个节日的起源可以追溯到对牵牛星和织女星的崇拜，古人将天上的星宿与地上的地理相对应，牛郎织女星象与地理分野的记载可见于《汉书·地理志》。婺女，即织女，被民间称为七姐、天仙娘娘、七星娘娘、七娘妈等，是编织云彩、纺织业的守护神，同时也是情侣、妇女、儿童的保护神。每年的七月七日，是她的诞辰，年轻女性会在这一夜举行各种乞巧仪式，祈求智慧和美满的爱情。七夕节的习俗丰富多彩，包括观赏牵牛星与织女星、访问闺蜜、拜祭织女、祈求良缘、切磋女红、乞巧祈福等。这个节日不仅在中国有着悠久的历史，也在受汉文化影响的亚洲国家中有所庆祝，是世界上最早的爱情节日之一。

图 2-1-1　文字内容示例

（3）保存文档。

单击“文件”→“保存”命令或单击快速访问工具栏中的“保存”按钮或按 Ctrl+S 组合键，如果是第一次保存文档，WPS 文字弹出“另存为”对话框。在“另存为”对话框的“保存位置”下拉列表框中选择要保存文档的文件夹，在“文件名”文本框中输入文件名，在“保存类型”下拉列表框中设定要保存的文档类型。WPS 文字的默认格式是“.wps”，也可以选择保存为“纯文本”“网页”或其他类型文档。这里将文档以“实验 .wps”为文件名（扩展名可不输入，默认为 .wps）保存在桌面上。

注意：WPS Office 和 MS Office 软件兼容，可以将文档存储为“Microsoft Word 文件（*.docx）”，也可以按实际需求设置文档类型。还可以单击“文件”→“选项”命令，打开“选项”对话框设置默认的文档保存格式，如图 2-1-2 所示。

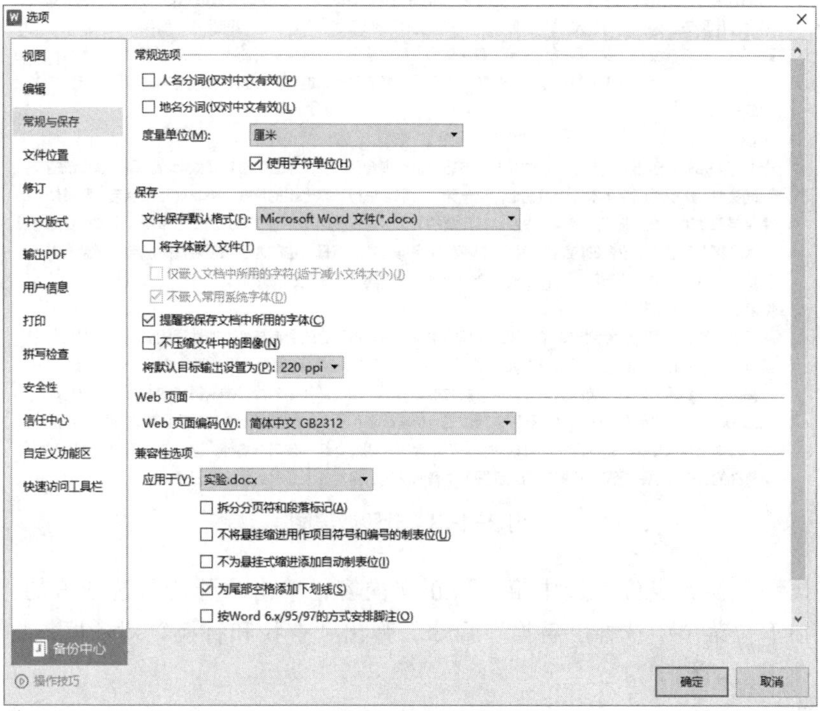

图 2-1-2　在“选项”对话框中设定默认的文档保存格式

4. 文档编辑

（1）打开“实验 .wps”文档，在最前面插入一行标题文字“中国传统节日及习俗——春节、七夕节（节选）”，然后在标题和正文之间插入小标题“1. 春节（节选）：”。

注意：要在文档的最前面插入标题，只要将光标定位到最前面，按 Enter 键插入新空行，然后输入要插入的标题即可。

（2）将文档正文分为 4 段。将光标放在需要分段的位置，然后按 Enter 键即可分段，使“春节……传统文化精华。”“在春节期间……节日文化底蕴。”“七夕节……文化意义。”“这个节日……爱情节日之一。”各为一段，在第二、第三、第四段前分别插入小标题“2. 春节习俗：”“3. 七夕节（节选）：”“4. 起源及其习俗（节选）：”，效果如图 2-1-3 所示。

（3）拼写检查。将光标定位在文档正文开头，单击“审阅”选项卡，执行“校对”组中“拼写语法”命令，打开“拼写和语法”对话框，单击“更改”按钮可对所输入的英文单词进行拼写检查，最后将文档以原名（实验 .wps）保存到原位置。

（4）删除与撤销。将正文的第一段复制到文档的最后，选定原文档中最后一段文字，直接按 Delete 键即可将选定的内容删除，然后单击快速访问工具栏中的“撤销”按钮撤销删除操作。

中国传统节日及习俗—春节、七夕节（节选）

1.春节（节选）：

春节，是集除旧布新、拜神祭祖、祈福辟邪、亲朋团圆、欢庆娱乐和饮食为一体的民俗大节。它历史悠久，起源于早期人类的原始信仰与自然崇拜，由上古时代岁首祈岁祭祀演变而来，在传承发展中承载了丰厚的历史文化底蕴。百节年为首、四季春为先，它是中华民族最隆重的传统佳节。新春贺岁活动围绕祭祝祈年为中心，以除旧布新、拜神祭祖、驱邪攘灾、祈求丰年等形式展开，内容丰富多彩，热闹喜庆，年味浓郁，凝聚着中华文明的传统文化精华。

2.春节习俗（节选）：

在春节期间，全国各地均有举行各种贺岁活动，各地因地域文化不同而又存在着习俗内容或细节上的差异。中国过年历史悠久，在传承发展中已形成了一些较为固定的习俗，有许多还相传至今，如买年货、扫尘、贴年红、吃年夜饭、守岁、拜岁、拜年、舞龙舞狮、拜神祭祖、祈福禳灾、游神、押舟、庙会、游锣鼓、游标旗、上灯酒等。传统的节日仪式与相关习俗活动，是节日元素的重要内容，承载着丰富多彩的节日文化底蕴。

3.七夕节（节选）：

七夕节，亦称为七巧节、七姐节、女儿节、乞巧节、七娘会、巧夕、牛公牛婆日及双七等，是中国传统的民间庆典，庆祝时间定于农历七月初七。这一天，人们会进行拜祭七姐的仪式，祈求智慧和手艺，观赏牵牛星与织女星，祈愿美好的姻缘，以及储存所谓的七夕水等传统活动。七夕节的历史沿革中，牛郎织女的动人故事为其增添了爱情的内涵，使得七夕不仅仅是拜七姐的节日，也成为了象征爱情的庆典，被誉为中国最具浪漫色彩的传统节日，并在现代社会被赋予了“中国情人节”的文化意义。

4.起源及其习俗（节选）：

这个节日的起源可以追溯到对牵牛星和织女星的崇拜，古人将天上的星宿与地上的地理相对应，牛郎织女星象与地理分野的记载可见于《汉书·地理志》。婺女，即织女，被民间称为七姐、天仙娘娘、七星娘娘、七娘妈等，是编织云彩、纺织业的守护神，同时也是情侣、妇女、儿童的保护神。每年的七月七日，是她的诞辰，年轻女性会在这一夜举行各种乞巧仪式，祈求智慧和美满的爱情。七夕节的习俗丰富多彩，包括观赏牵牛星与织女星、访问闺蜜、拜祭织女、祈求良缘、切磋女红、乞巧祈福等。这个节日不仅在中国有着悠久的历史，也在受汉文化影响的亚洲国家中有所庆祝，是世界上最早的爱情节日之一。

图 2-1-3　分段效果图

（5）查找和替换、定位。选中第一段正文内容，单击“开始”选项卡的“查找替换”下拉按钮，在下拉菜单中选择“替换”命令，弹出“查找和替换”对话框，将“它”替换为“春节”，如图 2-1-4 所示。

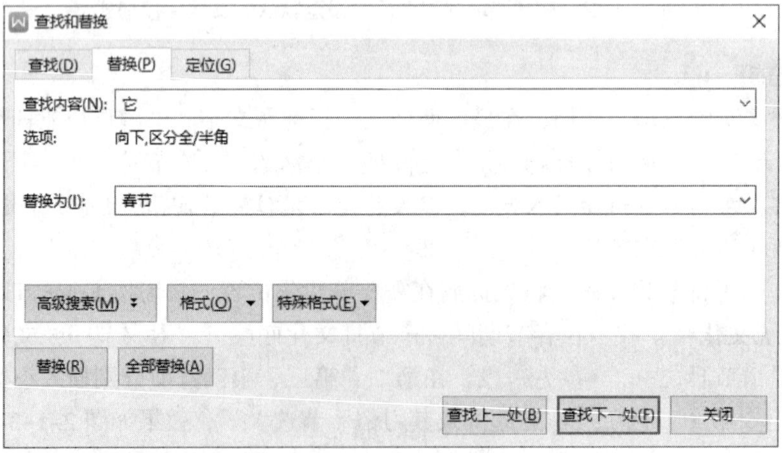

图 2-1-4“查找和替换”对话框

说明：在编辑文本时，为了实现快速编辑，经常要查找文本中的内容，往往还要对某些相同的内容进行批量替换，或者快速定位到文档中指定的位置。这些操作都是通过“查找替换”下拉菜单中的三条命令查找、替换、定位实现的。还可以通过“查找和替换”对话框完成对替换后的内容的格式设置，甚至设置一些特殊格式。

（6）字符格式化。

① 设置标题。

设置字体、字号：选择文本标题文字中的“中国传统节日及习俗”，单击“开始”选项卡的“字体”下拉按钮，选择“黑体”选项；单击“字号”下拉按钮，选择“小二”选项。将标题文字中的“——春节、七夕节”设置为“宋体”“四号”；将“（节选）”设置为“黑体”“五号”字。

设置字形：选择文本标题文字中的“中国传统节日及习俗”，单击“开始”选项卡的“加粗”按钮，如图 2-1-5 所示。

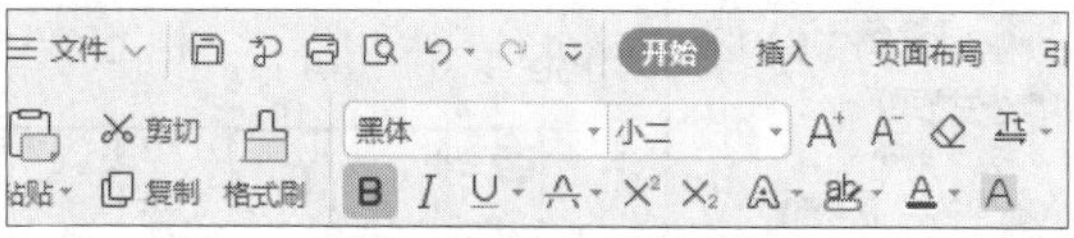

图 2-1-5 “加粗”按钮

按住 Ctrl 键选择“1. 春节（节选）：”和“2. 习俗（节选）：”“3. 七夕节（节选）：”“4. 起源及习俗（节选）：”四个小标题，设置为“宋体”“四号”“加粗”，并添加字符底纹。

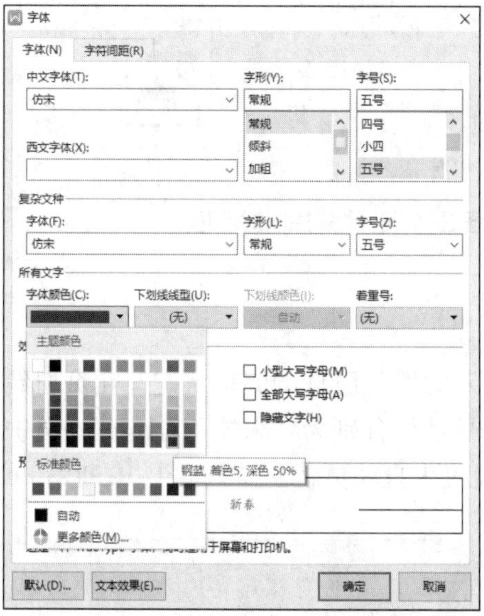

图 2-1-6 “字体”对话框设置及文字设置效果

② 设置正文。

选择文本中除标题以外的正文内容，单击“开始”选项卡的“字体”功能区右下角按钮，弹出“字体”对话框。

单击“字体”选项卡的“中文字体”下拉按钮，选择“仿宋”选项，字形选择“常规”；单击“字号”下拉按钮，选择“小四”选项；单击“字体颜色”下拉按钮，选择“钢蓝，着色 5，深色 50%”，如图 2-1-6 所示。

（7）段落格式设置。

① 设置标题段落格式。

将光标定位到文本的标题“中国传统节日及习俗——春节、七夕节（节选）”中。单击“开始”选项卡“段落”组的“居中对齐”按钮，将标题居中对齐。

将“1. 春节（节选）：”和“2. 习俗（节选）：”“3. 七夕节（节选）：”“4. 起源及习俗（节选）：”设置为“左对齐”。图 2-1-7 所示为“开始”选项卡的“段落”组。

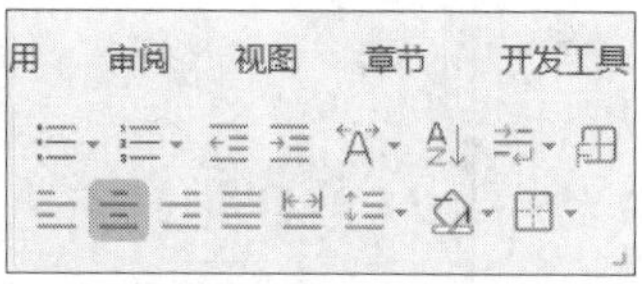

图 2-1-7 “段落”组

② 设置正文段落格式。

选择文本中除各级标题以外的正文内容，单击“开始”选项卡中“段落”组右下角的按钮，弹出“段落”对话框。在“缩进”栏的“特殊格式”下拉列表中选择“首行缩进”选项，设置“度量值”为“2 字符”；利用“间距”栏的“段前”“段后”数值框设置段前和段后间距均为“0.5 磅”；在“间距”栏设置行距为“固定值”，“设置值”为“20 磅”，如图 2-1-8

所示，单击“确定”按钮。

（8）分栏。

选定文档正文中的第三段文字（“七夕节……文化意义。”），单击“页面布局”选项卡中的“分栏”下拉按钮，在下拉菜单中选择“更多分栏”命令，弹出“分栏”对话框。设置“两栏”和“栏宽相等”，栏宽设置为18.76字符，设置分隔线，如图2-1-9所示，单击“确定”按钮。

图2-1-8 “段落”对话框

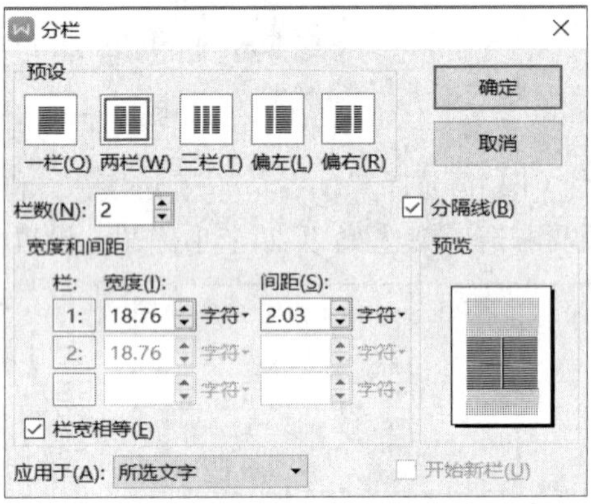

图2-1-9 “分栏”对话框

（9）设置页眉和页脚。

① 设置页眉。

单击“插入”选项卡中的“页眉页脚”按钮，进入文档页眉页脚编辑状态。在页眉编辑区输入“中国传统节日及习俗（节选）”，字体、字号默认分别为“宋体”“小五”，居中对齐，添加页眉横线，并插入当前系统日期和时间，设置为自动更新，如图2-1-10所示。

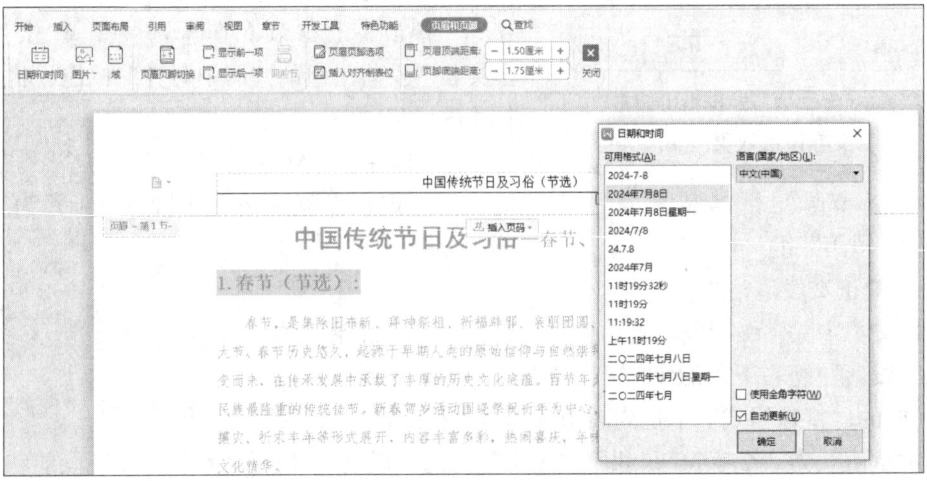

图2-1-10 设置页眉

② 设置页脚。

方法 1：单击“页眉和页脚”选项卡中的“页眉页脚切换”按钮，切换到页脚编辑区，在页脚输入“第页，共页”。字体和字号保持默认设置，居中对齐。将光标定位在“第页”二字中间，单击“页眉和页脚”选项卡中的“域”按钮，弹出“域”对话框，“域名”选择“当前页码”，如图 2-1-11 所示，单击“确定”按钮。将光标定位在“共页”二字中间，打开“域”对话框，“域名”选择“文档的页数”，“域代码”为“NUMPAGES”，单击“确定”按钮。设置完页眉和页脚以后，单击“页眉和页脚”选项卡中的“关闭”按钮，退出页眉和页脚的设置。

方法 2：插入页眉以后，将光标定位到页脚位置，不输入任何内容，打开“页码设置”对话框，“样式”选择“第 1 页 共 x 页”，“位置”选择“居中”，“应用范围”选择“整篇文档”，如图 2-1-12 所示，单击“确定”按钮。

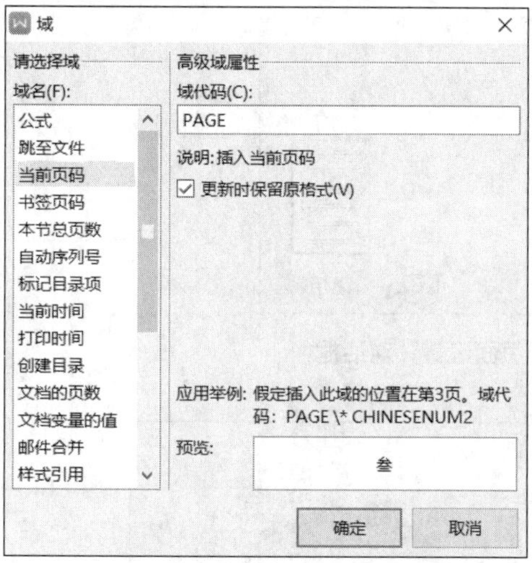

图 2-1-11 “域”对话框设置

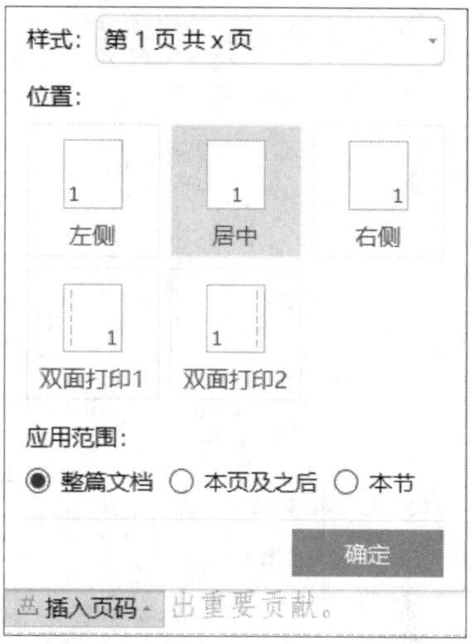

图 2-1-12 “页码设置”对话框

（10）页面设置。

选择文档中所有内容，单击“页面布局”选项卡中的“页边距”下拉按钮，在下拉菜单中选择“自定义页边距”命令，打开“页面设置”对话框。单击“页边距”选项卡，设置左、右边距均为“2.7 厘米”，上、下边距均为“2 厘米”，方向选择“纵向”，如图 2-1-13 所示，单击“确定”按钮。

（11）打印设置。

WPS 文字中的打印包括打印、打印预览、批量打印、高级打印等操作。单击“文件”→“打印”命令，在出现的“打印”对话框（见图 2-1-14）中可进行打印设置。

① 设置打印份数。

在“份数”栏的数值框中可输入要打印的份数。如果要打印多份并需要逐份打印，则勾选“逐份打印”复选框，即可将文件一份一份地打印；若未勾选该复选框，则会在打印完各份的第 1 页后再打印各份的第 2 页，直到完成。

② 设置页面范围。

单击“打印”下拉按钮弹出下拉列表，可选择打印范围。如果选择“打印当前页面”

选项，打印的是光标所在页的内容。如果要打印文档中的指定内容，可以选择“所选内容”选项。但应注意只有事先在文档中选定内容后，该选项才可用；如果要指定打印的页码，可选择“页码范围”选项，通过输入打印页码来挑选打印，输入页码的规则是：非连续页之间用英文状态的“,”，连续页之间用英文状态的“-”。例如，输入“1，3，5，9-13”，表示将打印第1、3、5、9、10、11、12、13页。

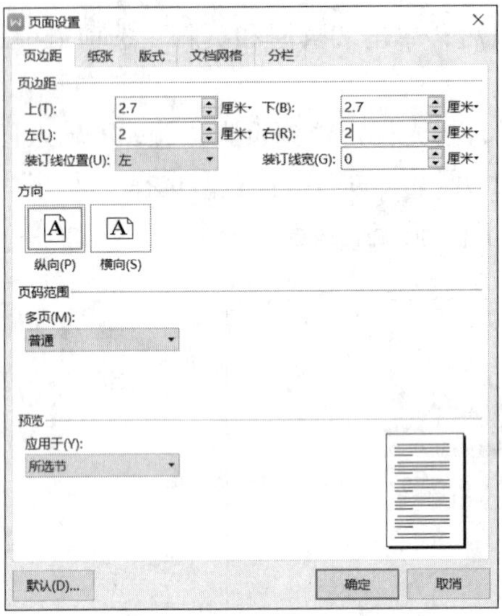

图2-1-13 “页面设置”对话框

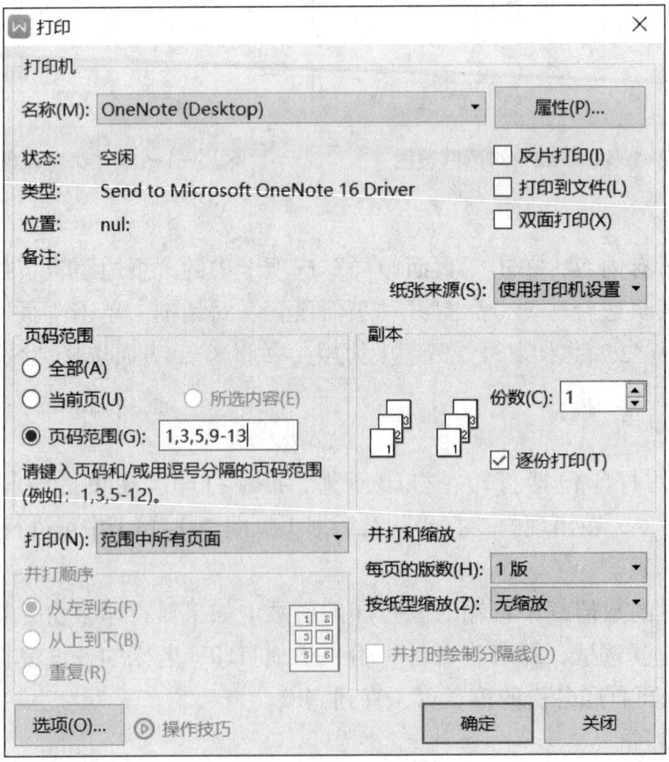

图2-1-14 “打印”对话框

整体实验效果如图 2-1-15 所示。

中国传统节日及习俗——春节、七夕节 (节选)

1. 春节（节选）：

春节，是集除旧布新、拜神祭祖、祈福辟邪、亲朋团圆、欢庆娱乐和饮食为一体的民俗大节。春节历史悠久，起源于早期人类的原始信仰与自然崇拜，由上古时代岁首祈岁祭祀演变而来，在传承发展中承载了丰厚的历史文化底蕴。百节年为首、四季春为先，春节是中华民族最隆重的传统佳节。新春贺岁活动围绕祭祝祈年为中心，以除旧布新、拜神祭祖、驱邪攘灾、祈求丰年等形式展开，内容丰富多彩，热闹喜庆，年味浓郁，凝聚着中华文明的传统文化精华。

2. 春节习俗（节选）：

在春节期间，全国各地均有举行各种贺岁活动，各地因地域文化不同而又存在着习俗内容或细节上的差异。中国过年历史悠久，在传承发展中已形成了一些较为固定的习俗，有许多还相传至今，如买年货、扫尘、贴年红、吃年夜饭、守岁、拜岁、拜年、舞龙舞狮、拜神祭祖、祈福禳灾、游神、押舟、庙会、游锣鼓、游标旗、上灯酒等。传统的节日仪式与相关习俗活动，是节日元素的重要内容，承载着丰富多彩的节日文化底蕴。

3. 七夕节（节选）：

七夕节，亦称为七巧节、七姐节、女儿节、乞巧节、七娘会、巧夕、牛公牛婆日及双七等，是中国传统的民间庆典，庆祝时间定于农历七月初七。这一天，人们会进行拜祭七姐的仪式，祈求智慧和手艺，观赏牵牛星与织女星，祈愿美好的姻缘，以及储存所谓的七夕水等传统活动。七夕节的历史沿革中，牛郎织女的动人故事为其增添了爱情的内涵，使得七夕不仅仅是拜七姐的节日，也成为了象征爱情的庆典，被誉为中国最具浪漫色彩的传统节日，并在现代社会被赋予了“中国情人节”的文化意义。

4. 起源及其习俗（节选）：

这个节日的起源可以追溯到对牵牛星和织女星的崇拜，古人将天上的星宿与地上的地理相对应，牛郎织女星象与地理分野的记载可见于《汉书·地理志》。婺女，即织女，被民间称为七姐、天仙娘娘、七星娘娘、七娘妈等，是编织云彩、纺织业的守护神，同时也是情侣、妇女、儿童的保护神。每年的七月七日，是她的诞辰，年轻女性会在这一夜举行各种乞巧仪式，祈求智慧和美满的爱情。七夕节的习俗丰富多彩，包括观赏牵牛星与织女星、访问闺蜜、拜祭织女、祈求良缘、切磋女红、乞巧祈福等。这个节日不仅在中国有着悠久的历史，也在受汉义化影响的亚洲国家中有所庆祝，是世界上最早的爱情节日之一。

图 2-1-15　整体实验效果图

实验 2.2　WPS 文字表格设计

【实验目的】

（1）掌握在 WPS 文字文档中绘制表格的方法。

（2）熟练掌握设置表格结构的方法。

（3）熟练掌握表格的编辑方法。

（4）熟练掌握对表格的格式化方法。

（5）熟练掌握表格计算以及排序。

【实验环境】

中文 Windows 10 和 WPS Office 教育考试专用版。

【实验内容及操作步骤】

1. 建立新表格

（1）启动 WPS 文字并创建空白文档。

（2）在文档中绘制图 2-2-1 所示的求职登记表。

求职登记表

<table>
<tr><td>姓名</td><td></td><td>性别</td><td></td><td>出生年月</td><td></td><td rowspan="4">照片</td></tr>
<tr><td>身份证号</td><td colspan="5"></td></tr>
<tr><td>毕业院校</td><td colspan="5"></td></tr>
<tr><td>毕业时间</td><td colspan="5"></td></tr>
<tr><td>最高学历</td><td colspan="3"></td><td>专业</td><td colspan="2"></td></tr>
<tr><td>通信地址</td><td colspan="3"></td><td>E-mail</td><td colspan="2"></td></tr>
<tr><td>住址</td><td colspan="4"></td><td>邮编</td><td></td></tr>
<tr><td>学习表现</td><td colspan="4"></td><td>电话</td><td></td></tr>
<tr><td>获奖情况</td><td colspan="6"></td></tr>
<tr><td>校内职务</td><td colspan="6"></td></tr>
<tr><td>社会实践</td><td colspan="6"></td></tr>
<tr><td>备注</td><td colspan="6"></td></tr>
</table>

图 2-2-1　求职登记表效果图

常用的绘制表格的方法和步骤如下。

① 绘制表格。

将光标置于准备插入表格的地方，单击“插入”选项卡中的“表格”下拉按钮，在下拉列表中选择“绘制表格”命令，此时鼠标指针变成铅笔形状。

求职登记表主要由 12 行 2 列组成。长按鼠标左键不松开，在编辑区从上到下拖动，直到绘制出 12 行 2 列表格为止，如图 2-2-2 所示。

图 2-2-2　绘制 12 行 2 列表格

完成表格的绘制后，按 Esc 键，或者在“表格工具”选项卡中单击“绘制表格”按钮结束表格绘制状态。

选择整个表格，单击“表格工具”→“自动调整”→“适应窗口大小”命令。将鼠标指针放在列分割线上，当鼠标指针形状变成裂开的双向箭头时，按住鼠标左键不松开，拖动调整列宽到适当大小。单击“表格工具”→“绘制表格”按钮，用铅笔绘制“性别”“出生年月”“专业”“E-mail”“邮编”“电话”单元格的分隔线。

输入表格标题，效果如图 2-2-3 所示，将文件以文件名“表格设计求职登记表.wps”保存。

求职登记表

姓名		性别		出生年月		
身份证号						
毕业院校						
毕业时间						
最高学历			专业			
通信地址			E-mail			
住址				邮编		
学习表现				电话		
获奖情况						
校内职务						
社会实践						
备注						

图 2-2-3　绘制表格效果图

提示：如果在绘制或设置表格的过程中需要删除某行或某列，可以在“表格工具”选项卡中单击“擦除”按钮。此时，鼠标指针呈现橡皮擦形状，在特定的行或列线条上拖动鼠标指针即可删除该行或该列，按 Esc 键取消擦除状态。

② 插入表格。

将光标置于准备插入表格的地方，单击“插入”→“表格”→“插入表格”命令，弹出“插入表格”对话框，按需要调整表格的“列数”“行数”，如图 2-2-4 所示，单击“确定”按钮即可。各单元格的分隔线可按前面所讲的方法绘制。

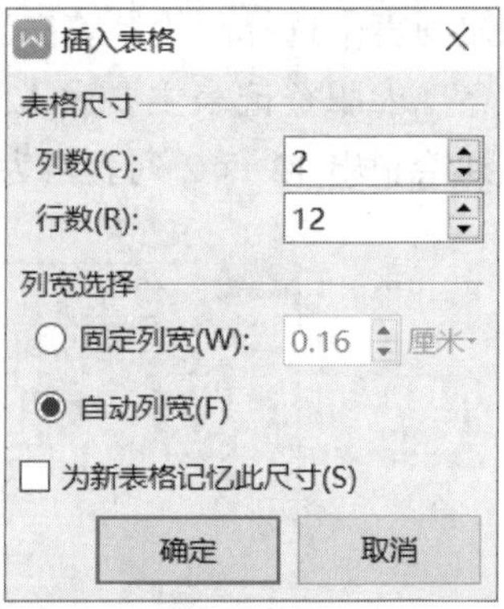

图 2-2-4 “插入表格”对话框

2. 表格的编辑

（1）选择表格。

① 选择行。

选择一行：将鼠标指针定位在表格外面左边要选择的行位置，单击即可。或者单击“表格工具”→“选择”→“选择行”命令。

选择非连续行：按住 Ctrl 键不放，将鼠标指针定位在表格外面左边要选择的行位置，然后单击所需的行。

选择连续行：将鼠标指针定位在要选择行的开始位置，按住 Shift 键不松开，按住鼠标左键拖动到要结束的位置即可。

选择列的操作与选择行的操作相同。

② 选择单元格。

将鼠标指针定位在要选择的单元格中，按住鼠标左键拖动即可。或者单击“表格工具”→“选择”→“选择单元格”命令。

将鼠标指针定位在要选择的单元格左边框线附近，当鼠标指针变成黑色实心箭头时，单击即可。

③ 选择表格。

将光标定位在要选择的表格中，单击“表格工具”→“选择”→“选择表格”命令。

将光标定位在要选择的表格中的第 1 个单元格中，按住鼠标左键拖动即可。

（2）调整表格行高和列宽。

① 平均分布行或者列。

如果采用绘制表格的方法绘制求职登记表，可单击“表格工具”→“自动调整”→“平均分布各行”命令，实现表格各行的平均分布。

② 鼠标拖动调整。

将鼠标指针指向“求职登记表”第 1 列边框处，直到指针变为双箭头形状，然后拖动边框至需要的宽度或高度为止。

③ 精确调整。

选中要设置行高和列宽的行和列，单击“表格工具”→“表格属性”按钮，或者右击表格，在弹出的快捷菜单中选择“表格属性”命令，在弹出的如图 2-2-5 所示的“表格属性”对话框中可设置合适的行高和列宽。

选中要设置行高的行，在“表格工具”选项卡中设置求职登记表的第 1~7 行高为 0.9

厘米、8~11 行高为 1.5 厘米、第 12 行高为 2 厘米。根据内容调整列宽，将所有内容均设置为一行显示，“求职登记表”为四号黑体字，表格中所有内容对齐方式设置为“水平居中”，如图 2-2-6 所示。

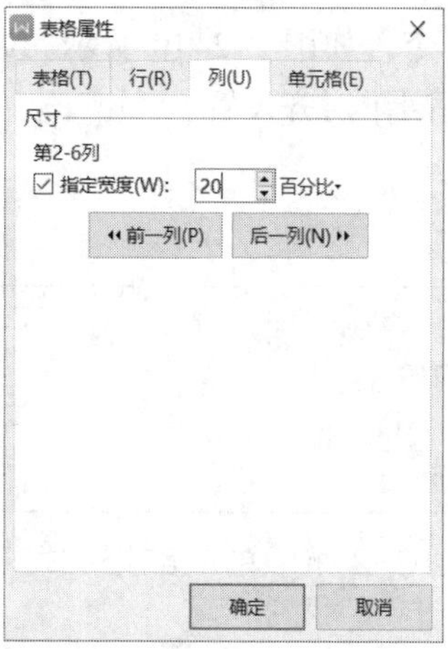

图 2-2-5 “表格属性”对话框

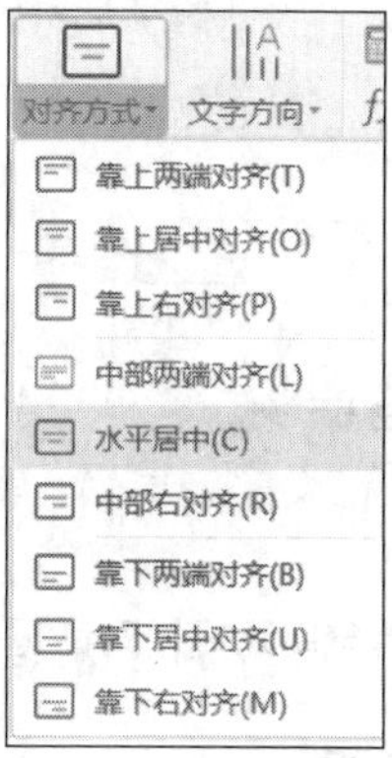

图 2-2-6 设置对齐方式

（3）拆分与合并单元格。

① 合并单元格。

选择右上角“照片”区域的四个单元格，单击“表格工具”→“合并单元格”命令，如图 2-2-7 所示，或者右击这四个单元格，在弹出的快捷菜单中选择“合并单元格”命令。单击“表格工具”→“文字方向”→“垂直方向从左往右”命令（见图 2-2-8），再单击“表格工具”→“对齐方式”→“水平居中”命令，最后在合并的单元格中输入“照片”。

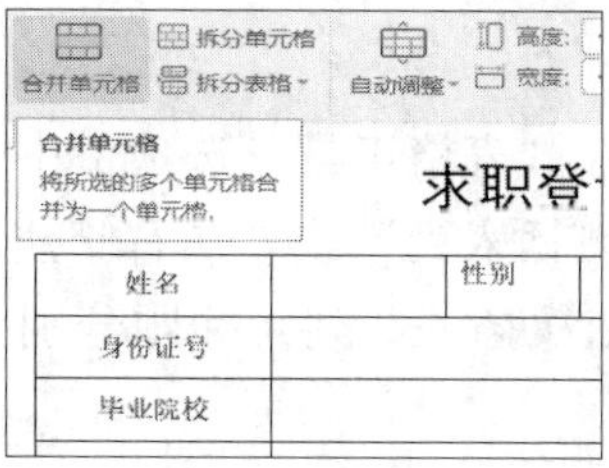

图 2-2-7 “合并单元格”按钮

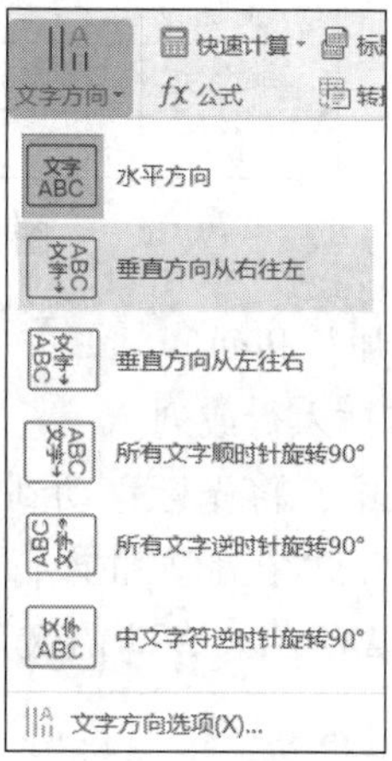

图 2-2-8 “文字方向”设置

② 拆分单元格。

将光标置于第 1 行第 2 个单元格中，如果其中的“性别”“姓名”及其后填写对应内容单元格没有采用绘制表格的方法绘制，可采用拆分单元格方法，单击“表格工具”→“拆分单元格”按钮，或者右击，在弹出的快捷菜单中选择“拆分单元格”命令，打开如图 2-2-9 所示的对话框进行单元格拆分，“专业”“E-mail”“邮编”“电话”单元格也可采用拆分单元格的方法完成。

（4）文字对齐方式与方向。

将光标定位在“求职登记表”中，选择表格中各标题名称并右击，在弹出的快捷菜单中选择“单元格对齐方式”→“居中对齐”命令，如图 2-2-10 所示。或者单击“表格工具”→“对齐方式”→“水平居中”按钮，进行居中对齐设置。

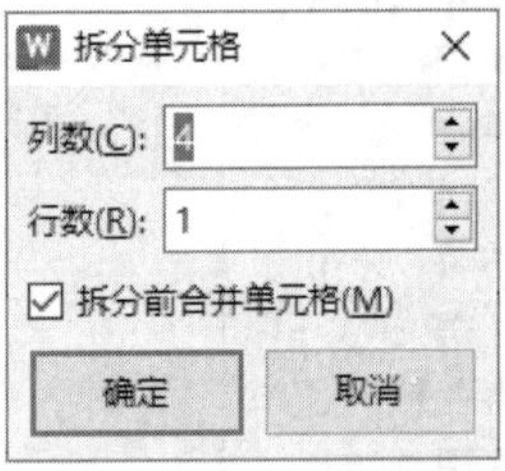

图 2-2-9 “拆分单元格”对话框

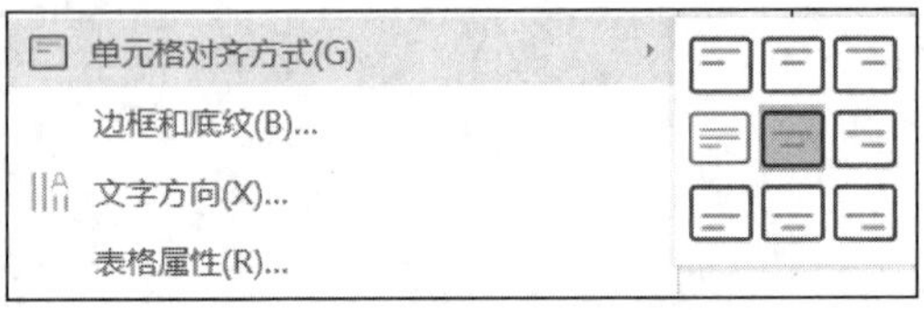

图 2-2-10 单元格对齐方式

3. 行和列的编辑

（1）删除行和列。

按照图 2-2-11 创建学生成绩表并输入数据，然后将光标移动到学生成绩表第 6 行，右击，在弹出的快捷菜单中选择“删除单元格”命令，弹出“删除单元格”对话框，选中“删除整行”单选按钮，单击“确定”按钮，删除“备注”行。

姓名	数学	英语	语文
李正	83	86	78
陈明	79	84	80
王晓红	78	85	90
高宏远	76	85	92
备注			

图 2-2-11 学生成绩表

（2）向表格添加行和列。

① 使用选项卡插入行或列。

在学生成绩表中，将光标移动到第 4 列，在“表格工具”选项卡中，根据实际需要单击“在上方插入行”、“在下方插入行”、“在左侧插入列”或“在右侧插入列”按钮插入行或列，如图 2-2-12 所示。在“语文”列后面依次插入 2 列，标题分别为“总分”和“平均分”。

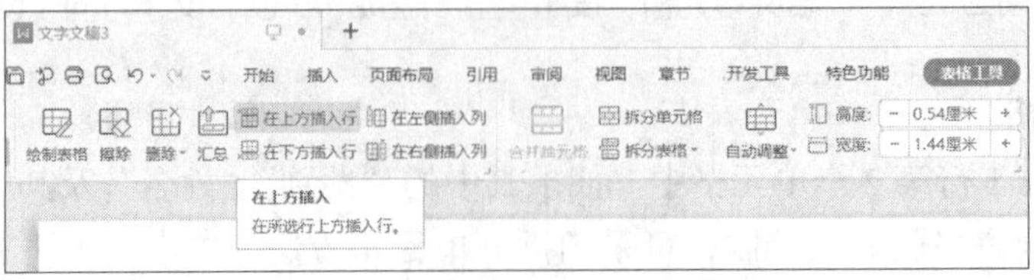

图 2-2-12 使用选项卡插入行或列

② 使用快捷菜单插入行和列。

在学生成绩表中，将鼠标指针移动到第 4 列并右击，然后在弹出的快捷菜单中指向“插入”命令，并在打开的下一级菜单中选择“列（在左侧）”“列（在右侧）”“行（在上方）”或“行（在下方）”命令，如图 2-2-13 所示。

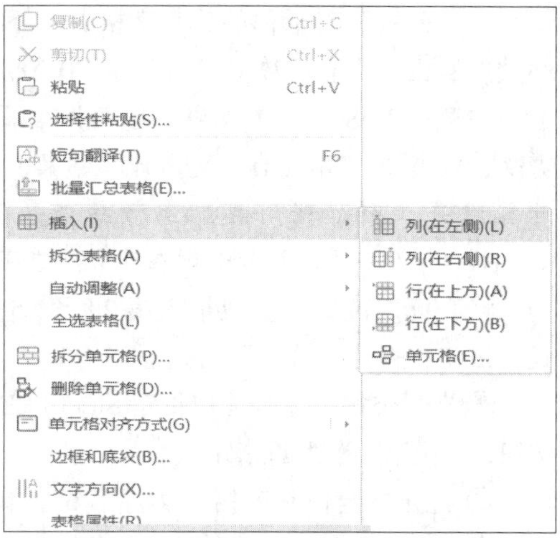

图 2-2-13　使用快捷菜单插入行和列

注意：也可使用“绘制表格”按钮在所需的位置绘制行或列。若要在表格末尾快速添加一行，单击最后一行的最后一个单元格，然后按 Tab 键或在表格最后一行外面按 Enter 键即可。

（3）移动行和列。

选定要移动的列，按住鼠标左键将其拖动到目标位置；选定要移动的行，按 Shift+Alt+ 上或下方向箭头组合键，移动到目标位置。

（4）表格计算。

在表格计算过程中经常要用到单元格地址，WPS 文字用字母后面跟数字的方式表示单元格地址。其中，字母表示单元格所在的列号，每一列号依次用字母 A，B，C，…表示，数字表示行号，每一行号依次用数字 1，2，3，…表示。例如，B3 表示第 2 列第 3 行的单元格。单击要放置计算结果的单元格，单击“表格工具”选项卡中的“公式”按钮，打开“公式”对话框，如图 2-2-14 所示。

图 2-2-14　“公式”对话框

“公式”文本框中会根据表格中的数据和当前单元格所在位置自动推荐一个公式，例如，=SUM（LEFT）是指计算当前单元格左侧单元格区域的数据之和。如果不是所需要的公式，将其从“公式”文本框中删除（“=”除外），然后从“粘贴函数”下拉列表框中选择需要的函数。如果数据存放在连续的单元格区域，则可以采用单元格地址引用的方法，如计算 B2（B 列第 2 行）到 D3（D 列第 3 行）所有单元格中数值的和，建立公式 =SUM（B2，D3）。函数单元格地址引用方法如表 2-2-1 所示。

表 2-2-1　单元格地址引用方法

表示方式	说明
LEFT	左边所有单元格
RIGHT	右边所有单元格
ABOVE	上边所有单元格
BELOW	下边所有单元格
单元格 1：单元格 2	从单元格 1 到单元格 2 矩形区域内的所有单元格。例如，A1：B2 表示 A1、B1、A2、B2 单元格中的数据
单元格 1，单元格 2，…	计算所列单元格 1，单元格 2，…的数据

在“公式”对话框的“数字格式”下拉列表框中可以选择数字的格式。例如，要以带小数点的百分比显示数据，则选择“0.00%”。

注意： WPS 文字是以域的形式将结果插入选定单元格的，如果所引用的单元格发生了更改，WPS 文字不能自动更新计算结果，此时必须选定该域，然后按 F9 功能键，才可更新计算结果。除了利用粘贴函数功能，还可以在“公式”文本框内直接输入表达式，如 =B1+C1（公式内符号必须在英文状态下输入），从而得到计算结果。

将光标定位到学生成绩表第 2 行第 5 个单元格中，单击“表格工具”选项卡中的“公式”按钮，打开“公式”对话框。

① 在“公式”文本框中输入=SUM(LEFT)，单击“确定”按钮，求出第一个人的总分。

② 将光标定位到表格第 2 行第 6 个单元格中，用同样方法在“公式”文本框中输入 =AVERAGE（B2:D2），数字格式选择“0.00”，如图 2–2–15 所示，单击“确定”按钮，求出第一个人的平均分。

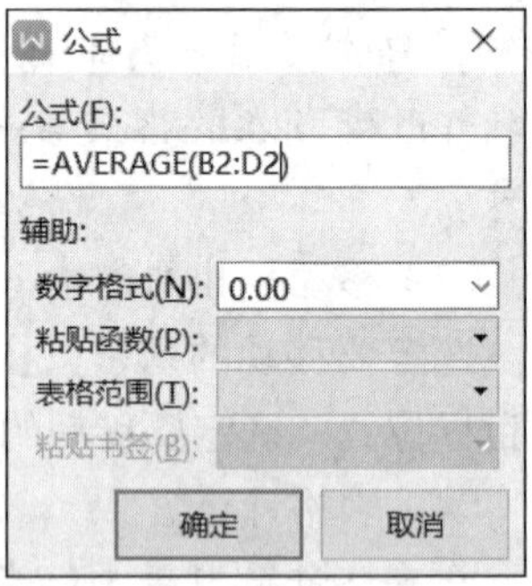

图 2–2–15　单元格地址引用计算

按上述方法求出其余人的总分与平均分。

（5）表格排序。

在需要进行数据排序的 WPS 文字表格中单击任意单元格，单击“表格工具”选项卡中的“排序”按钮，打开“排序”对话框。若要根据“总分”列进行降序排序，就可在“主要关键字”下拉列表框中选择“总分”，并选中“降序”单选按钮。如果想在总分相同时根据数学成绩降序排序，可在“次要关键字”下拉列表框中选择“数学”，并选中“降序”单选按钮，如图 2–2–16 所示，单击“确定”按钮。

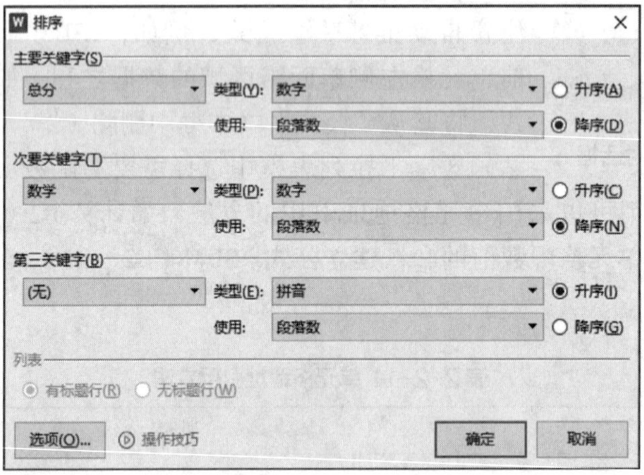

图 2–2–16　“排序”对话框

注意： 如果当前表格已经启用“重复标题行”设置，则“有标题行”或“无标题行”单选按钮无效。

计算、排序结果如图 2–2–17 所示。

（6）表格和文本的互换。

如果需要将整张表格转换为文本，则可单击表格中的任意单元格，再单击“表格工具”

选项卡中的“转换为文本”按钮，打开图 2–2–18 所示的对话框进行操作。

姓名	数学	英语	语文	总分	平均分
王晓红	78	85	90	253.00	84.33
高宏远	76	85	92	253.00	84.33
李正	83	86	78	247.00	82.33
陈明	79	84	80	243.00	81.00

图 2–2–17　计算、排序结果

将文本转换成表格的方法是：选定文本后，单击“插入”选项卡中的“表格”下拉按钮，在打开的下拉列表中选择“文字转换成表格”命令，弹出“将文字转换成表格”对话框，如图 2–2–19 所示。系统会自动检测到文本的分隔符号并且在该对话框中给出行数和列数。如果不符合预想格式，可自己重新设定文字分隔位置或者表格尺寸，然后单击“确定”按钮即可。

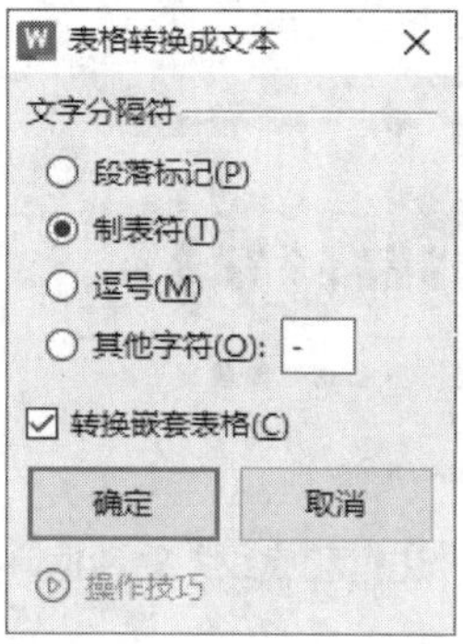

图 2–2–18　“表格转换成文本”对话框

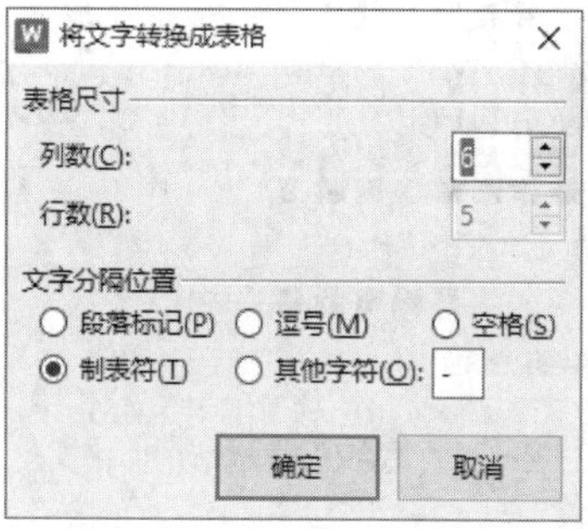

图 2–2–19　“将文字转换成表格”对话框

4. 表格的格式化

（1）为表格设置边框和底纹。

① 在 WPS 文字表格中选中需要设置边框的单元格或整个表格，单击“表格样式”选项卡中的“边框”下拉按钮，并在下拉列表中选择“边框和底纹”命令，弹出“边框和底纹”对话框。在“边框”选项卡中设定表格的边框类型、线型、颜色和线条宽度，然后单击“底纹”选项卡，在“底纹”选项卡中设置底纹效果。

此外，对于已有表格，也可以通过在“表格样式”选项卡中单击样式库下拉按钮展开样式库进行选择，为表格添加边框和底纹，如图 2–2–20 所示。

按上述方法为学生成绩表设置样式为“样式 2，强调 3”。

② 设置标题行格式。选择标题行，在“表格样式”选项卡中勾选“首行填充”复选框，在

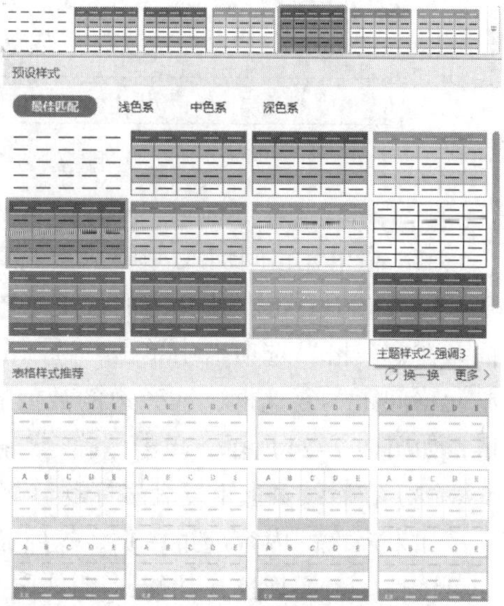

图 2–2–20　样式库

“底纹”下拉列表中选择“橙色，着色4”，如图2-2-21所示。

③ 设置表格边框。将光标定位在表格中，单击“表格样式”选项卡中的“边框”下拉按钮，在下拉列表中选择“所有框线”命令，或者选择“边框和底纹”命令，打开其对话框，设置边框颜色为“巧克力黄，着色2，深色25%”，设置全部边框为实线，如图2-2-22所示。

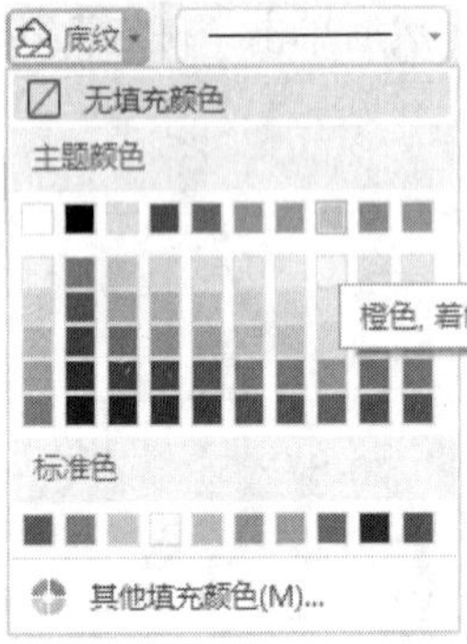

图2-2-21　底纹设置图

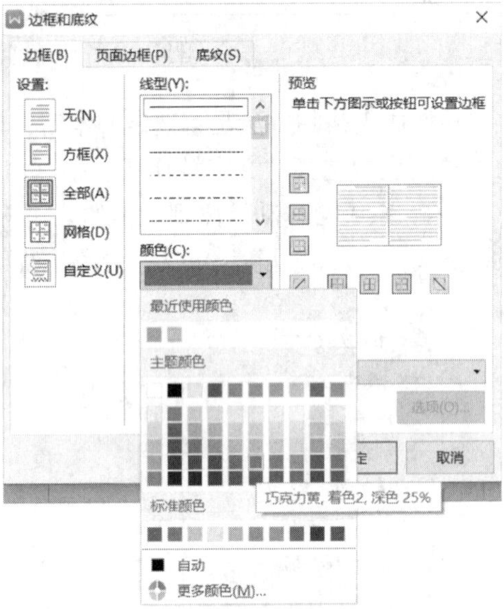

2-2-22　“边框和底纹”对话框

设置结果如图2-2-23所示。

姓名	数学	英语	语文	总分	平均分
王晓红	78	85	90	253.00	84.33
高宏远	76	85	92	253.00	84.33
李正	83	86	78	247.00	82.33
陈明	79	84	80	243.00	81.00

图2-2-23　边框和底纹设置结果

（2）在单元格间加入间隙。

在表格中右击，从弹出的快捷菜单中选择“表格属性”命令，打开“表格属性”对话框。在“表格”选项卡中单击“选项”按钮，打开“表格选项”对话框，勾选“允许调整单元格间距”复选框，在旁边的数值框中选择或输入间距为0.1厘米，其他参数值为默认值，如图2-2-24所示，单击“确定”按钮。设置结果如图2-2-25所示。

（3）在后续页上重复表格标题。

如果表格的内容超过一页，这时希望后续表格自动重复该表格的标题行，以增强表格的可读性。要实现这一功能，可以采用下面的操作方法：选定需要在后续表格中作为标题重复出现的一行或多行，选定内容必须包括表格的第一行，然后单击“表格工具”选项卡中的“重复标题行”按钮。

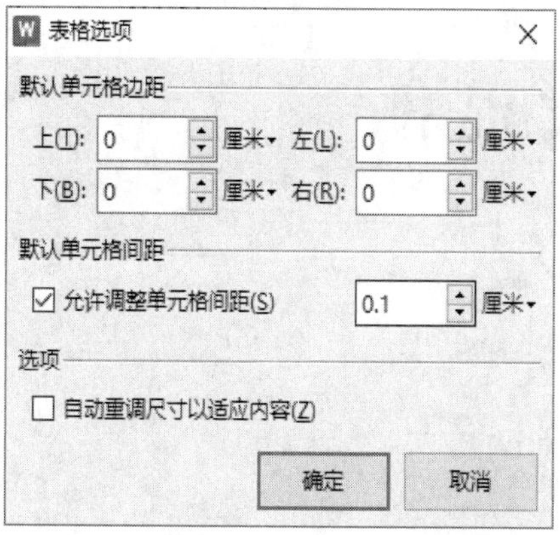

图 2-2-24 “表格选项”对话框

姓名	数学	英语	语文	总分	平均分
王晓红	78	85	90	253.00	84.33
高宏远	76	85	92	253.00	84.33
李正	83	86	78	247.00	82.33
陈明	79	84	80	243.00	81.00

图 2-2-25 在单元格间加入间隙设置结果图

（4）防止表格跨页断行。

为了保持表格的完整，防止表格被分割在两个不同的页面中，可以采用下面的设置。

单击表格任意单元格，在“表格工具”选项卡中，单击“表格属性”按钮，打开“表格属性”对话框，单击“行”选项卡，取消勾选“允许跨页断行”复选框，如图 2-2-26 所示，单击“确定”按钮。

（5）表格和文字的环绕。

文字能环绕在表格的周围，可通过如下操作实现：在表格中右击，从弹出的快捷菜单中选择“表格属性”命令，打开“表格属性”对话框，单击“表格”选项卡，在“文字环绕”栏中单击“环绕”按钮，如图 2-2-27 所示，单击“确定”按钮。回到编辑状态，把表格拖动到文字的中间，文字就环绕在表格周围了。

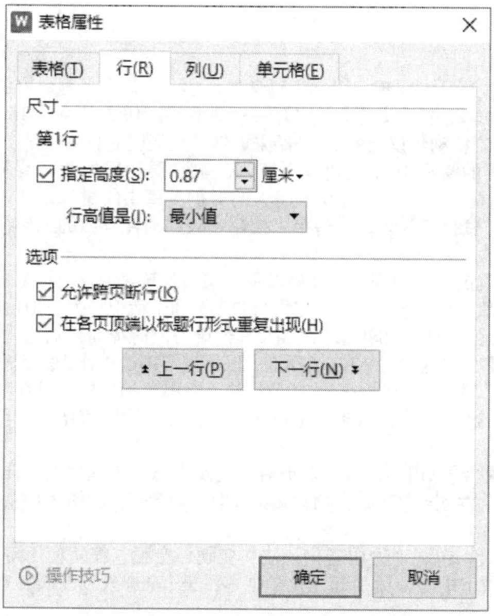

图 2-2-26 “表格属性”对话框

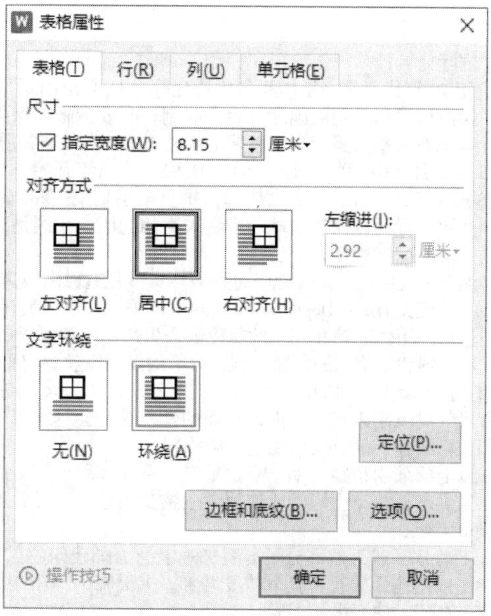

图 2-2-27 设置文字环绕

实验 2.3　图文混排

【实验目的】

（1）掌握艺术字的创建方法。

（2）掌握文本框的使用方法。

（3）掌握图片的插入及编辑方法。

（4）掌握公式的插入及编辑方法。

【实验环境】

中文 Windows 10 和 WPS Office 教育考试专用版。

【实验内容与操作步骤】

1. 启动 WPS 文字

启动 WPS 文字，创建新空白文档。

2. 文字录入

将图 2-3-1 中的内容录入文档。

保护国际臭氧日

20 世纪 70 年代以来，地球臭氧层的变薄，尤其是南极“臭氧洞”的出现，引起了科学界、社会公众和各国政府的重视。人们意识到必须由国际社会共同制订有效措施，保护地球生态系统的天然屏障——臭氧层。1987 年 9 月 16 日，46 个国家在加拿大蒙特利尔签署了《关于消耗臭氧层物质的蒙特利尔议定书》，开始采取保护臭氧层的具体行动。

1995 年 1 月 23 日联合国大会通过决议，从当年开始，每年的 9 月 16 日，即《关于消耗臭氧层物质的蒙特利尔议定书》签订纪念日，定为“国际保护臭氧层日”。联合国设立这一纪念日旨在唤起人们保护臭氧层的意识，并采取协调一致的行动以保护地球环境和人类的健康。我国是议定书的签署国，近些年来控制臭氧层消耗物质的工作得到了联合国的高度赞扬。

氯和溴在平流层通过催化化学过程破坏臭氧是造成南极臭氧洞的根本原因。这些破坏臭氧层的含氯含溴化合物都被称作 ODS（英文 Ozone Depleting Substance 的缩写，意为消耗臭氧层的物质）。ODS 在我们的生产和生活中被大量地使用，其中包括：用作冰箱和空调的制冷剂、生产靠垫和垫子的软泡发泡剂和印刷线路板及其他设备的清洗剂的氟氯化碳；用作制冷剂和发泡剂的氢氯化碳；含氟的发用摩丝、定型发胶、领洁净、空气清新剂、医用气雾剂等；作为溶剂在生产和工程中清洗金属的四氯化碳、三氯乙烷；作为灭火剂的含溴化学物质——哈龙及用作土壤熏蒸和检疫的甲基溴。

随着大气臭氧越来越少，射向地面的紫外线就会越来越强，这样，将会带来以下危害：对人类健康危害严重，可引发和加剧眼部疾病、皮肤癌、传染疾病；

50% 以上的陆生植物，如土豆、瓜类、番茄、甜菜等，产量会急剧下降；森林草地衰退危及生态平衡和生物多样性；对水生生态系统产生影响，使浮游生物受到危害，导致海洋食物链中基础食物数量减少使生活在浅水里的鱼类和贝类很难生存；

使人工高分子或天然高分子材料加速老化，如建筑物、喷涂、包装等物质老化，使其变硬、变脆、缩短使用寿命，并能使接近地面的有害臭氧浓度增加，尤其在人口密集的城市中心，可引起光化学烟雾污染；全球气候变暖，产生“温室效应”，使海平面上升。

图 2-3-1　录入文字内容

3. 保存

执行“文件”→“保存”命令或单击快速访问工具栏中的“保存”按钮，弹出“另存为”对话框，进行相应的设置并保存文件。

4. 插入艺术字

（1）插入艺术字。选定标题行“保护国际臭氧日”，单击“插入”选项卡中的“艺术字”下拉按钮，在打开的“艺术字”下拉列表（见图 2–3–2）中，单击应用第 1 行第 7 列的样式。然后设置艺术字的字体、字号以及文字内容。

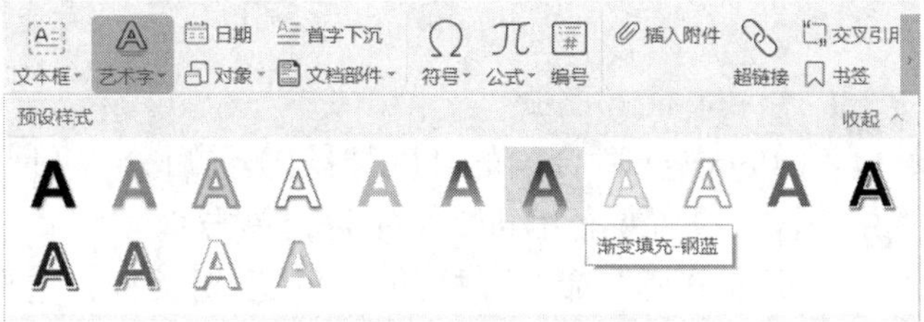

图 2–3–2 “艺术字”下拉列表

（2）编辑艺术字。选中插入的艺术字，单击“文本工具”选项卡中的“文本填充”→“渐变填充”命令，打开“属性”窗格，将起点、中间的色标设置为浅蓝，终点色标保持默认颜色，如图 2–3–3 所示。单击“绘图工具”→“环绕”→“上下型环绕”命令，使艺术字与文字上下环绕，单击“绘图工具”→“对齐”→“水平居中”命令。单击“文本工具”→“文本效果”→“转换”命令，在打开的“转换”列表中列出了多种形状可供选择。本次实验选中“朝鲜鼓”形状，如图 2–3–4 所示，WPS 文字文档中的艺术字将实时显示设置效果。

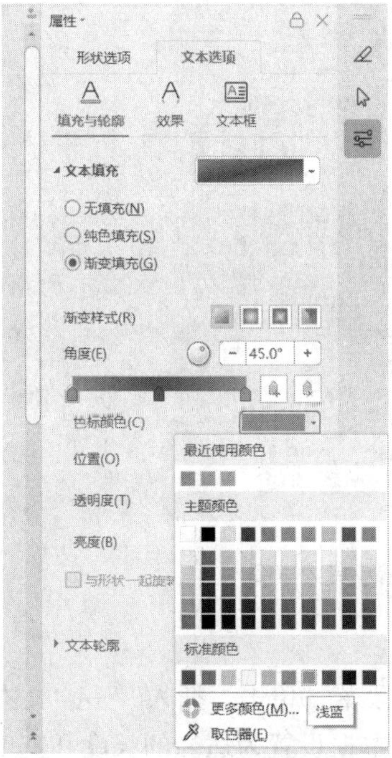

图 2–3–3 文本渐变填充设置

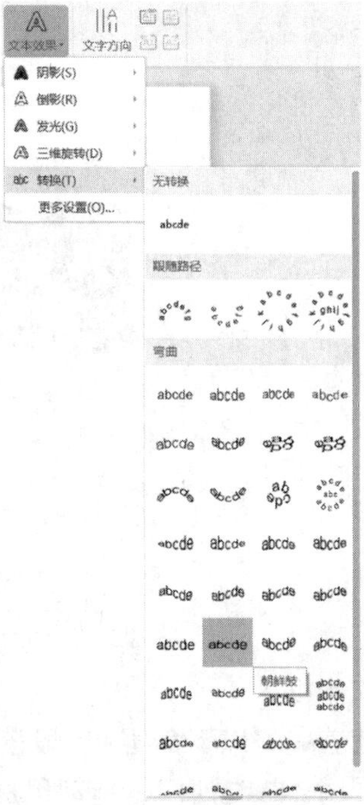

图 2–3–4 “转换”列表

5. 首字下沉

选择文档中的所有正文，设置段落首行缩进 2 个字符，1.5 倍行距，宋体、五号字，行距固定值为 20 磅。在第 2 段（20 世纪……）前按 Enter 键创建空行，选中第 2 段的第一个字“2”，然后切换到“插入”选项卡中单击“首字下沉”按钮，打开“首字下沉”对话框，如图 2-3-5 所示，设置首字下沉或首字悬挂效果。本次实验设置下沉行数为 3，其他选项采用默认值。选定首字“2”，单击“开始”选项卡中的“字体颜色”按钮，将字体颜色设置为“红色”。

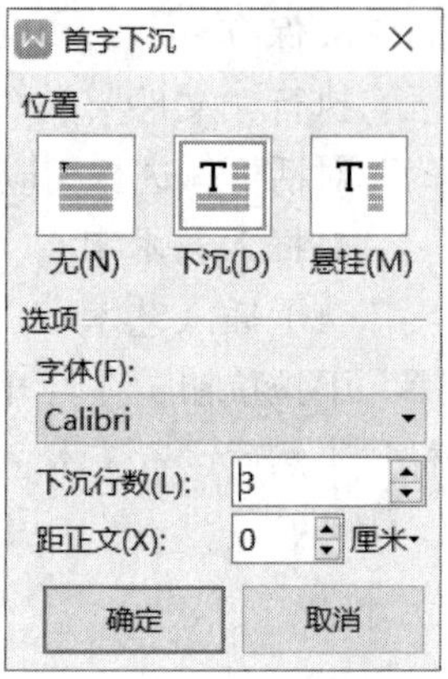

图 2-3-5 “首字下沉”对话框

6. 分栏

按 Enter 键在第 3 段（1995……联合国的高度赞扬。）前后分别加一个空段，并选中该段，设置首行缩进 2 个字符，单击“页面布局”→“分栏”→“更多分栏”命令，打开“分栏”对话框，选择“三栏”“栏宽等宽”“分割线”，单击“确定”按钮。定位该段，再设置该段的首字下沉，下沉行数为 2，字体为宋体。

7. 插入图片或联机图片

（1）插入图片。将光标定位到第 4 段（氯和溴……熏蒸和检疫的甲基溴。），利用“插入”选项卡中的“图片”命令将“臭氧层 .png”图片插入文档。

（2）图片编辑。图片插入后，在打开的“图片工具”选项卡中单击“效果”组中的“右下斜偏移”阴影效果和“钢蓝 5pt，发光，着色 1”发光效果。选择图片，单击“图片工具”→“环绕”→“四周型”命令，调整以后阴影设置及其效果如图 2-3-6 所示。

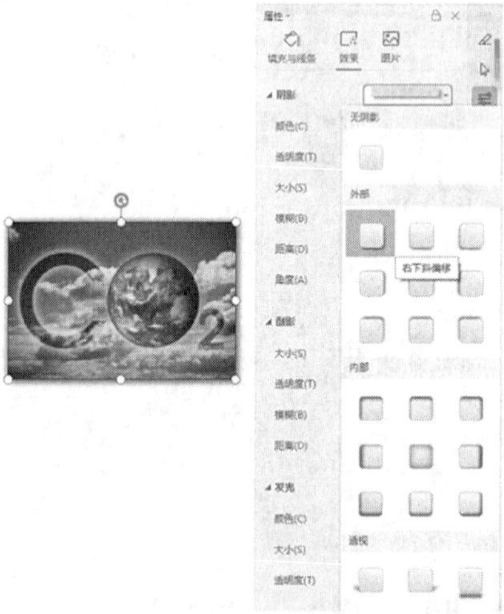

图 2-3-6 阴影设置及其效果图

8. 插入文本框

选定“随着……以下危害：”段落并剪切该段落，单击“插入”→“文本框”→“竖向”命令，如图 2-3-7 所示，拖动鼠标指针将文本框设置为适当的长度和宽度及位置，并粘贴进剪贴板里面的文字，效果如图 2-3-8 所示。

图 2-3-7　插入文本框

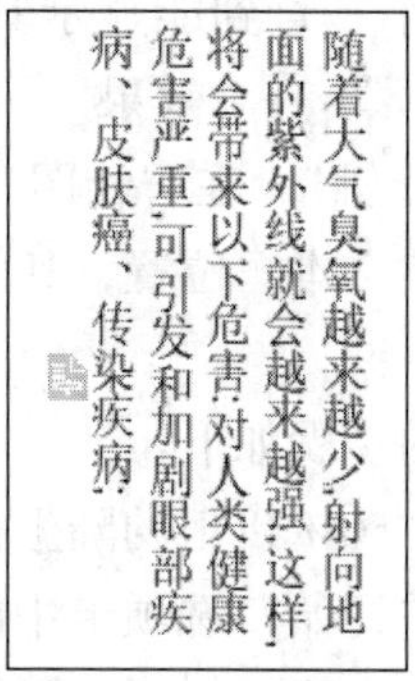

图 2-3-8　文本框设置和内容

文本框格式设置方法有以下两种。

（1）快捷菜单设置方法。右击文本框，在弹出的快捷菜单中选择“改变形状”→“对角圆角矩形”命令，如图 2–3–9 所示。右击文本框，从弹出的快捷菜单中选择“设置对象格式”命令打开“属性”窗格，设置文本框的线型、颜色效果。

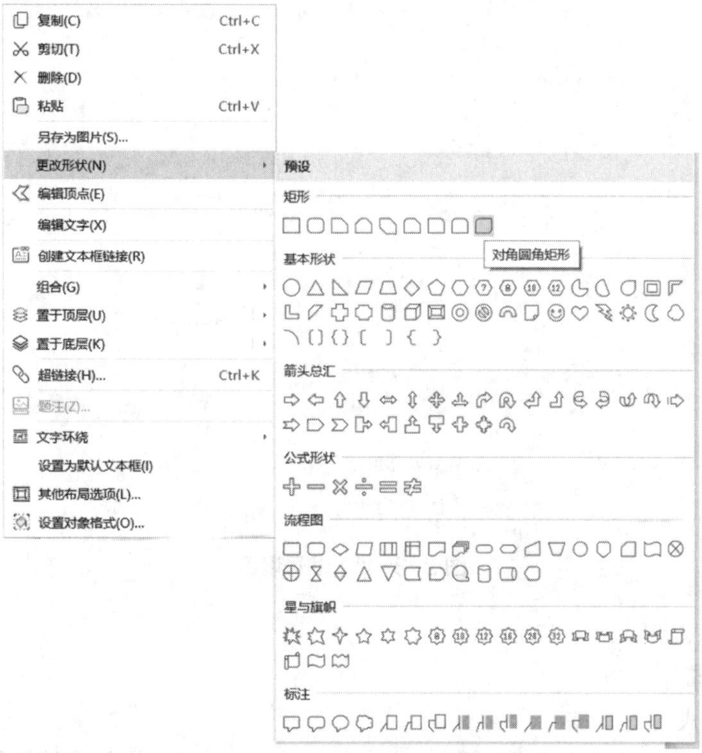

图 2-3-9　文本框形状设置

（2）选项卡设置方法。文本框形状选择：选中文本框，单击“绘图工具”→“编辑形状”→“矩形”→“改变形状”→“对角圆角矩形”命令。文本框轮廓线型、颜色、宽度及效果设置：选中文本框，单击“绘图工具”→“轮廓”→“更多设置”命令，打开“属性”窗格，设置轮廓的颜色为“钢蓝，着色5，深色25%”，宽度为“3.25磅”，线型为“复合类型”→“双线”，调整文本框大小，直到能显示其中的所有内容。在“属性”窗格中选择“形状选项”→“效果”→“阴影”→“右下斜偏移”→“倒影”→“紧密接触”。在“绘图工具”选项卡中选择文字环绕方式为“四周型”，调整文本框位置，其效果如图2-3-10所示。

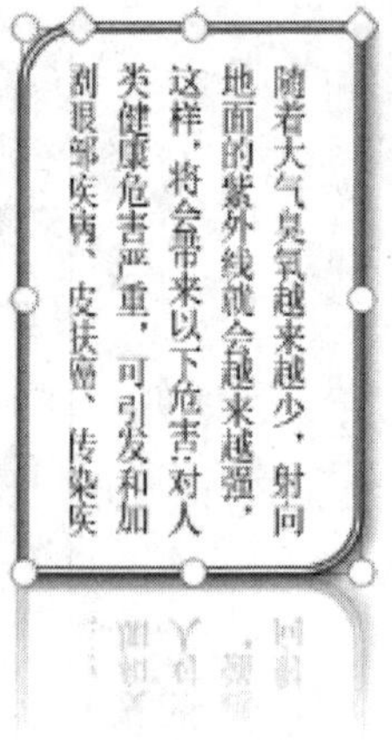

图2-3-10　文本框设置最终效果

9. 编号

插入编号的步骤如下。

（1）选定“50%以上的陆生植物……海平面上升”段落。

（2）单击“开始”选项卡中的“编号”下拉按钮，在下拉列表中选择“编号”组中第2行第1列的样式，如图2-3-11所示。

图2-3-11　编号设置

实验最终结果如图2-3-12所示。

10. 插入公式

（1）插入公式。

在撰写论文时，经常需要处理数学公式，利用WPS文字的公式编辑器，可以方便地制作具有专业水准的数学公式，对产生的数学公式可以像对图形一样进行编辑操作。单击“插入”选项卡中的“公式”下拉按钮，在下拉列表中选择“公式编辑器”命令，打开公式编辑器，如图2-3-13所示。

（2）在空白区域输入以下公式：

$$\frac{\left|AX_2+BX_2+CX_2+D\right|}{\sqrt{A_0+B_0+C_0}}$$

步骤如下。

① 在公式编辑器中，在“分数和根式”下拉列表中选择“分数”，将光标定位在分数线上方，在“括号”下拉列表中选择“绝对值”，插入绝对值符号，在绝对值符号中输入 A 和 X，然后在“上下标”下拉列表中选择“下标”，在下标输入区位符中输入“2”，按右方向键。输入“+”，把 AX_2 复制两次并分别修改为 BX_2、CX_2，最后输入“$+D$”，结果如图 2-3-14 所示。

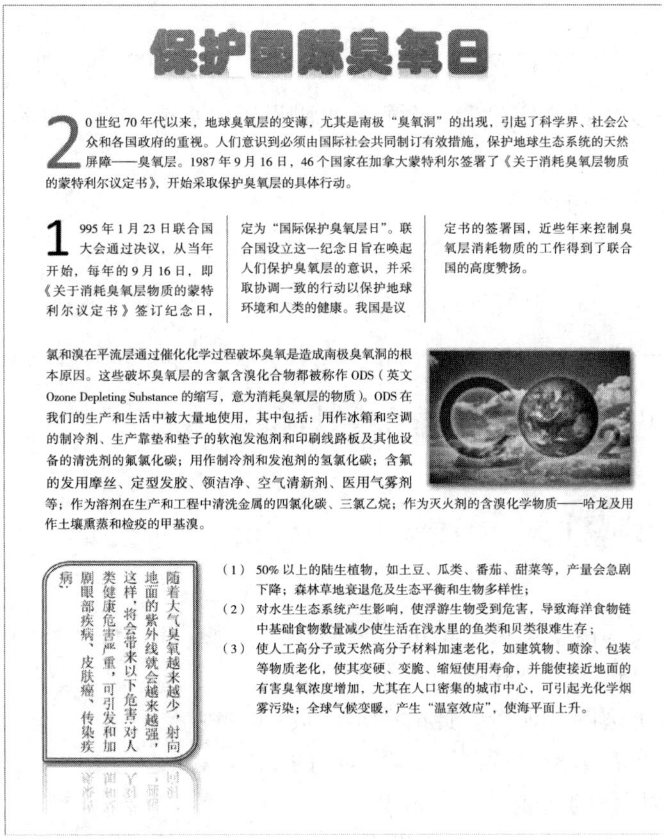

保护国际臭氧日

20 世纪 70 年代以来，地球臭氧层的变薄，尤其是南极“臭氧洞”的出现，引起了科学界、社会公众和各国政府的重视。人们意识到必须由国际社会共同制订有效措施，保护地球生态系统的天然屏障——臭氧层。1987 年 9 月 16 日，46 个国家在加拿大蒙特利尔签署了《关于消耗臭氧层物质的蒙特利尔议定书》，开始采取保护臭氧层的具体行动。

1995 年 1 月 23 日联合国大会通过决议，从当年开始，每年的 9 月 16 日，即《关于消耗臭氧层物质的蒙特利尔议定书》签订纪念日，定为“国际保护臭氧层日”。联合国设立这一纪念日旨在唤起人们保护臭氧层的意识，并采取协调一致的行动以保护地球环境和人类的健康。我国是议定书的签署国，近些年来控制臭氧层消耗物质的工作得到了联合国的高度赞扬。

氯和溴在平流层通过催化化学过程破坏臭氧是造成南极臭氧洞的根本原因。这些破坏臭氧层的含氯含溴化合物都被称作 ODS（英文 Ozone Depleting Substance 的缩写，意为消耗臭氧层的物质）。ODS 在我们的生产和生活中被大量地使用，其中包括：用作冰箱和空调的制冷剂、生产靠垫和垫子的软泡发泡剂和印刷线路板及其他设备的清洗剂的氟氯化碳；用作制冷剂和发泡剂的氢氯化碳；含氟的发用摩丝、定型发胶、领洁净、空气清新剂、医用气雾剂等；作为溶剂在生产和工程中清洗金属的四氯化碳、三氯乙烷；作为灭火剂的含溴化学物质——哈龙及用作土壤熏蒸和检疫的甲基溴。

随着大气臭氧越来越少，射向地面的紫外线就会越来越强，这样，将会带来以下危害：对人类健康危害严重，可引发和加剧眼部疾病、皮肤癌、传染疾病。

（1）50% 以上的陆生植物，如土豆、瓜类、番茄、甜菜等，产量会急剧下降；森林草地衰退危及生态平衡和生物多样性；

（2）对水生生态系统产生影响，使浮游生物受到危害，导致海洋食物链中基础食物数量减少使生活在浅水里的鱼类和贝类很难生存；

（3）使人工高分子或天然高分子材料加速老化，如建筑物、喷涂、包装等物质老化，使其变硬、变脆、缩短使用寿命，并能使接近地面的有害臭氧浓度增加，尤其在人口密集的城市中心，可引起光化学烟雾污染；全球气候变暖，产生“温室效应”，使海平面上升。

图 2-3-12　实验最终结果

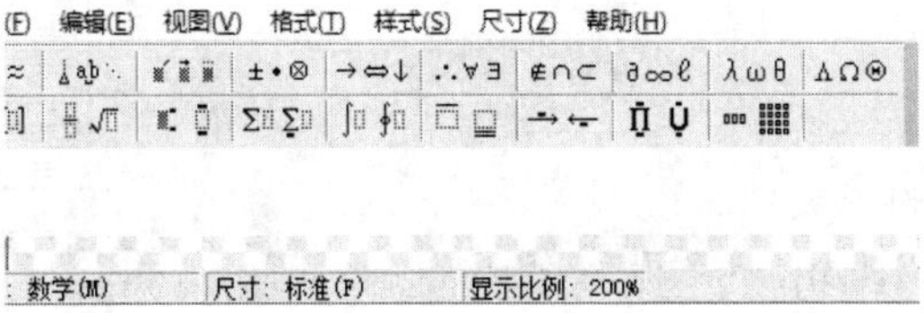

图 2-3-13　公式编辑器

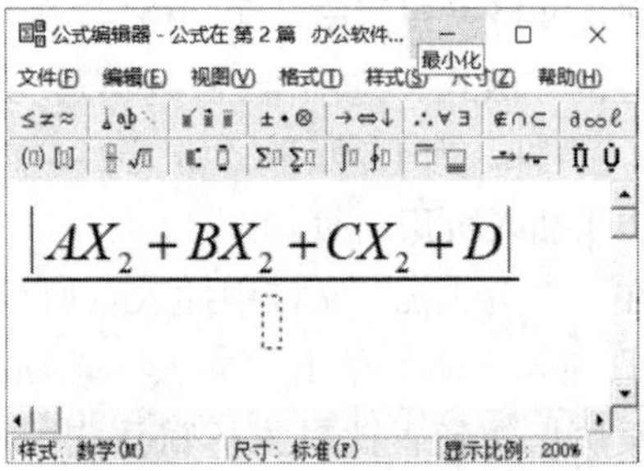

图 2-3-14　输入分子的效果

② 将光标定位在分母输入区中，在“根式”下拉列表中选择“平方根”，插入平方根符号，输入A，然后选择“上下标”下拉列表中的“下标”，在下标输入区中输入“0”。利用同样的方法分别输入B_0、C_0，最后输入“+”，单击“关闭”按钮结束公式的编辑，完成公式输入。

实验 2.4　WPS 文字综合运用

【实验目的】

（1）掌握 WPS 文字的文字设置、页眉和页脚设置、页面排版、段落排版、图文混排综合运用。

（2）掌握分页和目录的编制。

（3）掌握邮件合并操作。

【实验环境】

中文 Windows 10 和 WPS Office 教育考试专用版。

【实验内容及操作步骤】

1. 页面设置

（1）打开“正文 .wps”文档，单击“页面布局”选项卡中的“页边距”下拉按钮，在下拉列表中选择“自定义页边距”命令，此时弹出“页面设置”对话框，或者单击“章节”选项卡中的“页边距”按钮完成同样的功能。

（2）设置纸张大小为 A4，方向为纵向，上、下页边距均为 2.5 厘米，左、右页边距均为 2.6 厘米，文档网格一律使用“无网格”。在“页面设置”对话框的“版式”选项卡中，设置“页眉”为 1.8 厘米、“页脚”为 1.5 厘米，如图 2-4-1 所示。

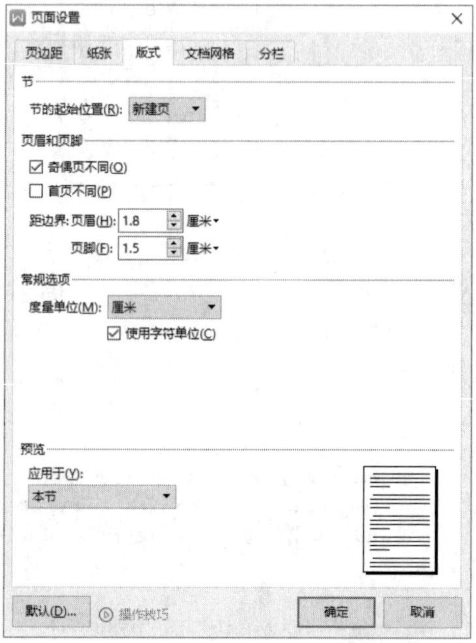

图 2-4-1　“页面设置”对话框

（3）插入页眉与页脚。

在“正文 .wps”文档中插入页眉与页脚。

① 插入页眉。单击“插入”选项卡中的“页眉和页脚”按钮，此时光标默认定位在页眉编辑区，输入文字“毕业设计”。如果需要奇偶页有不

同页眉，可勾选“页面设置”对话框“版式”选项卡中的“奇偶页不同”复选框。

② 插入页脚。单击“页眉和页脚”选项卡中的“页面页脚切换”按钮转到页脚编辑区，单击在页脚编辑区上方的“插入页码”按钮，在弹出的对话框中设置样式为“1，2，3”，位置为“双面打印 1”，应用范围为“整篇文档”，单击“确定”按钮，结束页脚设置。单击“插入”选项卡中的“文档部件”命令进行“自动图文集”和“域”的插入还可丰富的页眉和页脚的内容。

2. 字符设置

正文引用参考文献的序号应以方括号括起来。摘要、正文的内容字体均为小 4 号字、宋体、段前、段后间距均为 0 行；设置“摘要”与“关键字”字体为小四号、黑体、加粗、左对齐。设置正文第一页参考文献引用序号为上标。

3. 段落设置

选择正文内容并右击，在弹出的快捷菜单中选择“段落”命令，在弹出的“段落”对话框中设置正文行间距为 1.5 倍行距，左、右缩各进 0 字符，首行缩进 2 字符；设置摘要与关键字行间距为 1.5 倍行距，左、右各缩进 0 字符。

4. 插入图片

在正文“4.2.2 主界面实现”小节中“主界面如图 4–7 所示”下方空行处插入图片。单击“插入”选项卡中的“图片”按钮，打开“插入图片”对话框，选中要插入的图片“插图 .jpg”，单击“打开”按钮将其插入文档，右击插入的图片，在弹出的快捷菜单中选择“其他布局选项”命令，打开“布局”对话框。在“布局”对话框中选择“大小”选项卡，设置高度绝对值为 5.56 厘米、宽度绝对值为 4.53 厘米，勾选“锁定纵横比”复选框，并单击“确定”按钮，然后设置图片为居中对齐。

5. 插入形状

在“正文 .wps”文档中“3.2.1 系统总模块设计”小节插入系统功能模块图，如图 2–4–2 所示。

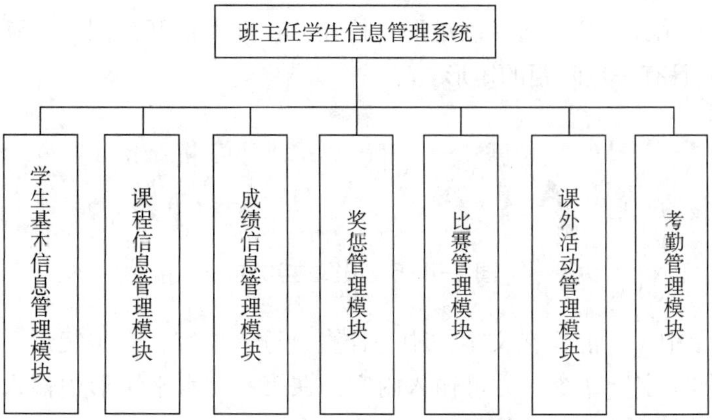

图 2–4–2　系统功能模块图

① 单击“插入”选项卡中的“形状”下拉按钮，在下拉列表“矩形”区中选择“矩形”形状，如图 2–4–3 所示，按住左键，在文字文档编辑区域内拖动画出一个大小合适的水平矩形。选择矩形，设置为无填充，轮廓颜色为黑色，线型为 0.75 磅实线，如

图 2–4–4 所示。

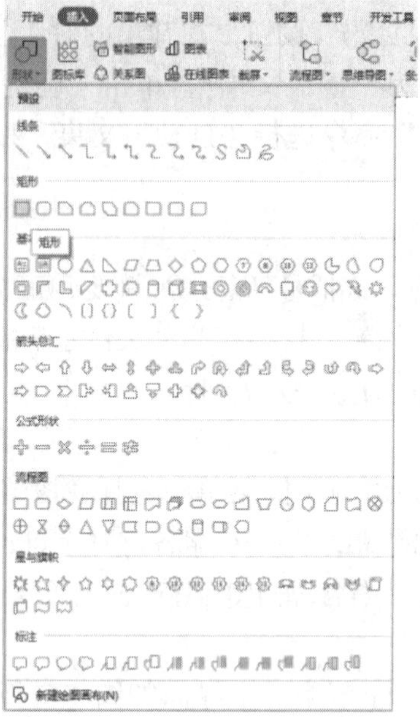

图 2–4–3 “形状”下拉列表

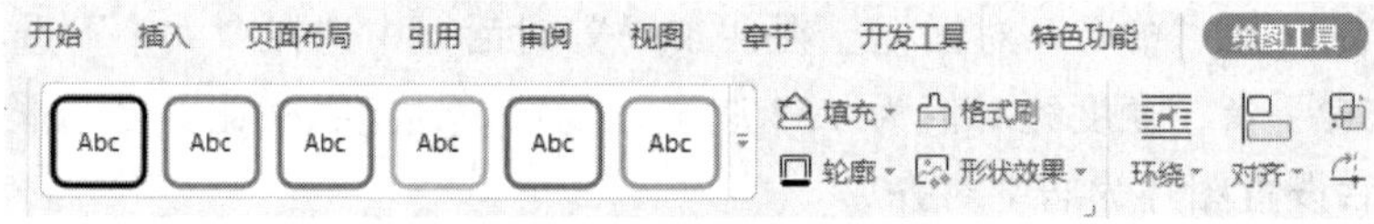

图 2–4–4 设置填充和轮廓

③ 继续绘制一个长 4.76 厘米、宽 1.17 厘米的矩形，选中矩形，单击“文本工具”选项卡中的“文字方向”按钮，文字方向默认为横向，再次单击该按钮，文字方向转换为垂直方向，如图 2–4–5 所示。然后选择该矩形，按住 Ctrl 键不松开，同时拖动鼠标 6 次，复制生成 6 个大小相同且有一定间距的矩形。

图 2–4–5 设置文字方向

④ 在形状图形中，不能像在文本框中一样直接输入内容，右击矩形，并在弹出的快捷菜单中选择“添加文字”命令，方可输入内容。在第一个水平矩形中输入“班主任学生信息管理系统”。其他矩形中文字内容的输入方法同上。

⑤ 单击“插入”选项卡中的“形状”下拉按钮，在下拉列表中选择“线条”中的“直线”形状，分别绘制 8 条垂直直线和 1 条水平直线。调整好“班主任学生信息管理系统”矩形下面的垂直直线和水平直线的位置后，选择水平直线下面的 7 条垂直直线进行横向对齐操作，对其他 7 个矩形也进行同样的操作。最终效果如图 2–4–6 所示。

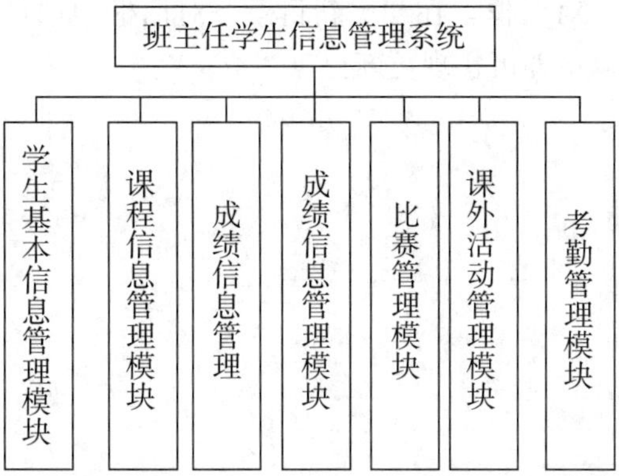

图 2-4-6　对齐形状效果

6. 目录的编辑

“正文 .wps”初稿已整理完毕，标题之间的层次关系为：全文共分为 4 章，每章分为若干小节，每个小节又包含若干内容。下面进行目录的编辑。

（1）设置标题。

① 定义标题的样式。

右击“开始”选项卡中的一个样式，如“标题 1”，单击“修改样式”命令，在“新建样式”对话框中设置合适的字体、字号、对齐方式等格式，这里设置为四号、黑体，段前间距为 0.5 行，段后间距为 0 行，行间距为 1.5 倍行距，编号与标题之间空一格（半角）。依照上述步骤定义“标题 2”，文字为黑体、小四号，段前后不空行，再定义“标题 3”，文字为仿宋、小四号，1.5 倍行距，编号与标题之间空一格（半角）。

② 设置标题。

将光标定位在标题“1 班主任学生信息管理系统概况”处，单击“开始”选项卡中的“标题 1”，应用“标题 1”样式，用同样的方法，为文档中所有一级标题应用“标题 1”样式，所有二级标题应用“标题 2”样式，所有三级标题应用“标题 3”样式。正文标题设置为黑体、小二号，行距为 1.5 倍行距，段前、段后间距均为 1 行。

（2）生成目录。

设置好标题样式后，就可以自动生成整篇文档的目录，实现步骤如下。

① 将光标定位在正文标题左边，单击“页面布局”→“页面设置”→“分隔符”→“下一页分节符”命令。

② 选择生成的空白页为插入目录的位置，单击“页面布局”→“页边距”→“自定义页边距”命令，打开“页眉设置”对话框，勾选“首页不同”复选框，用于设置没有页眉和页脚的目录页面，单击“确定”按钮后，转到正文第一页页脚处选择“重新编号”→“页码编号为：1”。

③ 单击“引用”→“目录”下拉按钮，在弹出的下拉列表中选择“自定义目录”命令，打开“目录”对话框，如图 2-4-7 所示。根据需要设置的显示级别，其余选项采用默认设置，单击“确定”按钮。生成目录后，将“目录”设置为黑体、小二号，中间空二格，居中，段前、段后均空一行，其他目录文字均设置为宋体、小四号，无加粗和倾斜效果。

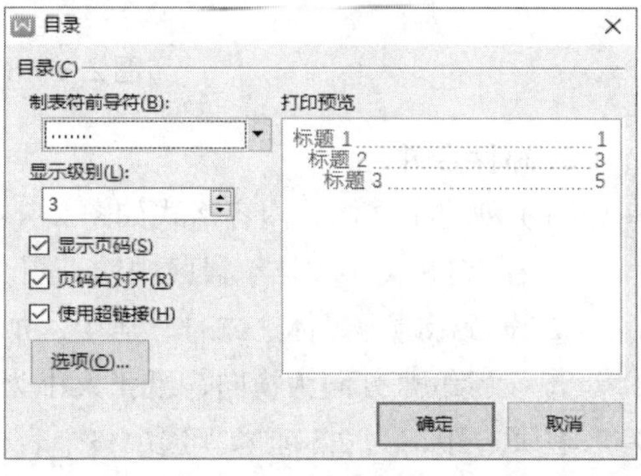

图 2-4-7　“目录”对话框

（3）更新目录。

文档编辑完成后往往需要修改，如果对标题进行了修改，就需要及时更新目录。

更新目录的步骤如下。

① 单击选中整个目录。

② 在选中的目录区域中右击，在弹出的快

捷菜单中选择“更新域”命令，打开“更新目录”对话框。在“更新目录”对话框中选择“更新整个目录”单选按钮，单击“确定”按钮，目录即可实现更新。

文档目录最终效果如图 2-4-8 所示。

目　　录

1 班主任学生信息管理系统概况……2
　1.1 开发背景……2
　1.2 研究现状……3
　1.3 设计的目的和意义……3
　　1.3.1 设计的目的……3
　　1.3.2 设计的意义……3
2 开发环境……4
　2.1 开发工具的选择……4
　　2.1.1 选择 VB 作为编程工具……4
　　2.1.2 选择 Access 作为数据库开发工具……4
　2.2 软硬件环境……4
3 详细设计……5
　3.1 需求分析……5
　3.2 系统功能模块设计……6
　　3.2.1 系统总模块设计……6
　　3.2.2 系统子模块设计……7
　3.3 数据库设计……10
　　3.3.1 数据流程图……10
　　3.3.2 数据库表设计……11
　　3.3.3 E-R 图设计……13
4 系统实现与测试……14
　4.1 数据库实现……14
　　4.1.1 创建数据库……14
　　4.1.2 创建表……15
　　4.1.3 VB 连接 Access2000……16
　4.2 界面实现……17
　　4.2.1 登陆界面实现……17
　　4.2.2 主界面实现……17
　　4.2.3 系统维护……17
　　4.2.4 信息管理……19
　　4.2.5 查询管理……21
　4.3 软件测试……22
总　结……22
致　谢……22
参考文献……23

图 2-4-8　文档目录最终效果

7. 邮件合并

（1）创建主文档，内容格式如图 2-4-9 所示。

① 在 WPS 文字文档编辑区中输入图 2-4-9 所示的内容。

② 设置标题为黑体、二号，居中，加粗，正文为宋体、小四号，加粗，居中。

③ 设置纸张方向为横向，纸张大小为 32 开，上页边距为 2.7 厘米、下页边距为 1 厘米，左、右页边距均为 2.5 厘米。选中整个表格，单击“表格工具”→“对齐方式”→“水平居中”命令，并调整表格为适应窗口大小，如图 2-4-10 所示。

计算机考试通知单

姓名		性别	
出生日期		准考证号	
考场		考试时间	

图 2-4-9　邮件主文档内容

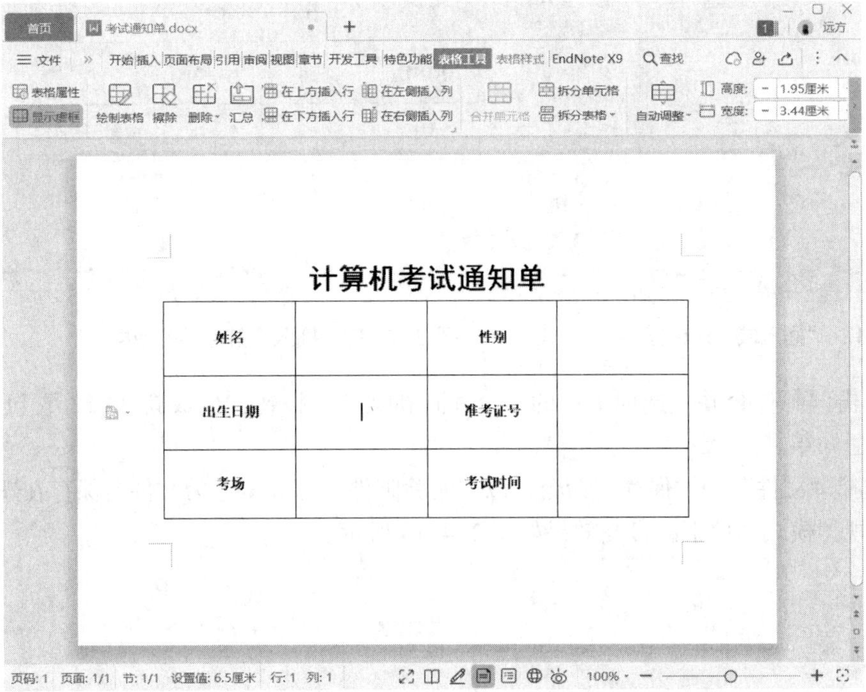

图 2-4-10　主文档设置

（2）连接数据源。

① 单击“引用”选项卡中的“邮件”按钮，打开“邮件合并”选项卡，如图 2-4-11 所示。

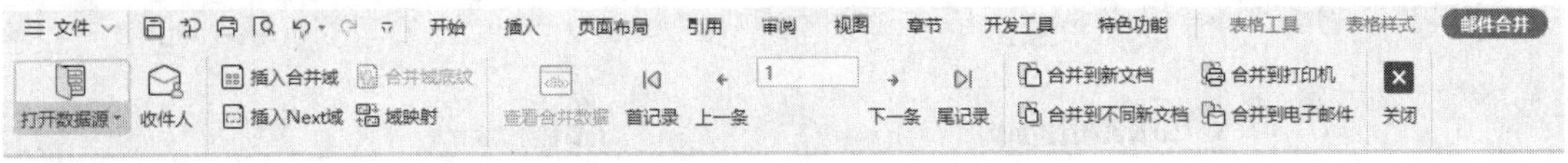

图 2-4-11“邮件合并”选项卡

② 单击“打开数据源”下拉按钮，选择“打开数据源”命令，在弹出的对话框中选择“考试通知数据源 .et”→“Sheet1”。

（3）插入合并域。

① 将光标置于要插入域的位置，如在第 2 行第 1 列单元格中，单击“插入合并域”按钮，弹出“插入域”对话框，如图 2-4-12 所示。选择域列表中的“姓名”，即可插入合并

域。按需求插入所有合并域后效果如图 2–4–13 所示。

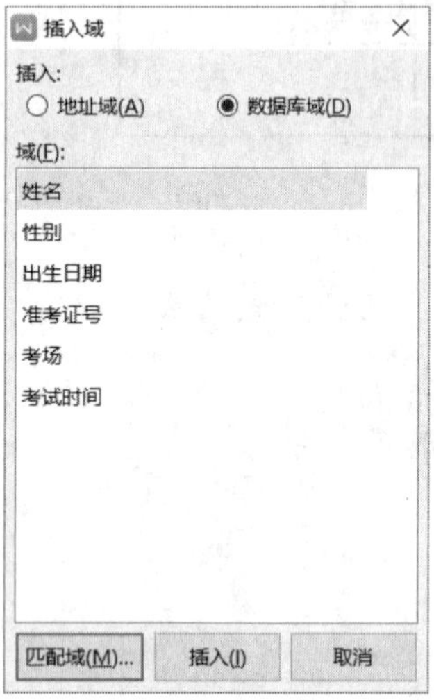

图 2–4–12 “插入域”对话框

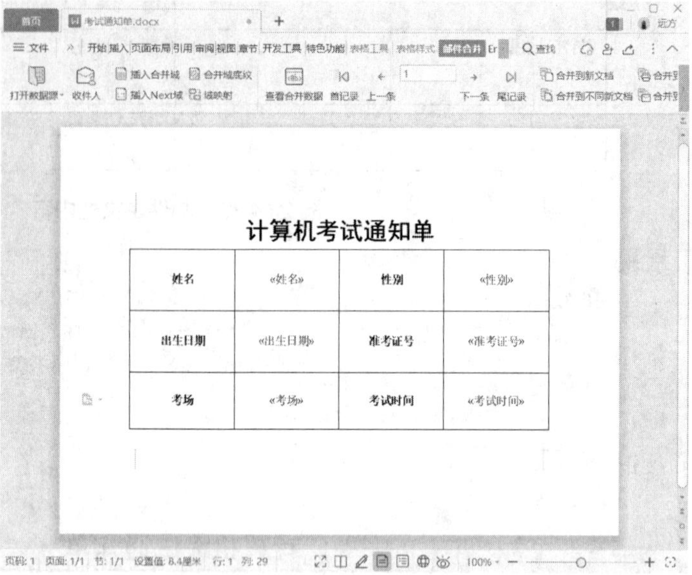

图 2–4–13 插入合并域后的效果

② 单击“邮件合并”选项卡中的“合并到新文档”按钮，生成新文档，它包含所有学生的考试通知单。

③ 选择“文件”→“保存”命令，以“实验邮件合并 .wps”为文件名保存在适当位置。页面视图模式缩放下的最终效果如图 2–4–14 所示。

图 2–4–14 邮件合并最终效果图

实验 2.5 WPS 表格基本操作

【实验目的】

（1）掌握 WPS 表格工作簿的建立、保存与打开。
（2）掌握单元格的编辑操作。
（3）掌握单元格的格式化。
（4）掌握单元格下拉列表的设置。
（5）掌握单元格批注的设置。
（6）掌握冻结窗格的设置。
（7）掌握 WPS 表格的加密设置。
（8）掌握工作表的打印设置。

【实验环境】

中文 Windows 10 和 WPS Office 教育考试专用版。

【实验内容及操作步骤】

1. 启动和退出 WPS 表格

（1）启动。

启动 WPS 表格有以下两种方法。

① 单击“开始”→ WPS Office →“WPS Office 教育考试专用版”命令，或双击桌面的“WPS Office 教育考试专用版”快捷方式图标，启动 WPS Office，新建或打开一个工作簿文件。

② 在资源管理器中打开一个工作簿文件。

（2）退出。

退出 WPS 表格有以下三种方法。

① 单击 WPS 表格窗口文件标签右侧的“关闭”按钮，或右击 WPS 表格窗口文件标签，在弹出的快捷菜单中选择“关闭”命令，关闭文件，当关闭所有打开文件后，也就退出了 WPS 表格。

② 单击“文件”→“退出”命令。

③ 按 Alt+F4 组合键。

2. 工作簿的新建和打开

1）新建

新建工作簿可分为新建空白工作簿和从模板新建工作簿。

（1）新建空白工作簿。

新建空白工作簿有以下两种方法。

① 启动 WPS Office 后单击“新建”→“表格”→“新建空白文档”按钮。

② 在 WPS 表格窗口中按 Ctrl+N 组合键。

（2）从模板新建工作簿。

启动 WPS Office 后单击“新建”→“表格”按钮，在新建界面中，WPS Office 提供多种工作簿模板供选择，可以根据需要选择合适的模板新建工作簿。

2）打开

① 在资源管理器中打开一个工作簿文件。

② 在 WPS Office 窗口中，单击“文件”→“打开”命令，在弹出的“打开文件”对话框中，找到并选中包含目标工作簿文件，然后单击“打开”按钮。

3. 保存工作簿

保存工作簿有以下三种方法。

① 单击“文件”→“保存”或“另存为”命令。

② 单击快速访问工具栏中的“保存”按钮。

③ 按 Ctrl+S 组合键。

如果是第一次保存工作簿，则 WPS 表格会打开“另存文件”对话框，如图 2-5-1 所示。

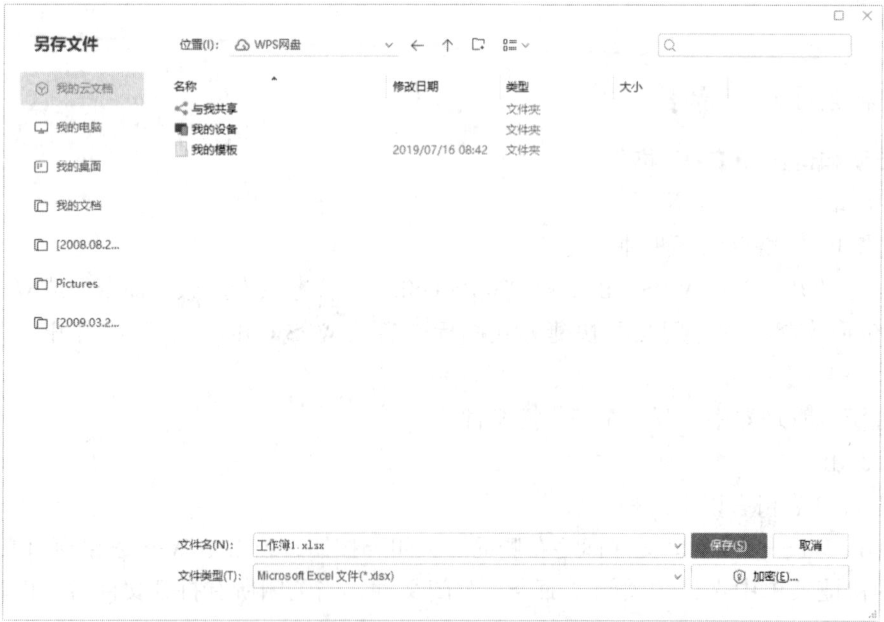

图 2-5-1 “另存文件”对话框

在“另存文件”对话框中，选择保存位置，并在文件名文本框中输入文件名，如“学生综合成绩表”，再选择“WPS 表格文件（*.et）”文件类型，即可把工作簿保存为“学生综

合成绩表 .et”文件。

4. 编辑数据

（1）在工作表 Sheet1 中输入表 2-5-1 所示的数据。

表 2-5-1　输入的数据

姓名	性别	德育	体育	高等数学	大学英语	电子技术	C 语言
李　新	男	78	79	39	61	62	65
王文辉	男	80	91	89	77	84	71
张　磊	男	91	86	86	98	79	99
孙　英	女	77	88	63	45	71	84
张在旭	男	91	76	90	98	89	85
刘明远	男	79	87	45	62	67	47
陈　松	男	84	70	88	67	88	79
张雨涵	女	82	79	95	94	80	98
张　平	男	83	63	44	77	96	60
李　英	女	85	70	77	70	28	63
黄　红	女	80	64	63	81	86	88
王春晓	女	88	67	94	82	71	65

在 WPS 表格中，编辑单元格有两种方法：在编辑区进行编辑和在单元格中直接进行编辑。

在编辑区编辑单元格需要先选中目标单元格，此时编辑区和目标单元格中将同时显示输入数据。单击编辑区，并对数据进行相应修改，单击“输入”按钮或按 Enter 键或单击目标单元格外的任意位置退出编辑状态并确认修改，单击“取消”按钮或按 Esc 键放弃修改。

在单元格内直接编辑数据时，只需要直接双击目标单元格或按 F2 功能键，即可对数据进行编辑。

连续输入多个数据时，按 Enter 键可以将活动单元格移动到当前列的下一个单元格；按 Tab 键可以将活动单元格移动到当前行的右面一个单元格；Shift+Enter 组合键的功能和 Enter 键的功能相反；Shift+Tab 组合键的功能和 Tab 键的功能相反。

输入日期时间型数据需注意以下问题。

WPS 表格内置了一些日期时间格式，当输入数据与这些格式相匹配时，WPS 表格将自动识别它们。日期时间型数据在单元格中的默认对齐方式为“右对齐”。

WPS 表格常见的日期时间格式为“yyyy/mm/dd”“yyyy-mm-dd”“hh : mm（AM/PM）”，其中 AM/PM 与时间之间应有空格，如 9:40 AM，否则将被当作字符处理。输入当天日期和时间对应的组合键分别是 Ctrl+ ；和 Ctrl+Shift+ ；。

（2）插入行、列。

右击 A1 单元格，在弹出的快捷菜单中选择“插入”→“插入行”命令，手动输入或单击微调按钮，将插入行数设置为“2”，如图 2-5-2 所示，按 Enter 即可在表格顶部插入两行。在新插入行 A1 单元格中输入标题“学生成绩表”，在 A2 单元格中输入“填表日期：”，在 B2 单元格中输入日期“2024/6/6”，如图 2-5-3 所示。

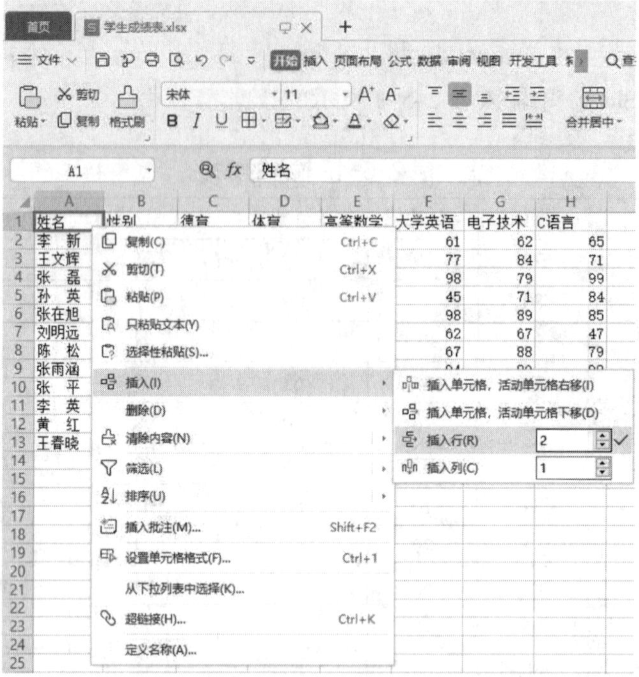

图 2-5-2　插入行

	A	B	C	D	E	F	G	H
1	学生成绩表							
2	填表日期：2024/6/6							
3	姓名	性别	德育	体育	高等数学	大学英语	电子技术	C语言
4	李　新	男	78	79	39	61	62	65
5	王文辉	男	80	91	89	77	84	71
6	张　磊	男	91	86	86	98	79	99
7	孙　英	女	77	88	63	45	71	84
8	张在旭	男	91	76	90	98	89	85
9	刘明远	男	79	87	45	62	67	47
10	陈　松	男	84	70	88	67	88	79
11	张雨涵	女	82	79	95	94	80	98
12	张　平	男	83	63	44	77	96	60
13	李　英	女	85	70	77	70	28	63
14	黄　红	女	80	64	63	81	86	88
15	王春晓	女	88	67	94	82	71	65

图 2-5-3　输入标题和日期

同理，单击 A1 单元格，在表格最左侧插入一列。在新插入的 A3 单元格中输入“序号”，在 A4 单元格中输入“1”，拖动 A4 单元格右下角填充柄到 A15 单元格，为学生成绩表输入序号，如图 2-5-4 所示。

单击 B 列的列标，选中 B 列并右击，在弹出的快捷菜单中选择“插入”命令，在“姓名”列左侧插入一列。在 B3 单元格中输入“学号”，在 B4 单元格中输入学号“0101”，选中 B4 单元格，拖曳填充柄到 B15 单元格。单击“自动填充选项”按钮，选择“填充序列”选项，可以为学生成绩表自动输入学号，如图 2-5-5 所示。

注意：若需要将一些由纯数字组成的数据当作文本型数据处理，如身份证号、电话号码等，需要在数字前面添加西文单引号“'”。例如，输入学号 0101，应输入：“'0101”，此时单元格中以 0101 显示。

	A	B	C	D	E	F	G	H	I
1		学生成绩表							
2		填表日期：2024/6/6							
3	序号	姓名	性别	德育	体育	高等数学	大学英语	电子技术	C语言
4	1	李　新	男	78	79	39	61	62	65
5	2	王文辉	男	80	91	89	77	84	71
6	3	张　磊	男	91	86	86	98	79	99
7	4	孙　英	女	77	88	63	45	71	84
8	5	张在旭	男	91	76	90	98	89	85
9	6	刘明远	男	79	87	45	62	67	47
10	7	陈　松	男	84	70	88	67	88	79
11	8	张雨涵	女	82	79	95	94	80	98
12	9	张　平	男	83	63	44	77	96	60
13	10	李　英	女	85	70	77	70	28	63
14	11	黄　红	女	80	64	63	81	86	88
15	12	王春晓	女	88	67	94	82	71	65

图 2-5-4　输入序号

	A	B	C	D	E	F	G	H	I	J
1			学生成绩表							
2			填表日期：2024/6/6							
3	序号	学号	姓名	性别	德育	体育	高等数学	大学英语	电子技术	C语言
4	1	0101	李　新	男	78	79	39	61	62	65
5	2	0102	王文辉	男	80	91	89	77	84	71
6	3	0103	张　磊	男	91	86	86	98	79	99
7	4	0104	孙　英	女	77	88	63	45	71	84
8	5	0105	张在旭	男	91	76	90	98	89	85
9	6	0106	刘明远	男	79	87	45	62	67	47
10	7	0107	陈　松	男	84	70	88	67	88	79
11	8	0108	张雨涵	女	82	79	95	94	80	98
12	9	0109	张　平	男	83	63	44	77	96	60
13	10	0110	李　英	女	85	70	77	70	28	63
14	11	0111	黄　红	女	80	64	63	81	86	88
15	12	0112	王春晓	女	88	67	94	82	71	65

图 2-5-5　输入学号

也可以选定要输入纯数字文本的单元格并右击，在弹出的快捷菜单中选择“设置单元格格式”命令，打开“单元格格式”对话框。单击“数字”选项卡，在“分类”列表框中选择“文本”选项，然后单击“确定”按钮。此时输入该单元格中的数字作为文本处理，单元格显示的内容和输入的内容一致；或者单击旁边出现的切换按钮 0101 进行切换也可以。

（3）更改工作表名称。

双击工作表标签“Sheet1”或右击工作表标签，在弹出的快捷菜单中选择“重命名”命令，将工作表 Sheet1 重命名为“学生成绩表”，如图 2-5-6 所示。

	A	B	C	D	E	F	G	H	I	J
1			学生成绩表							
2			填表日期：2024/6/6							
3	序号	学号	姓名	性别	德育	体育	高等数学	大学英语	电子技术	C语言
4	1	0101	李　新	男	78	79	39	61	62	65
5	2	0102	王文辉	男	80	91	89	77	84	71
6	3	0103	张　磊	男	91	86	86	98	79	99
7	4	0104	孙　英	女	77	88	63	45	71	84
8	5	0105	张在旭	男	91	76	90	98	89	85
9	6	0106	刘明远	男	79	87	45	62	67	47
10	7	0107	陈　松	男	84	70	88	67	88	79
11	8	0108	张雨涵	女	82	79	95	94	80	98
12	9	0109	张　平	男	83	63	44	77	96	60
13	10	0110	李　英	女	85	70	77	70	28	63
14	11	0111	黄　红	女	80	64	63	81	86	88
15	12	0112	王春晓	女	88	67	94	82	71	65

图 2-5-6　将工作表 Sheet1 重命名为“学生成绩表”

5. 单元格的格式化

（1）设置标题格式。选取 A1:M1 单元格区域，单击“开始”选项卡中的“合并居中”按钮，并对标题进行字体设置，设置为“宋体、加粗、倾斜、下画线、22 磅”。

（2）设置填表日期格式。右击 D2 单元格，在弹出的快捷菜单中选择“设置单元格格式”命令，打开“单元格格式”对话框在“数字”选项卡的“分类”列表框中选择“日期”，选择合适的类型，如图 2-5-7 所示；选取 B2:M2 单元格区域，单击“开始”选项卡中的“合并居中”按钮，在选择“合并内容”，如图 2-5-8 所示，单击“确定”按钮，单击“开始”选项卡中的“自动换行”按钮取消自动换行，使“填充日期”行内容在一行显示，单击“右对齐”按钮，设置“填表日期：2024 年 6 月 6 日”右对齐，并将其设置为“宋体、加粗、12 磅”，如图 2-5-9 所示。

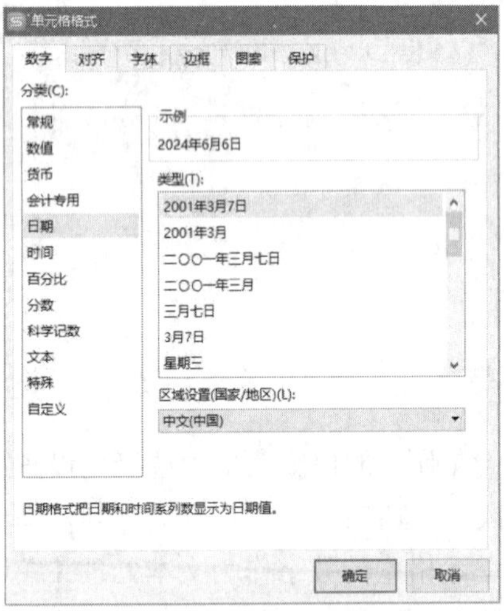

图 2-5-7　设置日期格式

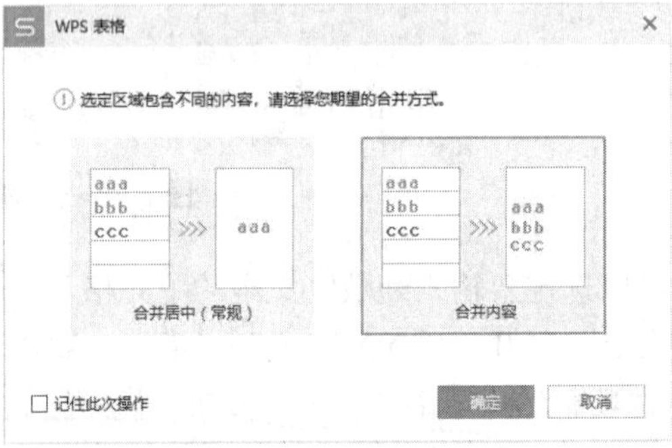

图 2-5-8　合并内容

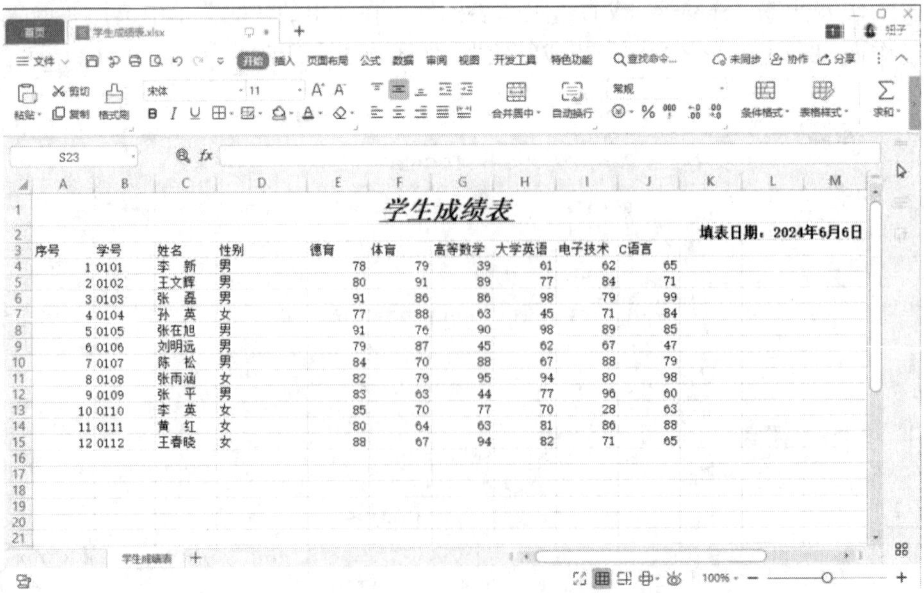

图 2-5-9　设置格式后的效果

（3）设置表头标题格式。

选取 A3:M3 单元格区域，设置格式为“黑体、12 磅”。

（4）设置工作表中数据格式。

选取 A3:M15 单元格区域，在“单元格格式”对话框中，单击“对齐”选项卡，设置“文本对齐方式”为水平居中、垂直居中，如图 2-5-10 所示。

（5）设置边框。

选取 A3:M15 单元格区域，打开“单元格格式”对话框，单击“边框”选项卡，设置单元格区域外边框为“粗线（样式中的倒数第 2 行第 2 列）、紫色”，内边框为“细线（样式中的最后一行第一列）、深红”，如图 2-5-11 所示。设置时注意按照“先选择线条样式，再选择线条颜色，最后选择相应边框”的顺序进行操作。

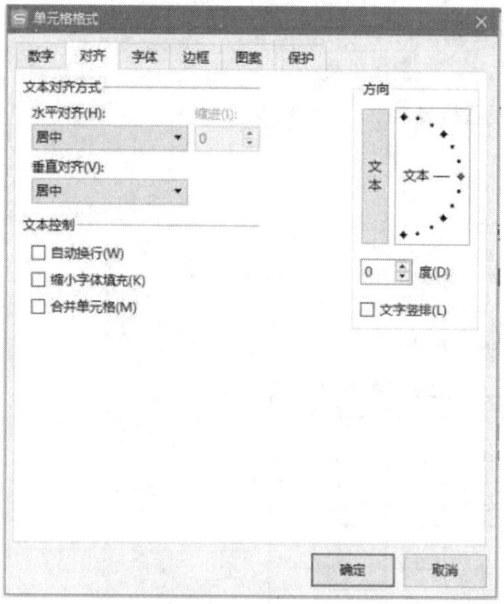

图 2-5-10　设置对齐方式

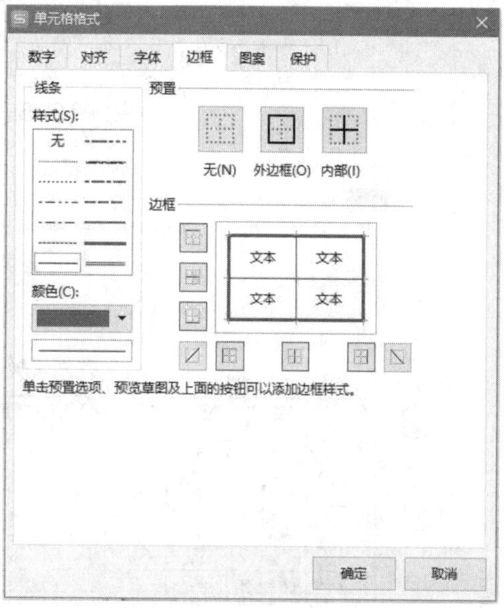

图 2-5-11　设置边框

（6）设置行高和列宽。

单击行号 3，拖曳鼠标指针到第 12 行，选择连续的第 3~第 15 行，单击“开始”→“行和列”→“行高”（或“列宽”）命令，弹出相应的对话框，输入行高或列宽的具体数值，单击“确定”按钮，可完成对行高或列宽的精确调整。此处将行高设置为“19.5 磅”，如图 2-5-12 所示。也可以将鼠标指针放在行号（列标）的分隔线上，当鼠标指针变成十字形时，按住鼠标左键拖曳也可完成行高或列宽的调整。如果在“行和列”下拉列表中选择“最合适的行高”（或“最合适的列宽”）命令，则可以根据内容自动调整行高或列宽，也可以选中要调整的行或列，在最右边线或最下边线上双击，即可完成最合适的行高（列或宽）设置。调整 A 列至 J 列区域为最合适的列宽，如图 2-5-13 所示。

选取 E4:K15 单元格区域，单击“开始”选项卡中的“条件格式”下拉按钮，在其下拉列表中选择“突出显示单元格规则”中的“其他规则”命令，弹出“新建格式规则”对话框，设置单元格值小于 60 的单元格格式为“红色填充”，如图 2-5-14 所示。

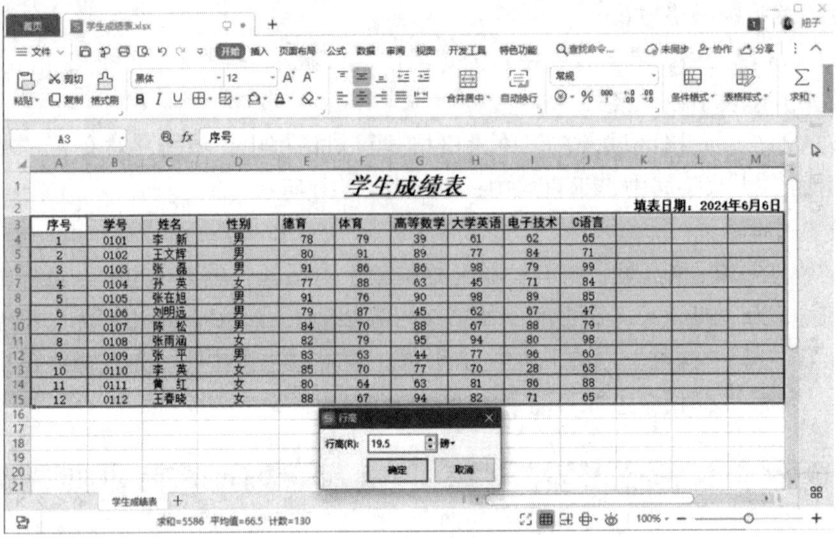

图 2-5-12　设置行高

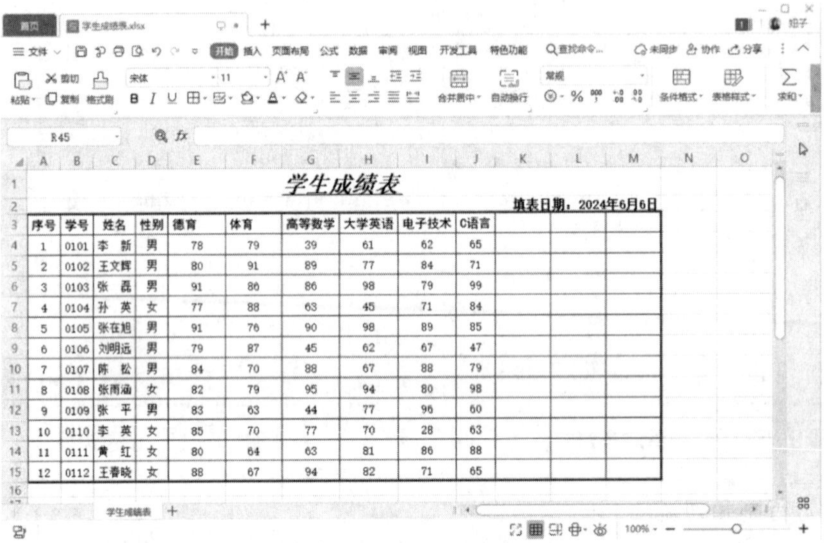

图 2-5-13　设置最合适的列宽

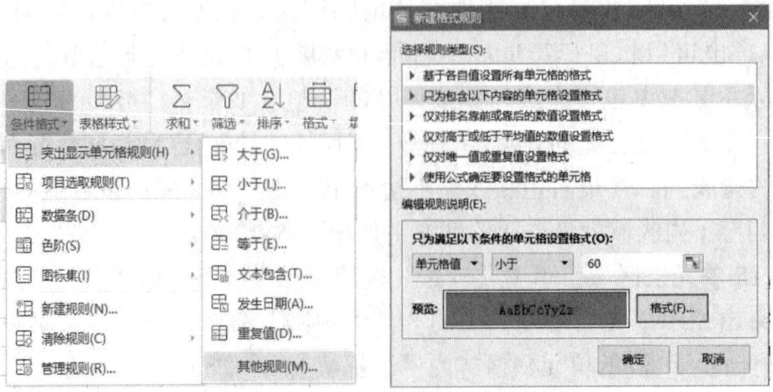

图 2-5-14　设置条件格式

（8）设置数据有效性。

选中要设置数据有效性的 E4:K15 单元格区域，单击“数据”→“有效性”→“有效性”命令，如图 2-5-15 所示，弹出“数据有效性”对话框。选择“设置”选项卡，在“允许”下拉列表框中选择允许输入的数据类型，如“整数”；在“数据”下拉列表框中选择所需的关系，如“介于”；在数据值栏中根据需要输入最小值 0、最大值 100，如图 2-5-16 所示。若勾选“忽略空值”复选框，可允许单元格出现空值，单击“确定”按钮，即可完成输入数据为 0~100 范围内的整数有效性设置。

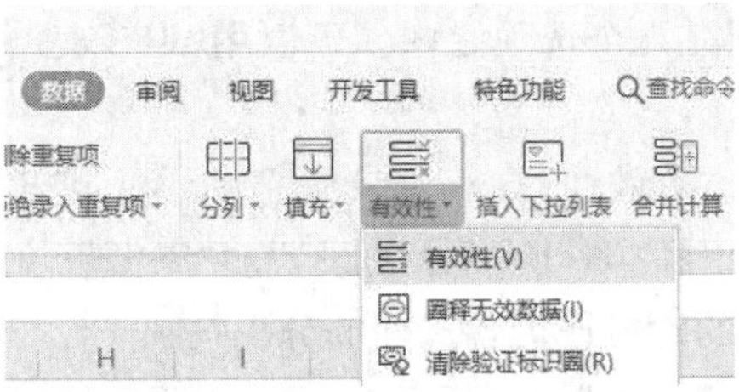

图 2-5-15　“有效性”命令

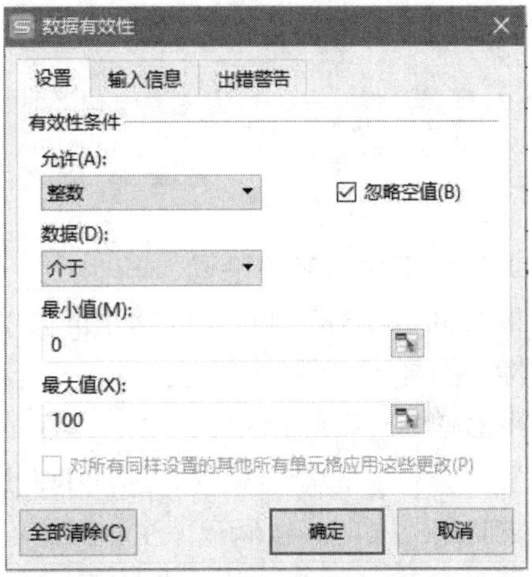

2-5-16　设置数据验证条件

如果需要提示信息，可以在“数据有效性”对话框的“输入信息”选项卡中进行设置，“输入信息”的设置及效果如图 2-5-17 所示。

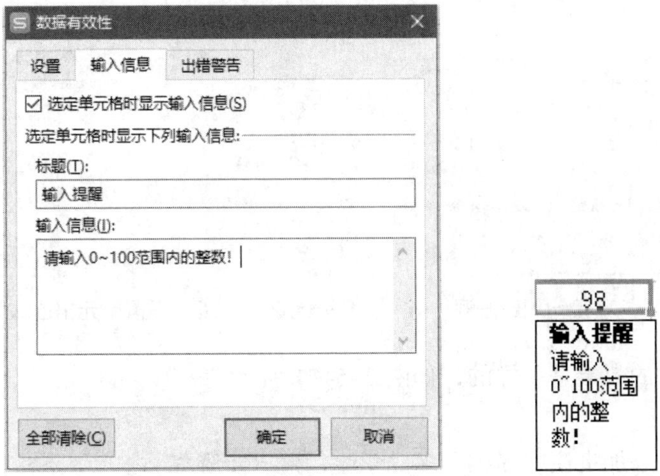

图 2-5-17　“输入信息”的设置及效果

如果需要警告信息，可以在“数据有效性”对话框的“出错警告”选项卡中进行设置，“出错警告”的设置及效果如图 2-5-18 所示。

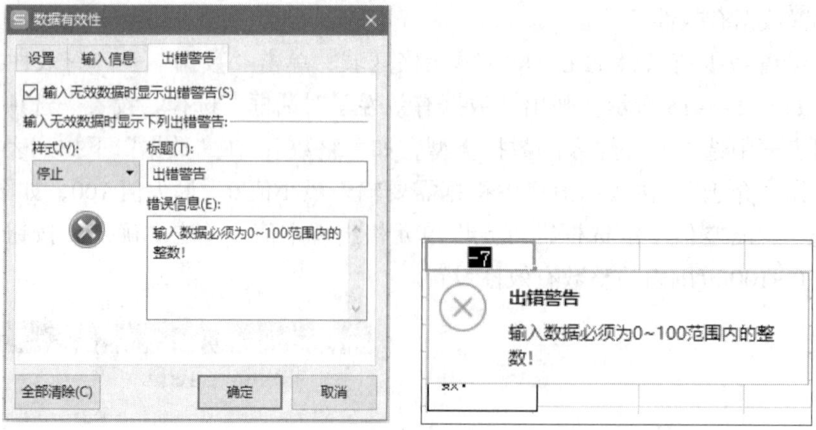

图 2-5-18 “出错警告”设置及效果

6. 单元格下拉列表的设置。

如果想将“性别”列的单元格中的内容限制在几个选项之内，可以用 WPS 表格中的数据有效性功能制作一个下拉列表。

选中 D4:D15 单元格区域，单击“数据”→“有效性”→“有效性”命令，弹出“数据有效性”对话框。选择“设置”选项卡，进行如图 2-5-19 所示的设置。“来源”文本框中各选项之间用英文的逗号隔开（注意不能用中文的逗号作为各选项的分隔符）。

也可以在 P3:P4 单元格区域中依次输入“男”“女”，然后选定 P3:P4 单元格区域作为数据源，如图 2-5-20 所示。

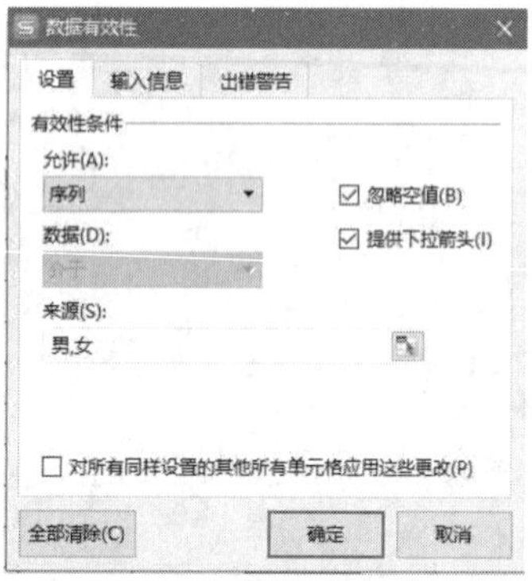

图 2-5-19 直接输入数据源

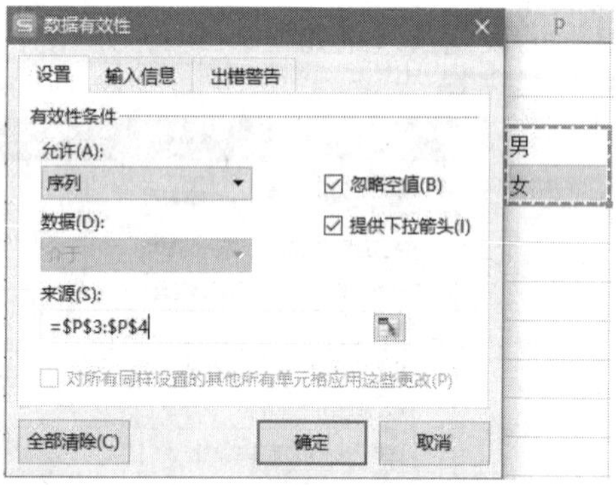

图 2-5-20 设置单元格区域为数据源

以上两种方法的效果是一样的，如图 2-5-21 所示。

7. 添加批注

在学生姓名处添加批注以提供更多的学生信息，步骤如下。

选中 C6 单元格，单击“审阅”→“新建批注”按钮，然后输入“班长”。也可以选中 C11 单元格并右击，选择快捷菜单中的“插入批注”命令，为 C11 单元格中的“张雨涵”添加批注，内容为“学习委员”。设置完后，单击“审阅”→“显示所有批注”按钮，如图 2-5-22 所示，添加批注后的效果如图 2-5-23 所示。

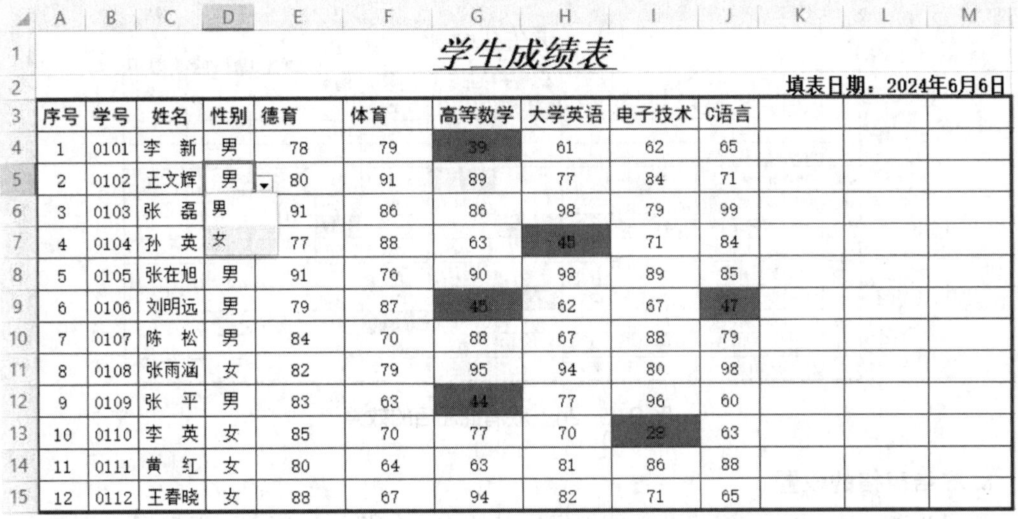

序号	学号	姓名	性别	德育	体育	高等数学	大学英语	电子技术	C语言
1	0101	李　新	男	78	79	39	61	62	65
2	0102	王文辉	男	80	91	89	77	84	71
3	0103	张　磊	男	91	86	86	98	79	99
4	0104	孙　英	女	77	88	63	45	71	84
5	0105	张在旭	男	91	76	90	98	89	85
6	0106	刘明远	男	79	87	45	62	67	47
7	0107	陈　松	男	84	70	88	67	88	79
8	0108	张雨涵	女	82	79	95	94	80	98
9	0109	张　平	男	83	63	44	77	96	60
10	0110	李　英	女	85	70	77	70	28	63
11	0111	黄　红	女	80	64	63	81	86	88
12	0112	王春晓	女	88	67	94	82	71	65

图 2-5-21　下拉列表效果

图 2-5-22　“显示所有批注”按钮

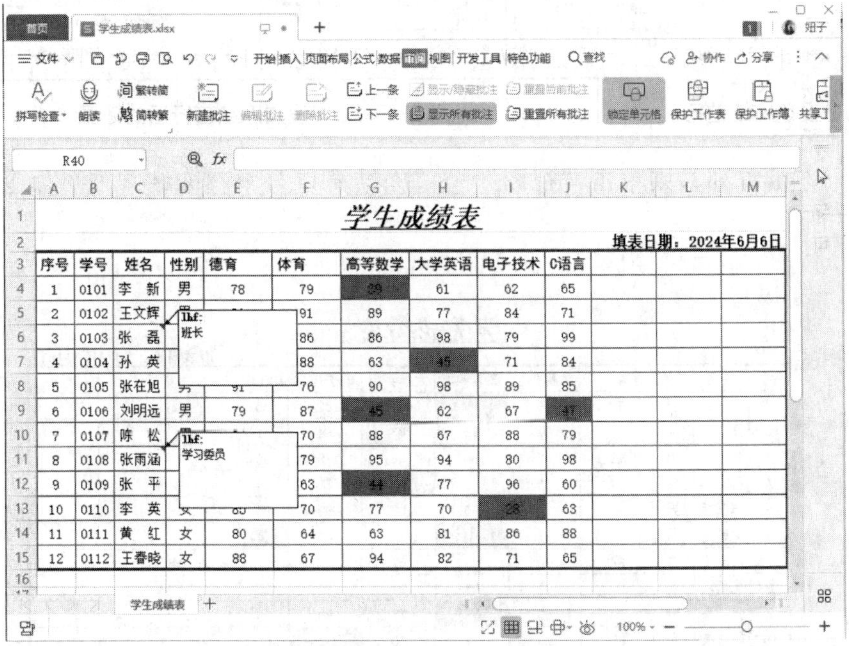

图 2-5-23　添加批注后的效果

再次单击“审阅”→“显示所有批注”按钮，可取消批注的显示，已添加批注的地方只显示红色标记，取消批注后的效果如图 2-5-24 所示。

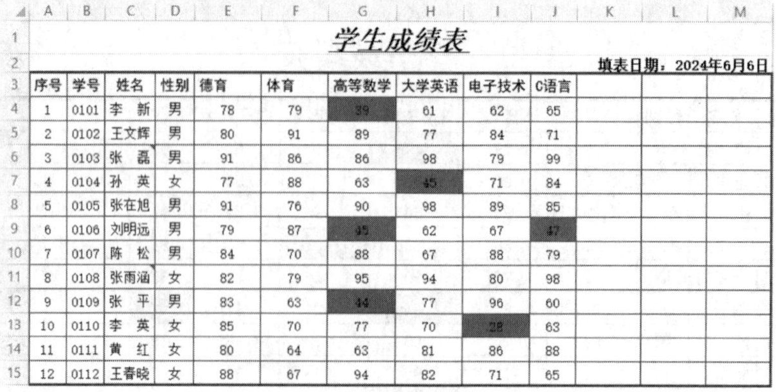

学生成绩表

填表日期：2024年6月6日

序号	学号	姓名	性别	德育	体育	高等数学	大学英语	电子技术	C语言
1	0101	李 新	男	78	79	39	61	62	65
2	0102	王文辉	男	80	91	89	77	84	71
3	0103	张 磊	男	91	86	86	98	79	99
4	0104	孙 英	女	77	88	63	45	71	84
5	0105	张在旭	男	91	76	90	98	89	85
6	0106	刘明远	男	79	87	45	62	67	47
7	0107	陈 松	男	84	70	88	67	88	79
8	0108	张雨涵	女	82	79	95	94	80	98
9	0109	张 平	男	83	63	44	77	96	60
10	0110	李 英	女	85	70	77	70	28	63
11	0111	黄 红	女	80	64	63	81	86	88
12	0112	王春晓	女	88	67	94	82	71	65

图 2–5–24　取消批注后的效果

8. 冻结窗格的设置

利用 WPS 表格的冻结窗格功能能够固定某些内容的显示，用户可以根据需要来冻结窗格，从而达到始终显示某些数据的目的。

如果只冻结首行，则单击“视图”→“冻结窗格”→“冻结首行”命令，如图 2–5–25 所示，拖动行数据时首行始终显示，效果如图 2–5–26 所示。

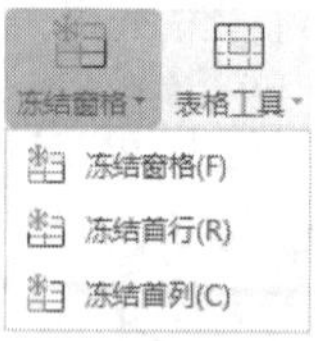

图 2–5–25　设置冻结首行

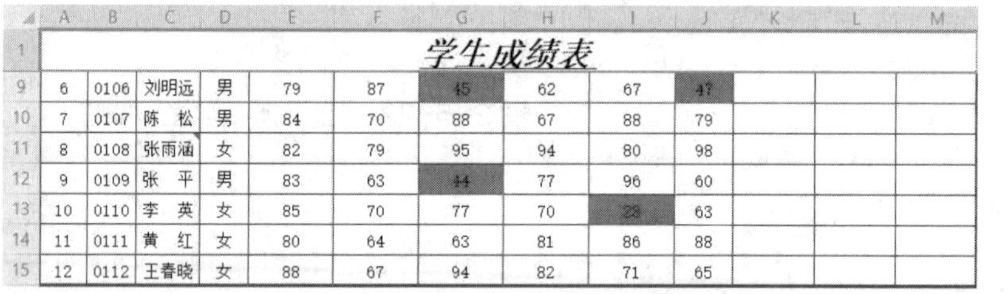

学生成绩表

6	0106	刘明远	男	79	87	45	62	67	47
7	0107	陈 松	男	84	70	88	67	88	79
8	0108	张雨涵	女	82	79	95	94	80	98
9	0109	张 平	男	83	63	44	77	96	60
10	0110	李 英	女	85	70	77	70	28	63
11	0111	黄 红	女	80	64	63	81	86	88
12	0112	王春晓	女	88	67	94	82	71	65

图 2–5–26　设置冻结首行后的效果

如果只冻结首列，则单击“视图”→“冻结窗口”→“冻结首列”命令，效果如图 2–5–27 所示。

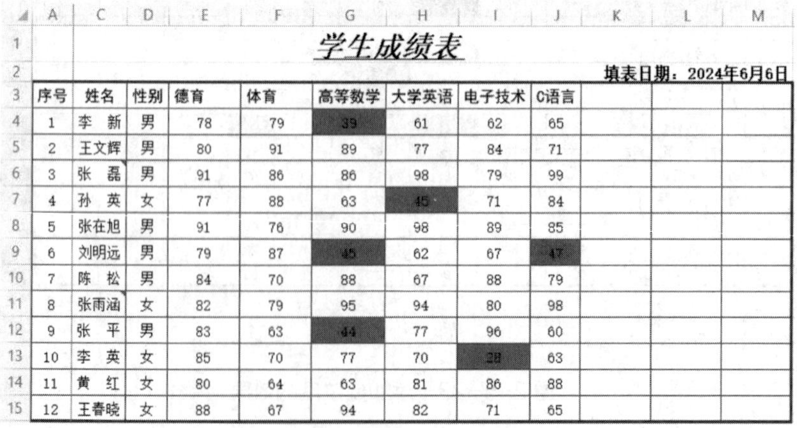

学生成绩表

填表日期：2024年6月6日

序号	姓名	性别	德育	体育	高等数学	大学英语	电子技术	C语言
1	李 新	男	78	79	39	61	62	65
2	王文辉	男	80	91	89	77	84	71
3	张 磊	男	91	86	86	98	79	99
4	孙 英	女	77	88	63	45	71	84
5	张在旭	男	91	76	90	98	89	85
6	刘明远	男	79	87	45	62	67	47
7	陈 松	男	84	70	88	67	88	79
8	张雨涵	女	82	79	95	94	80	98
9	张 平	男	83	63	44	77	96	60
10	李 英	女	85	70	77	70	28	63
11	黄 红	女	80	64	63	81	86	88
12	王春晓	女	88	67	94	82	71	65

图 2–5–27　设置冻结首列后的效果

如果要冻结任意行和任意列，则选中冻结行的下一行和冻结列的下一列交叉的单元格。如冻结前 3 行以及前 1 列，则选中 B4 单元格，单击“视图”→“冻结窗格”→“冻结至第 3 行 A 列”命令，效果如图 2–5–28 所示。

	A	C	D	E	F	G	H	I	J	K	L	M
1		学生成绩表										
2										填表日期：2024年6月6日		
3	序号	姓名	性别	德育	体育	高等数学	大学英语	电子技术	C语言			
11	8	张雨涵	女	82	79	95	94	80	98			
12	9	张　平	男	83	63	44	77	96	60			
13	10	李　英	女	85	70	77	70	28	63			
14	11	黄　红	女	80	64	63	81	86	88			
15	12	王春晓	女	88	67	94	82	71	65			

图 2–5–28　冻结窗格后的效果

若要取消冻结窗格，则单击“视图”→“冻结窗口”→“取消冻结窗格”命令，恢复原始效果。

9. 打印工作表

在打印工作表之前需要进行页面设置，主要包括对页面、页边距、页眉和页脚、工作表等的设置，可以单击“页面布局”选项卡的不同按钮进行各项设置。

（1）页眉和页脚的设置。

在“页面布局”选项卡中，单击“打印页眉和页脚”按钮，打开“页面设置”对话框，在“页眉 / 页脚”选项卡中单击“自定义页眉”和“自定义页脚”按钮，可对页眉和页脚进行个性化设置。设置“学生成绩表”的页眉如图 2–5–29 所示，设置页脚如图 2–5–30 所示，打印预览效果如图 2–5–31 所示。

（2）打印区域的设置。

打印工作表时，默认状态下会自动选择有文字的最大行和最大列作为打印区域。如果只想打印工作表的一部分，需要设置打印区域。

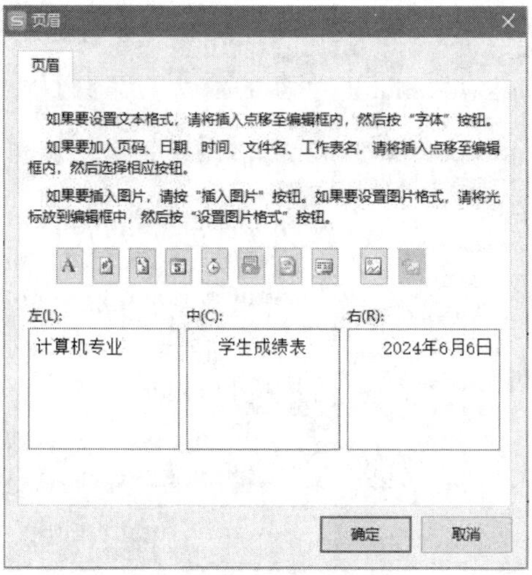

图 2–5–29　设置页眉

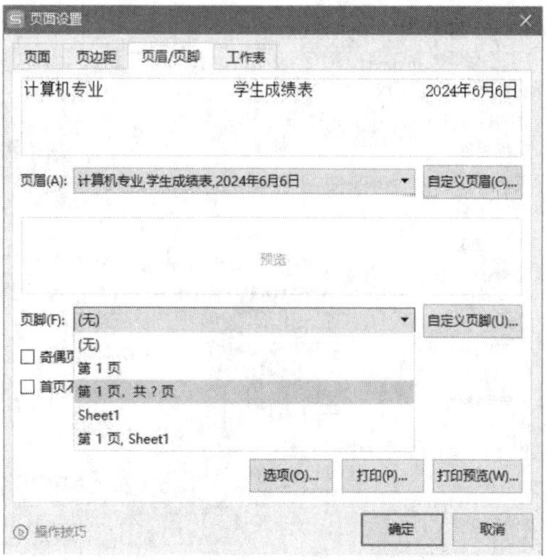

图 2–5–30　设置页脚

┆算机专业　　　　学生成绩表　　　　2024年6月6

学生成绩表

填表日期：2024年6月6日

序号	学号	姓名	性别	德育	体育	高等数学	大学英语	电子技术	C语言			
1	0101	李　新	男	78	79	39	61	62	65			
2	0102	王文辉	男	80	91	89	77	84	71			
3	0103	张　磊	男	91	86	86	98	79	99			
4	0104	孙　英	女	77	88	63	45	71	84			
5	0105	张在旭	男	91	76	90	98	89	85			
6	0106	刘明远	男	79	87	45	62	67	47			
7	0107	陈　松	男	84	70	88	67	88	79			
8	0108	张雨涵	女	82	79	95	94	80	98			
9	0109	张　平	男	83	63	44	77	96	60			
10	0110	李　英	女	85	70	77	70	28	63			
11	0111	黄　红	女	80	64	63	81	86	88			
12	0112	王春晓	女	88	67	94	82	71	65			

第 1 页，共 1 页

图 2-5-31　打印预览效果

要设置工作表的打印区域，应先选定需要打印的单元格区域，单击“页面布局”→“打印区域”→“设置打印区域”命令，即可对选定的打印区域进行打印。此外，还可以通过单击“页面布局”→“打印标题或表头”命令，打开“页面设置”对话框，在“工作表”选项卡中进行设置，如图 2-5-32 所示。打印完成后，如果不再使用该打印区域，可单击“页面布局”→“打印区域”→“取消打印区域”命令。

（3）设置多页表中标题打印。

在打印较长的工作表时，常需要在每一页上打印与第一页相同的行标题或列标题，可以通过单击“页面布局”→“打印标题或表头”按钮，打开“页面设置”对话框。在“工作表”选项卡中设置“顶端标题行”或“左端标题列”，在文本框中输入作为标题行的行号或输入作为标题列的列标，也可以单击文本框右侧的折叠按钮，选择工作表中作为标题的区域，如图 2-5-33 所示，单击“确定”按钮。

图 2-5-32　打印区域的设置

图 2-5-33　多页表中标题打印设置

实验 2.6　公式和函数的使用

【实验目的】

（1）掌握工作表的插入、删除、复制、移动和重命名。

（2）掌握公式的使用。

（3）掌握函数的使用。

（4）掌握单元格的引用。

【实验环境】

中文 Windows 10 和 WPS Office 教育考试专用版。

【实验内容及操作步骤】

1. 建立“公式和函数的使用”工作表

（1）启动 WPS Office，打开“学生成绩表 .et”工作簿。

（2）复制工作表。

选择“学生成绩表”工作表并右击，在弹出的快捷菜单中选择“移动或复制工作表”命令，弹出“移动或复制工作表”对话框（见图 2-6-1）。在“下列选定工作表之前”列表框中选择“移至最后”，勾选“建立副本”复选框，单击“确定”按钮，完成工作表的复制。

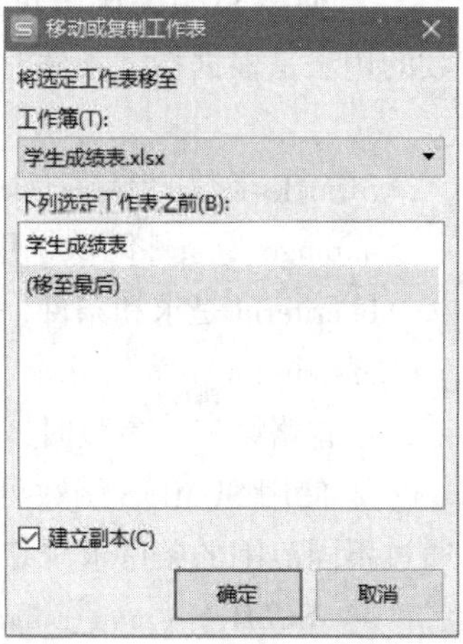

图 2-6-1 “移动或复制工作表”对话框

（3）重命名工作表。

选择“学生成绩表（2）”工作表并右击，在弹出的快捷菜单中选择“重命名”命令，在工作表标签处输入“公式和函数的使用”。也可以双击工作表标签进行重命名操作。

2. 公式和函数的使用

WPS 表格中的公式必须以等号（=）开头，数据的计算可以采用输入公式的方法完成，也可以使用相应的函数完成。

说明：下面的总分和平均分分别为高等数学、大学英语、电子技术和 C 语言四门课程的总分和平均分。

（1）计算“总分”。

在 K3 单元格中输入“总分”，在 K4 单元格中输入“=”，单击 G4 单元格，输入“+”，单击 H4 单元格，输入“+”，单击

I4单元格，再次输入“+”，最后单击J4单元格，按Enter键，即可输入公式“=G4+H4+I4+J4”，在K4单元格显示总分，在编辑区显示该单元格的公式。

或者选中K4单元格，单击“公式”选项卡，单击“自动求和”按钮，编辑输入函数为“=SUM（G4:J4）”，按Enter键，则在K4单元格显示总分，在编辑区显示该单元格的函数。

然后，选中K4单元格，向下拖曳填充柄到数据末行，选中“不带格式填充”单选按钮，可将相应的公式或函数复制到所选的单元格，并且设置的表格边框依旧会保留，如图2-6-2所示。

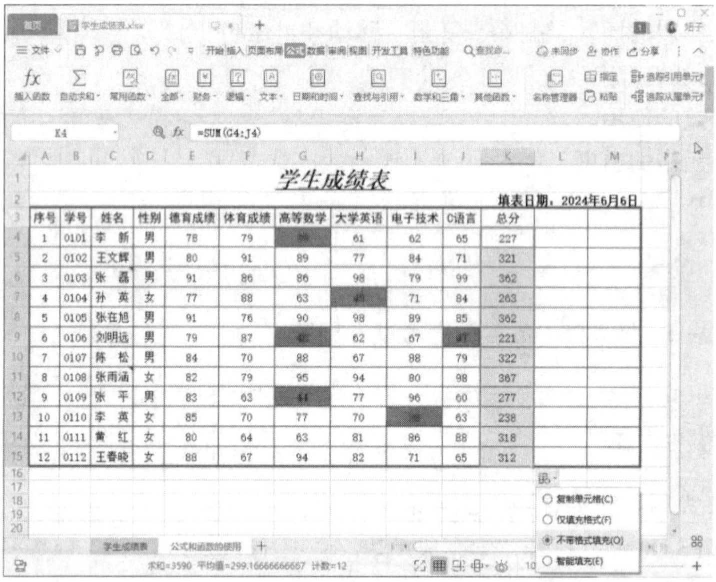

图2-6-2　使用填充柄进行公式或函数的复制

WPS表格中的求和函数除了SUM函数，还有SUMIF函数和SUMIFS函数，其基本语法介绍如下。

① 使用SUMIF函数可以对报表范围中符合指定条件的值求和，WPS表格中SUMIF函数的用法是根据指定条件对若干单元格、单元格区域或引用求和。其基本语法为

SUMIF（range，criteria，sum_range）

SUMIF函数的参数如下。

a. range为条件区域，用于设定进行判断条件的单元格区域。

b. criteria是求和条件，由数字、逻辑表达式等组成。

c. sum_range为实际求和区域，表示需要求和的单元格、单元格区域或引用。

当省略第三个参数时，则条件区域就是实际求和区域。

② 使用SUMIFS函数可快速对多条件单元格求和，SUMIFS函数的功能十分强大，可以通过不同范围的条件求规定范围的和。其基本语法为

SUMIFS（sum_range，criteria_range1，criteria1，[criteria_range2，criteria2]，...）

a. criteria_range1为计算关联条件的第一个区域。

b. criteria1为条件1，条件的形式为数字、表达式、单元格引用或者文本，可用来定义

对 criteria_range1 参数中的哪些单元格求和。例如，条件可以表示为 32、>32、B4、" 苹果 " 或 "32"。

c. criteria_range2 为计算关联条件的第二个区域。

d. criteria2 为条件 2。区域和条件必须成对出现，最多允许 127 个区域、条件对，即参数总数不超 255 个。

e. sum_range 是需要求和的实际单元格，包括数字或包含数字的名称、单元格区域或单元格引用，忽略空白值和文本值。

（2）计算平均分，并将格式设置为保留 1 位小数。

在 L3 单元格中输入“平均分”，在 L4 单元格中输入“=”，单击 K4 单元格，输入“/4”，按 Enter 键，即可输入公式“=K4/4”，实现在 L4 单元格中显示平均分。或者选中 L4 单元格，单击“公式”→“自动求和”→“平均值”命令，选取 G4:J4 单元格区域，即可得到函数“=AVERAGE（G4:J4）”，按 Enter 键，在 L4 单元格中显示平均分。

选取 L4:L15 单元格区域，单击“开始”选项卡中的“增加小数位数”或“减少小数位数”按钮调整数字格式；也可以右击所选单元格区域，在弹出的快捷菜单中选择“设置单元格格式”命令，在弹出的“单元格格式”对话框中单击“数字”选项卡，在“分类”列表框中选择“数值”选项，再设置“小数位数”为 1，如图 2-6-3 所示。

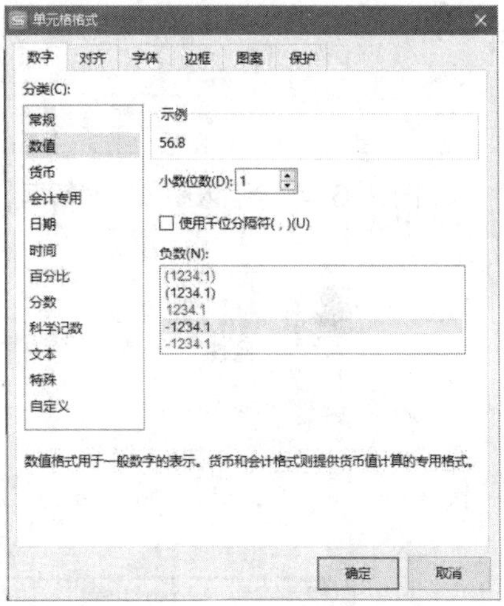

图 2-6-3　小数位数的设置

（3）计算等级。

计算等级需要使用 IF 函数，该函数的语法为 IF（logical_test，value_if_true，value_if_false），其作用是判断数据的逻辑真假。

先在 M3 单元格中输入“等级”，选中 M4 单元格，单击“公式”→“插入函数”按钮，弹出“插入函数”对话框，如图 2-6-4 所示。在“选择函数”列表框中选择 IF 函数，单击“确定”按钮，弹出“函数参数”对话框，设置函数参数，如图 2-6-5 所示，判断平均分是否小于 60，如果小于 60，则返回“不及格”，如果不小于 60，则返回“及格”。

可利用 IF 函数的嵌套实现多个等级的判定，如果直接在 M4 单元格中输入公式“=IF（L4<60，"不及格"，IF（L4<=85，"良好"，"优秀"））”，则可实现对成绩的优秀、良好和不及格三个等级的判定。请读者尝试操作，实现对成绩的优秀、良好、及格、不及格四个等级的判定。

（4）公式的复制与填充。

选取 L4:M4 单元格区域，向下拖曳填充柄到数据末行，可将相应的公式或函数复制到多个单元格，填充的公式和函数会根据目标单元格与源单元格的相对位移自动调整公式和函数中的单元格引用地址，填充的单元格区域中不显示公式而显示计算结果，如图 2-6-6 所示。

图 2-6-4 “插入函数”对话框

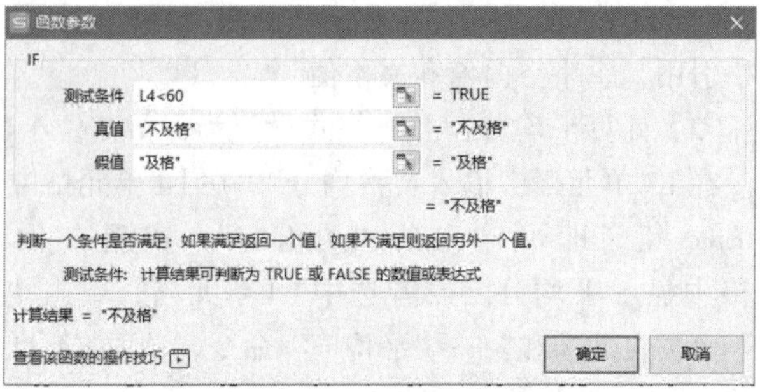

图 2-6-5 “函数参数”对话框

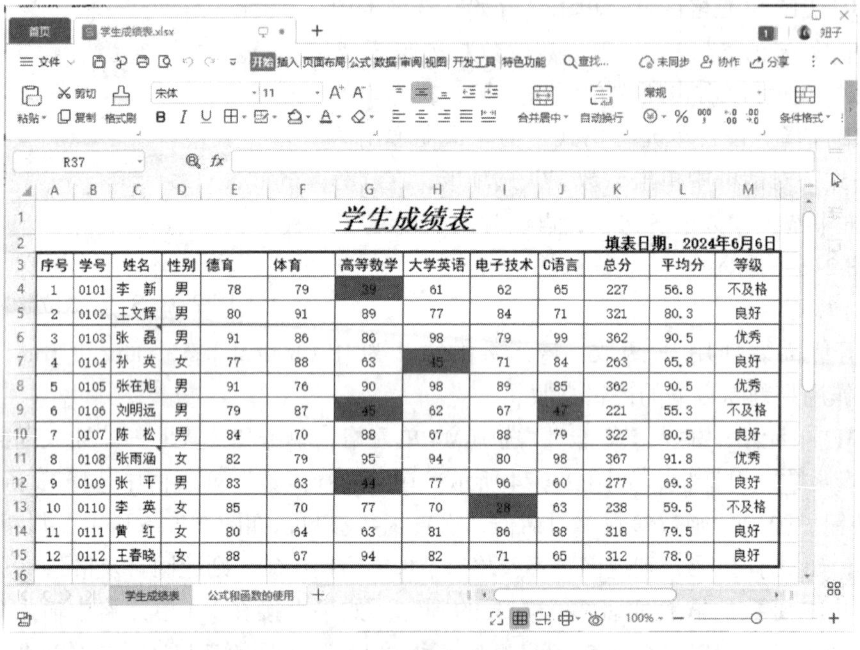

学生成绩表

填表日期：2024年6月6日

序号	学号	姓名	性别	德育	体育	高等数学	大学英语	电子技术	C语言	总分	平均分	等级
1	0101	李 新	男	78	79	39	61	62	65	227	56.8	不及格
2	0102	王文辉	男	80	91	89	77	84	71	321	80.3	良好
3	0103	张 磊	男	91	86	86	98	79	99	362	90.5	优秀
4	0104	孙 英	女	77	88	63	45	71	84	263	65.8	良好
5	0105	张在旭	男	91	76	90	98	89	85	362	90.5	优秀
6	0106	刘明远	男	79	87	45	62	67	47	221	55.3	不及格
7	0107	陈 松	男	84	70	88	67	88	79	322	80.5	良好
8	0108	张雨涵	女	82	79	95	94	80	98	367	91.8	优秀
9	0109	张 平	男	83	63	44	77	96	60	277	69.3	良好
10	0110	李 英	女	85	70	77	70	28	63	238	59.5	不及格
11	0111	黄 红	女	80	64	63	81	86	88	318	79.5	良好
12	0112	王春晓	女	88	67	94	82	71	65	312	78.0	良好

图 2-6-6 公式的复制与填充效果

3. 单元格的引用

单元格的引用类型分为相对引用、绝对引用、混合引用和外部引用。

相对引用是指在复制公式时，该地址相对于目标单元格在不断发生变化。这种类型的地址由列标和行号表示，如 A2、B4。

绝对引用是指在复制公式时，该地址不随目标单元格的变化而变化。绝对引用是在引用地址的列标和行号前分别加上一个“$”符号，如 A5、B10。

混合引用是指在引用单元格地址时，一部分为相对引用地址，另一部分为绝对引用地址，可以是相对列绝对行，如 D$5；也可以是绝对列相对行，如 $A2。

外部引用是指引用同一工作簿中不同工作表中的单元格或引用不同工作簿中工作表的单元格。同一工作簿中不同工作表中的单元格的引用格式为“= 工作表名称！单元格地址”，不同工作簿中工作表的单元格的引用格式为“=［工作簿名称］工作表名称！单元格地址”。例如，［工作簿 1.et］Sheet1!A2:B4 就表示“工作簿 1.et”文件的 Sheet1 工作表中由 A2 到 B4 的单元格区域。

另外，WPS 表格提供了相对引用、绝对引用和混合引用之间快速切换的方法，先选中引用单元格的部分，按 F4 功能键可完成引用间的转换。

（1）建立“单元格的引用”工作表。

① 单击“公式和函数的使用”工作表右侧的“+”按钮，新建一个工作表，并重命名为“单元格的引用”。

② 在 A1 单元格输入“学生综合测评成绩表”，选取 A1:F1 单元格区域，并设置格式为“合并后居中、加粗、倾斜、下画线、20 磅”。

③ 在“公式和函数的使用”工作表中，选取 C3:F15 单元格区域并右击，在弹出的快捷菜单中选择“复制”命令；在“单元格的引用”工作表中，单击 A2 单元格，并右击，在弹出的快捷菜单中选择“粘贴为数值”命令，完成内容的复制。

④ 在 C2:F2 单元格中分别输入“德育”、“体育”、“课程成绩”和“综合测评成绩”，选中 A 列至 F 列，双击 F 列右侧边线，即可调整所有单元格为最合适的列宽，并将 A2:F14 单元格区域内容设置为垂直、水平均居中。在 C15、C16、C17 单元格中分别输入“德育成绩占比”、“课程成绩占比”和“体育成绩占比”，在 D15、D16、D17 单元格中分别输入“30%”、“60%”和“10%”，并设置 C15:D17 单元格区域垂直、水平均居中，如图 2-6-7 所示。

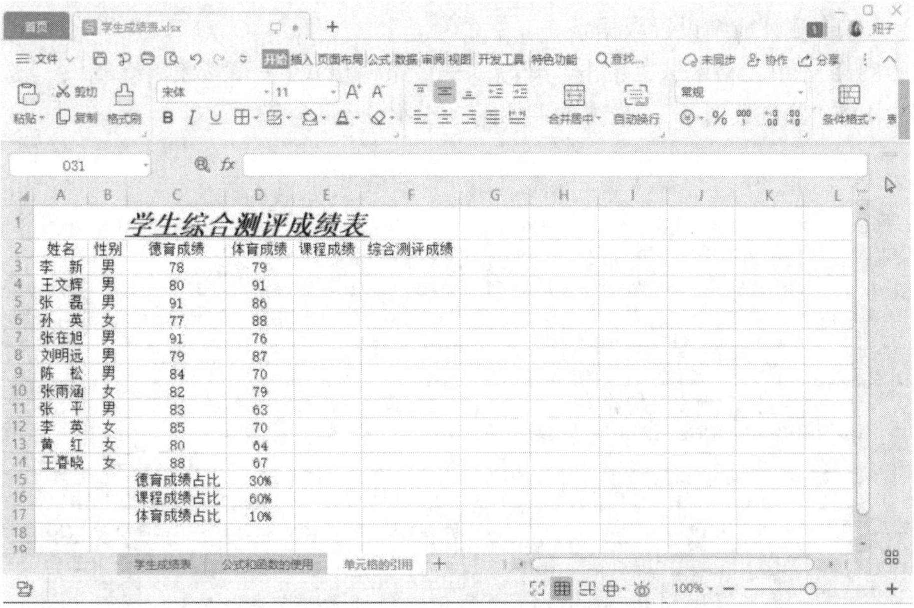

图 2-6-7　“单元格的引用”工作表的建立

（2）计算课程成绩。

课程成绩在“公式和函数的使用”工作表中已计算得出，可以跨表引用。在 E3 单元格中输入“=”，单击“公式和函数的使用”工作表标签，单击 L4 单元格，按 Enter 键确认，此时，L4 单元格编辑区中显示引用公式“= 公式和函数的使用 !L4”。单击 E3 单元格右下角的填充柄，向下拖曳填充柄到 E14 单元格，即可将所有学生课程成绩跨表引用过来。

因综合测评成绩 = 德育成绩 ×30%+ 课程成绩 ×60%+ 体育成绩 ×10%，故可以通过公式计算出所有同学的综合测评成绩，具体步骤如下：单击 F3 单元格，输入“=C3*D15+E3*D16+D3*D17”，按 Enter 键即可计算完成，然后通过拖曳填充柄计算出其他同学的综合测评成绩。

（3）设置数值格式。

选中 E3:F14 单元格区域并右击，在弹出的快捷菜单中选择“设置单元格格式”命令，打开“单元格格式”对话框，单击“数字”选项卡，设置保留 1 位小数，如图 2-6-8 所示。

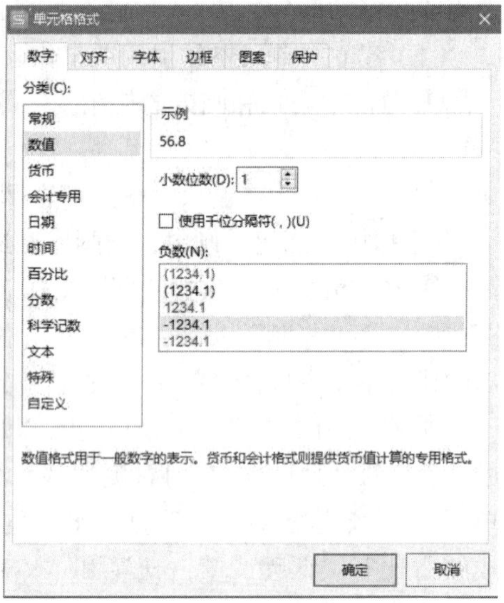

图 2-6-8　设置数值格式

（4）“单元格的引用”工作表格式化效果。

选取 A1:F14 单元格区域，单击“开始”选项卡中的“表格样式”下位按钮，选择“表样式浅色 10”，如图 2-6-9 所示。“套用表格样式”对话框中选择默认即可，如图 2-6-10 所示。

调整标题行字体为 20 磅，行高为 26 磅；设置第 2~第 13 行行高为 20 磅，设置效果如图 2-6-11 所示。

（5）为综合测评成绩设置数据条。

选取 F3:F14 单元格区域，单击“开始”→“条件格式”→“数据条”命令，选择“渐变填充”中的“紫色数据条”。最终效果如图 2-6-12 所示。

图 2-6-9　设置表格样式

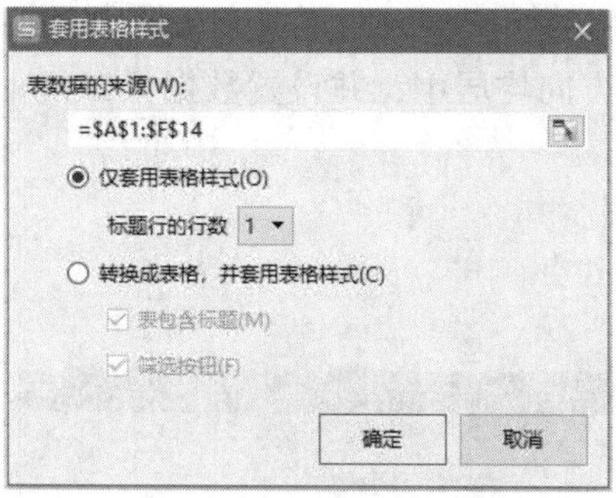

图 2-6-10 “套用表格样式”对话框

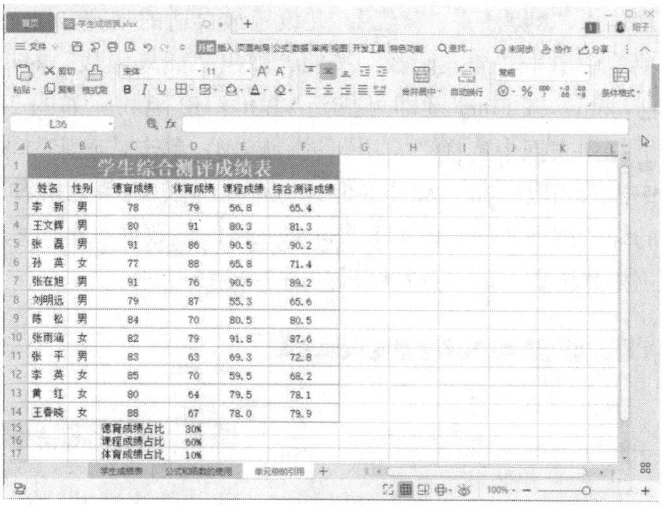

图 2-6-11 格式化

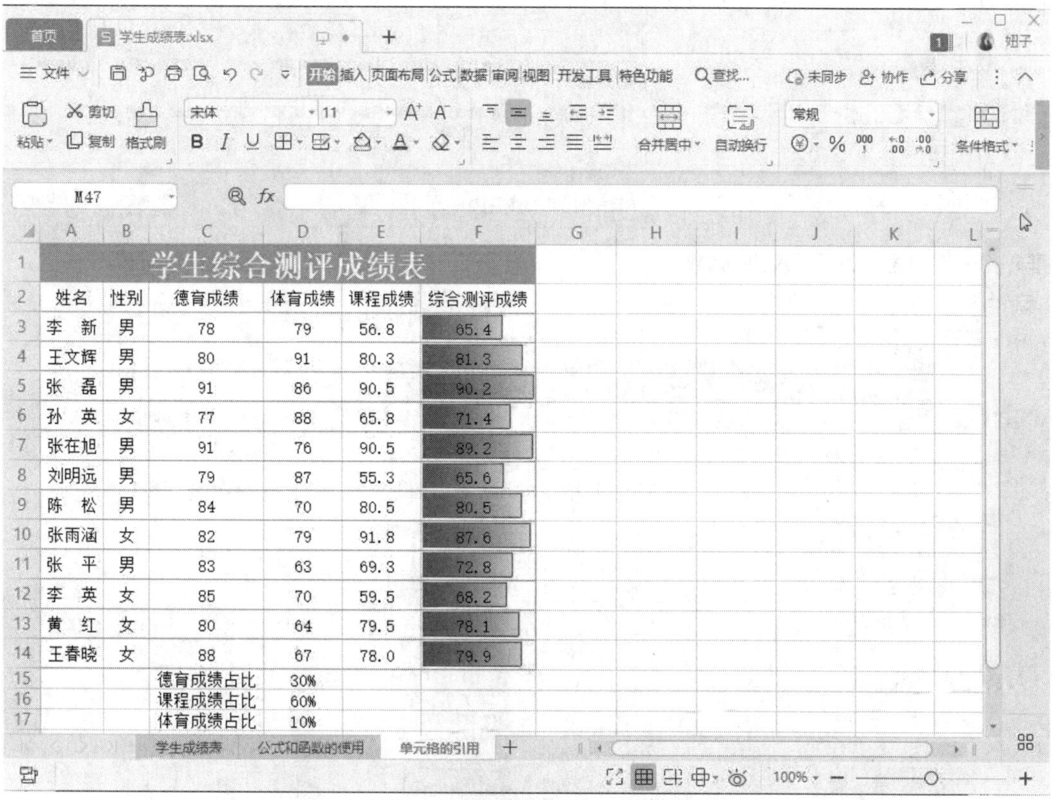

图 2-6-12 “单元格的引用”工作表最终效果

（6）使用 VLOOKUP 函数查找刘明远、黄红两位学生的综合测评成绩。

VLOOKUP 函数是 WPS 表格中的一个纵向查找函数，功能是按列查找，最终返回该列所需查询序列所对应的值。该函数的语法规则为

VLOOKUP（lookup_value，table_array，col_index_num，[range_lookup]）

先在 H2、I2 单元格中分别输入“姓名”和“综合测评成绩”，在 H3、H4 单元格中分

别输入“刘明远”“黄红”，并设置最合适的列宽。在I3单元格中输入“=”，在“公式”选项卡中单击“插入函数”按钮，弹出“插入函数”对话框。在“查找函数”文本框中输入vlookup，按Enter键即可找到VLOOKUP函数，如图2-6-13所示，或者在“或选择类别”下拉列表框中选择“常用”进行查找，单击“确定”按钮。在打开的“函数参数”对话框中输入相应内容，如图2-6-14所示。拖曳I3单元格右下角的填充柄，向下填充计算出黄红的综合测评成绩。设置H2:I4单元格区域数据水平、垂直方向均居中，并设置数据只保留1位小数位数。最终查找结果如图2-6-15所示。

图2-6-13　插入VLOOKUP函数

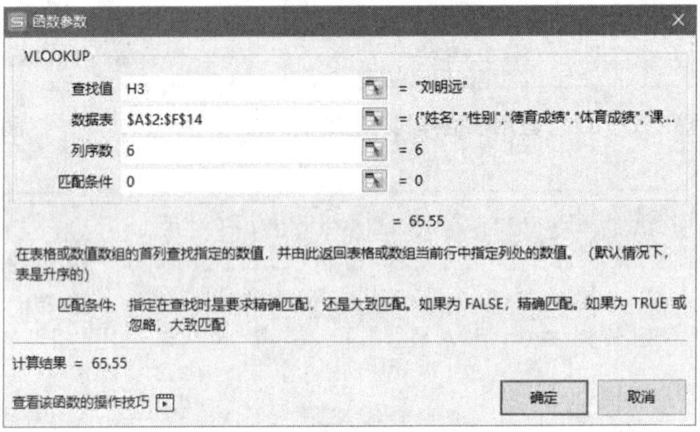

图2-6-14　VLOOKUP函数参数设置

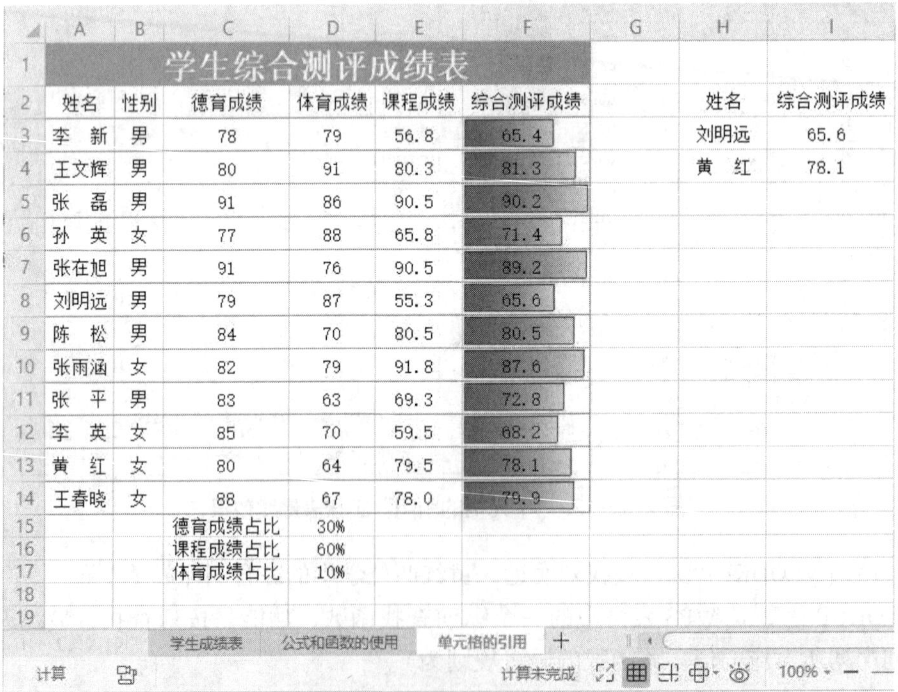

	A	B	C	D	E	F	G	H	I
1	学生综合测评成绩表								
2	姓名	性别	德育成绩	体育成绩	课程成绩	综合测评成绩		姓名	综合测评成绩
3	李　新	男	78	79	56.8	65.4		刘明远	65.6
4	王文辉	男	80	91	80.3	81.3		黄　红	78.1
5	张　磊	男	91	86	90.5	90.2			
6	孙　英	女	77	88	65.8	71.4			
7	张在旭	男	91	76	90.5	89.2			
8	刘明远	男	79	87	55.3	65.6			
9	陈　松	男	84	70	80.5	80.5			
10	张雨涵	女	82	79	91.8	87.6			
11	张　平	男	83	63	69.3	72.8			
12	李　英	女	85	70	59.5	68.2			
13	黄　红	女	80	64	79.5	78.1			
14	王春晓	女	88	67	78.0	79.9			
15			德育成绩占比	30%					
16			课程成绩占比	60%					
17			体育成绩占比	10%					
18									
19									

图2-6-15　使用VLOOKUP函数的最终查找结果

实验 2.7　Excel 图表的制作

【实验目的】

（1）掌握图表的制作方法。

（2）掌握图表的编辑操作。

【实验环境】

中文 Windows 10 和 WPS Office 教育考试专用版。

【实验内容及操作步骤】

1.“图表的制作”工作表的建立

打开“学生成绩表.et”工作簿，如图 2-7-1 所示，修改“公式和函数的使用”工作表名称为“图表的制作”，并删除该工作表以外的其他所有工作表。

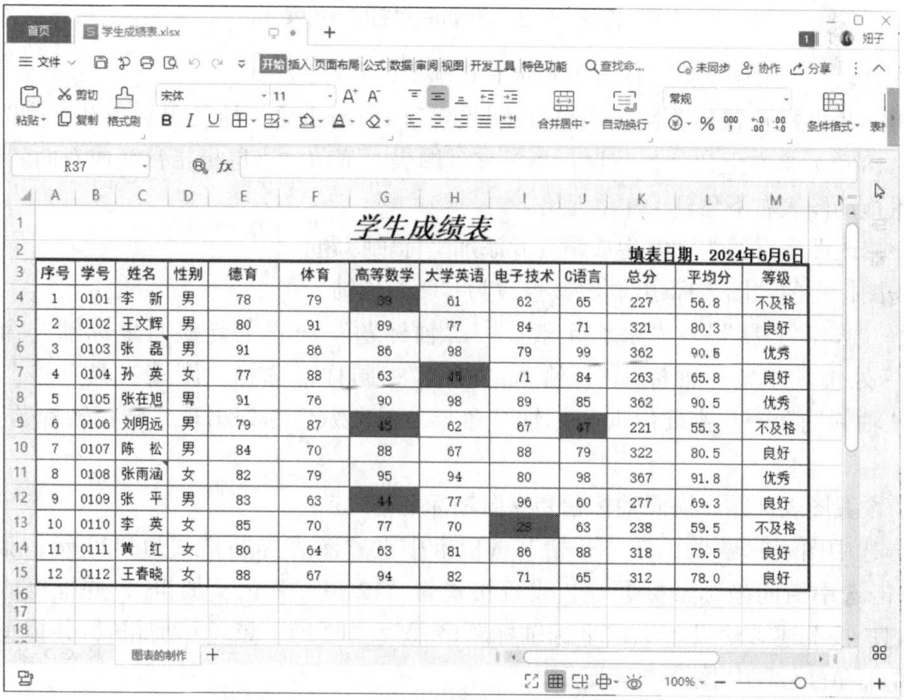

学生成绩表

填表日期：2024年6月6日

序号	学号	姓名	性别	德育	体育	高等数学	大学英语	电子技术	C语言	总分	平均分	等级
1	0101	李　新	男	78	79	39	61	62	65	227	56.8	不及格
2	0102	王文辉	男	80	91	89	77	84	71	321	80.3	良好
3	0103	张　磊	男	91	86	86	98	79	99	362	90.5	优秀
4	0104	孙　英	女	77	88	63	45	71	84	263	65.8	良好
5	0105	张在旭	男	91	76	90	98	89	85	362	90.5	优秀
6	0106	刘明远	男	79	87	45	62	67	47	221	55.3	不及格
7	0107	陈　松	男	84	70	88	67	88	79	322	80.5	良好
8	0108	张雨涵	女	82	79	95	94	80	98	367	91.8	优秀
9	0109	张　平	男	83	63	44	77	96	60	277	69.3	良好
10	0110	李　英	女	85	70	77	70	28	63	238	59.5	不及格
11	0111	黄　红	女	80	64	63	81	86	88	318	79.5	良好
12	0112	王春晓	女	88	67	94	82	71	65	312	78.0	良好

图 2-7-1　建立“图表的制作”工作表

2. 图表的制作

选取“姓名”、“德育”和“体育”列的数据，创建嵌入的簇状柱形图图表，图表标题为“学生成绩”，并对该图表进行编辑及位置调整，具体操作步骤如下。

（1）创建“学生成绩”图表。

先选取“图表的制作”工作表中的C3:C15单元格区域，按住Ctrl键的同时，选中E3:F15单元格区域，选择“插入”→“插入柱形图”→“二维柱形图”→“簇状柱形图”命令，如图2-7-2所示，可直接在当前工作表中插入所需图表，如图2-7-3所示。

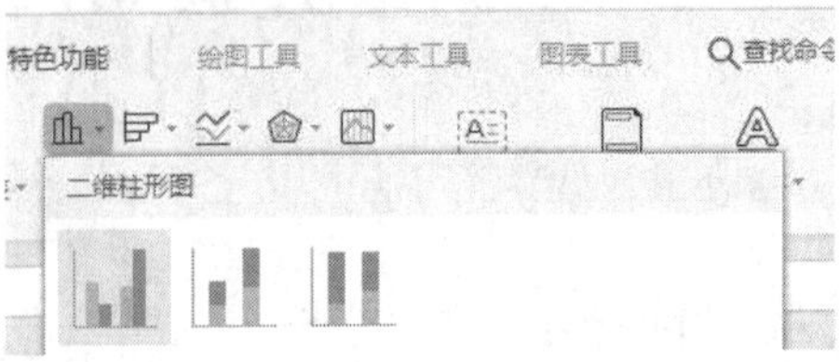

图2-7-2　插入簇状柱形图

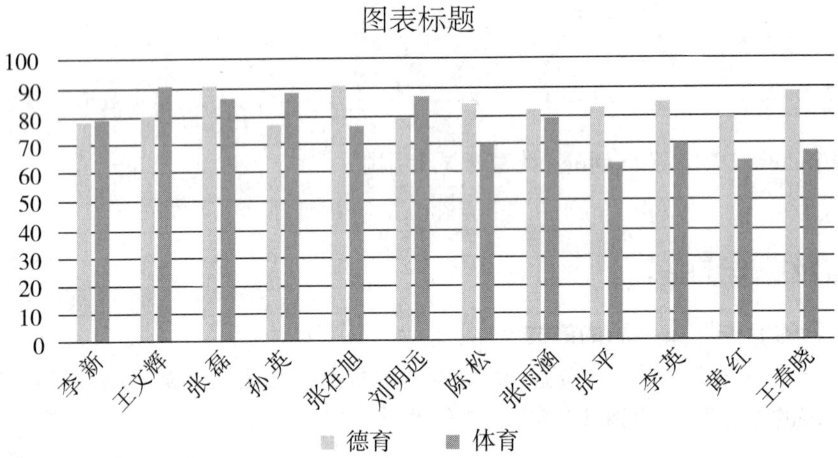

图2-7-3　创建簇状柱形图图表

（2）移动、放大图表到A18:J39单元格区域。

选择图表并按住鼠标左键，当鼠标指针变成四向箭头后，拖动鼠标指针，使图表左上角移到A18单元格左上角处，将鼠标指针移到图表右下角，当鼠标指针变成双向斜箭头后，按住左键拖动图表右下角到J39单元格。

（3）修改图表标题为“学生成绩”并添加坐标轴标题。

双击图标中的“图表标题”，将其修改为“学生成绩”。

选择“图表工具”→“添加元素”→“轴标题”→“主要横向坐标轴”命令，图表横坐标处出现“坐标轴标题”，输入“姓名”；同样，选择“图表工具”→“添加元素”→“轴标题”→“主要纵向坐标轴”命令，图表纵坐标处出现“坐标轴标题”，输入“成绩”。

（4）设置图表标题、横向轴标题和纵向轴标题格式。

单击选中图表标题框，在“开始”选项卡中设置图表标题格式为“20磅、蓝色、加粗”；单击选中横向坐标轴标题框，设置格式为“12磅、紫色、加粗”，并拖曳该标题到图表右侧；按上述方法设置纵向坐标轴标题格式为“12磅、紫色、加粗”，并拖曳该标题到图表左上角。效果如图2-7-4所示。

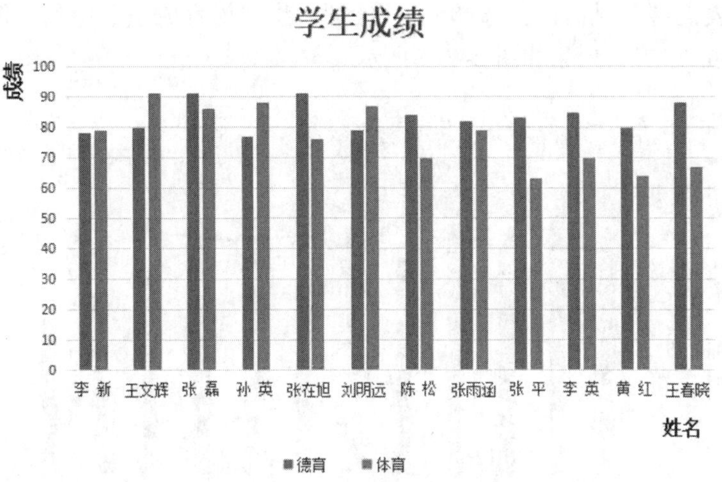

图 2-7-4 标题设置后的效果

3. 图表的编辑

（1）设置图表区、绘图区格式。

右击图表区，弹出快捷菜单，选择“设置图表区域格式”命令，弹出“属性”窗格，在“填充与线条”选项卡中选择“图案填充”单选按钮，样式选择第一项“5%”（点状），如图 2-7-5 所示，关闭窗格。

右击绘图区，弹出快捷菜单，选择“设置绘图区格式”命令，弹出“绘图区选项”窗格，选中“图片或纹理填充”单选按钮，选择“纸纹 2”纹理，如图 2-7-6 所示，关闭窗格。

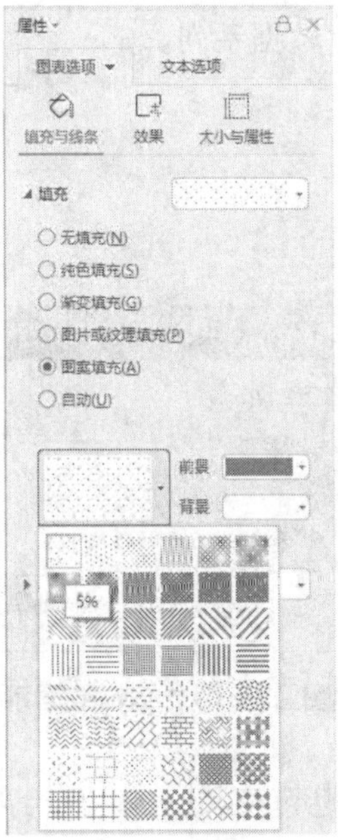

图 2-7-5 设置图案填充

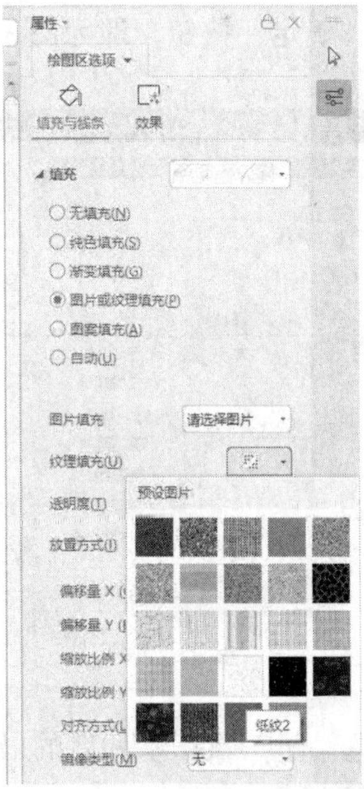

图 2-7-6 设置图片或纹理填充

（2）更改数据系列类型。

选择“德育”数据系列并右击，在弹出的快捷菜单中选择“更改系列图表类型”命令，弹出“更改图表类型”对话框，选择“组合图”，将“德育成绩”中的“图表类型”改为“带数据标记的折线图”，效果如图 2-7-7 所示。

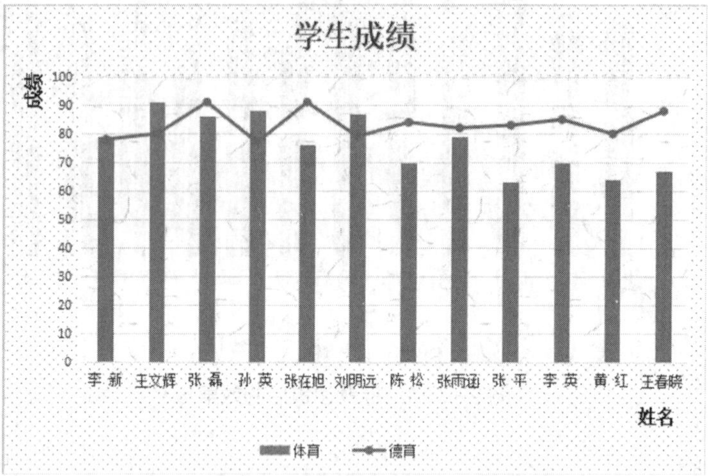

图 2-7-7　更改系列图表类型

（3）添加数据系列。

右击图表，弹出快捷菜单，选择“选择数据”命令，弹出“编辑数据源”对话框，如图 2-7-8 所示。在“图例项（系列）”中，单击“添加” + 按钮，弹出“编辑数据系列”对话框，单击“系列名称”文本框的折叠按钮，选择工作表“图表的制作”中的 L3 单元格，再单击“系列值”文本框的折叠按钮，选取工作表中的 L4:L15 单元格区域，如图 2-7-9 所示，依次单击“确定”按钮，即为图表添加“平均销量”数据系列。

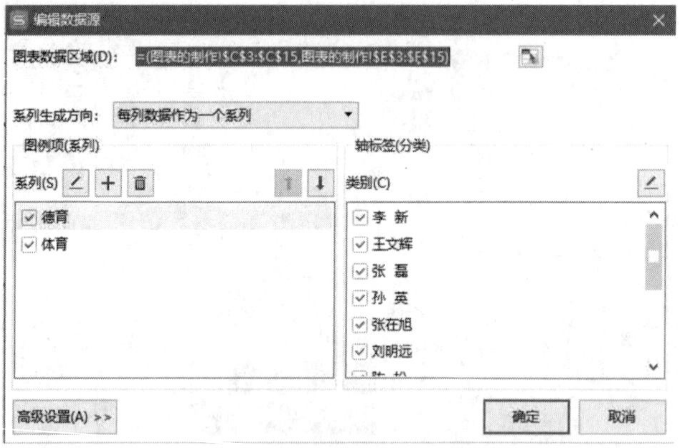

图 2-7-8“编辑数据源”对话框

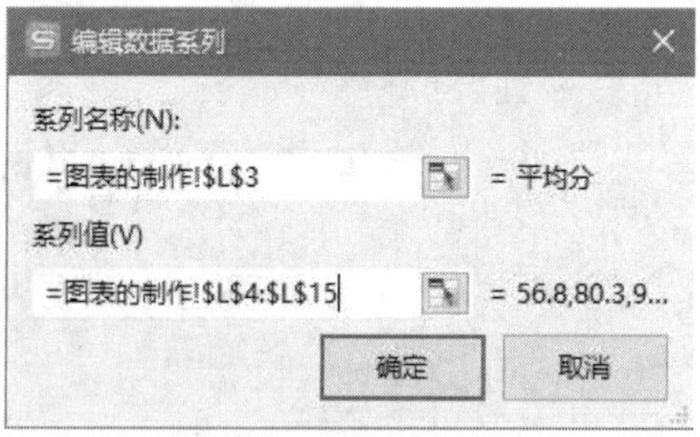

图 2-7-9“编辑数据系列”对话框

添加“平均销量”数据系列后的最终效果如图 2-7-10 所示。

（4）移动图表。

右击“学生成绩”图表，弹出快捷菜单，选择“移动图表”命令，弹出“移动图表”对话框。选择“新工作表”单选按钮，并将新工作表命名为“学生成绩表”，如图 2-7-11 所示，单击“确定”按钮即可。

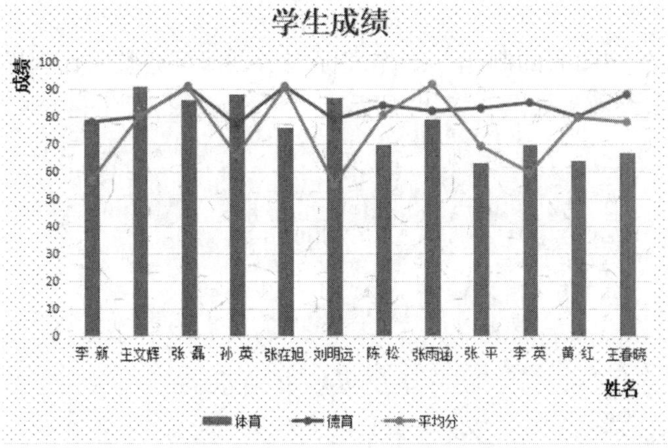

图 2-7-10 数据系列设置效果

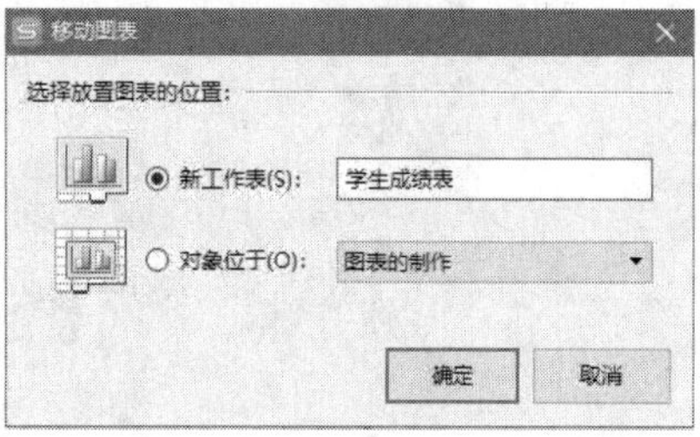

图 2-7-11 “移动图表”对话框

（5）删除数据系列。

在“学生成绩”图表中，分别选中“德育”“体育”数据系列，然后右击，弹出快捷菜单，选择“删除”命令，此时图表中只剩下“平均分”数据系列。

（6）对“平均分”数据系列添加数据标签。

右击“平均分”数据系列的折线，弹出快捷菜单，选择“添加数据标签”命令，为“平均分”数据系列添加数值。

（7）对“平均分”数据系列进行格式设置。

右击“平均分”数据系列的折线，弹出快捷菜单，选择“设置数据系列格式”命令，弹出“属性”窗格，可对“平均分”数据系列进行各种设置。例如，将线条设置为“紫色、实线”，线型宽度设置为“2 磅”；数据标记的选项设置为“内置”，类型设置为“三角形”，大小设置为“10”，填充设置为“纯色－栗色渐变”，如图 2-7-12、图 2-7-13 所示，单击“插入”按钮，选定“垂直（值）轴”，右键选择“设置坐标轴格式”，修改边界最小值为 40。

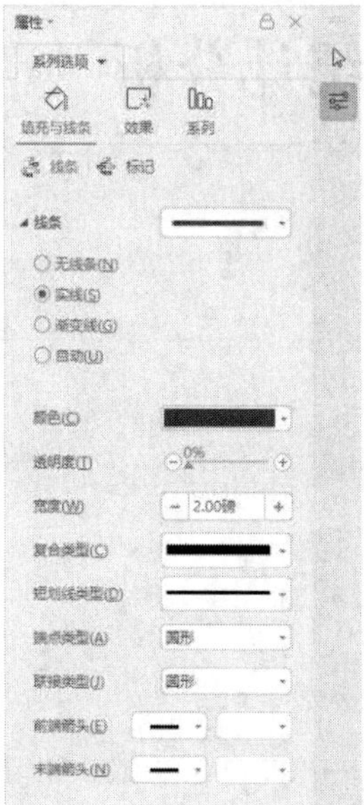

图 2-7-12 设置线条

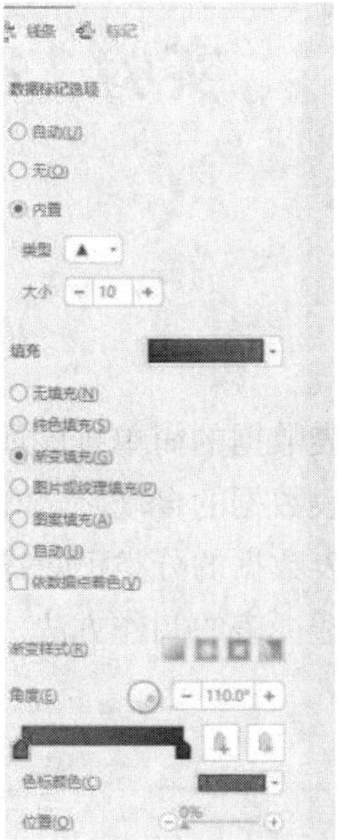

图 2-7-13 设置数据标记选项

（8）调整工作表位置。

拖曳“学生成绩表”工作表标签到“图表的制作”工作表标签后，即可调整工作表顺序为“图表的制作”“学生成绩表”，最终效果如图 2-7-14 所示。

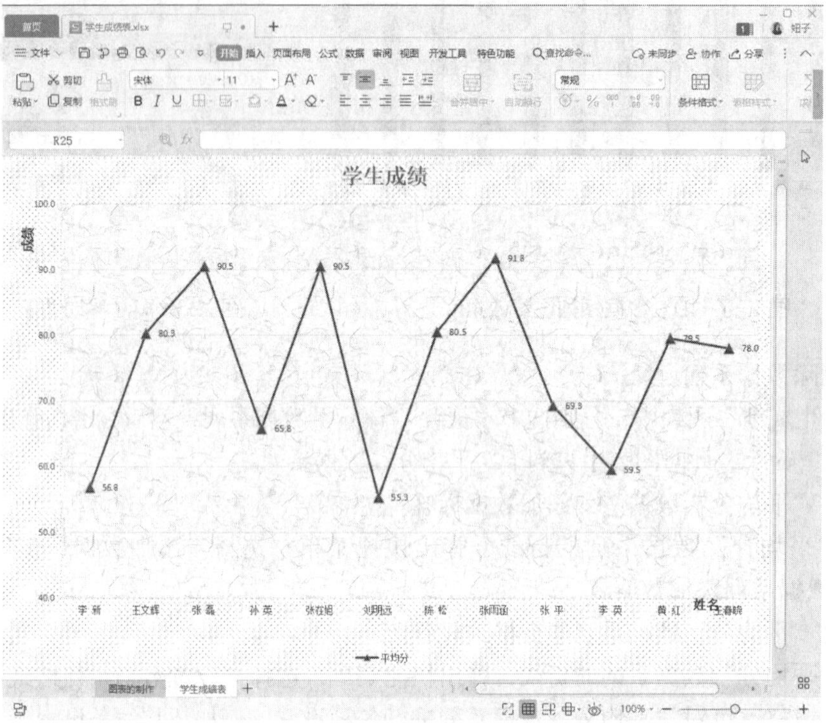

图 2-7-14 “学生成绩表”图表设置效果

实验 2.8　数据统计分析

【实验目的】

（1）掌握工作表数据的简单排序和复杂排序。

（2）掌握工作表数据的自动筛选和高级筛选。

（3）掌握工作表数据的分类汇总操作。

（4）熟悉数据透视表的制作方法。

【实验环境】

Windows 10 和 WPS Office 教育考试专用版。

【实验内容及操作步骤】

1. 建立“简单排序”“复杂排序”等多个工作表

先打开“学生成绩表.et”工作簿，复制“公式和函数的使用”工作表，对新建的工作表重命名，建立“简单排序”工作表。用同样的方法，分别建立“复杂排序”“自动筛选”“高级筛选”“分类汇总”“数据透视表”工作表。

2. 数据排序

WPS 表格中的数据排序分为简单排序和复杂排序。

（1）按照平均分进行降序的简单排序。

简单排序指只对一行或者一列数据进行排序，而且排序的数据单元格应具有相同的大小。

在“简单排序”工作表中，右击第 2 行行号，从快捷菜单中选择“删除”命令，即可删除第 2 行。选择 L3:L15 单元格区域的数据，即“平均分”数据区域，然后单击“开始”→“排序”→“降序”命令，如图 2-8-1 所示。这时，弹出“排序警告”对话框，“给出排序依据”默认是“扩展选定区域”，如图 2-8-2 所示，单击“排序”按钮即可按照平均分进行简单排序。

图 2-8-1　简单排序的设置

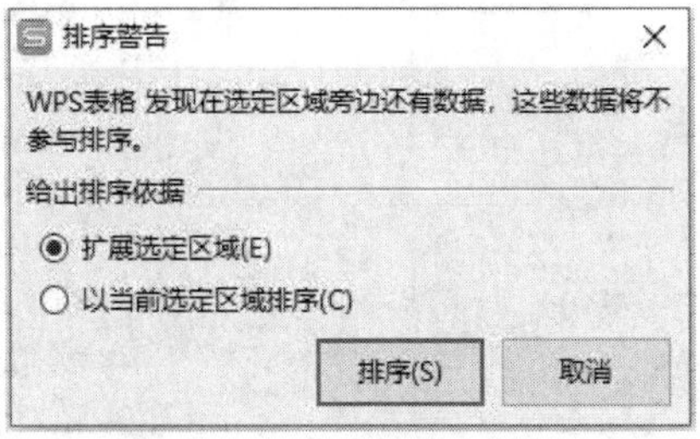

图 2-8-2　排序依据的选择

（2）先按总分进行降序排序，再对体育成绩进行升序的复杂排序。

复杂排序是对多行或多列进行排序，排序中使用了多项关键字。在“复杂排序”工作表中，选择要排序的 A3:M15 单元格区域，单击“开始”→“排序”→“自定义排序”命令，弹出“排序”对话框。单击“排序”对话框上方的“添加条件”按钮，可根据需要添加次要关键字、第三关键字等，在关键字的“列”下拉列表框中选择要作为关键字的列名称，在“次序”下拉列表框中选择排序方式，如图 2-8-3 所示，最后单击“确定”按钮。

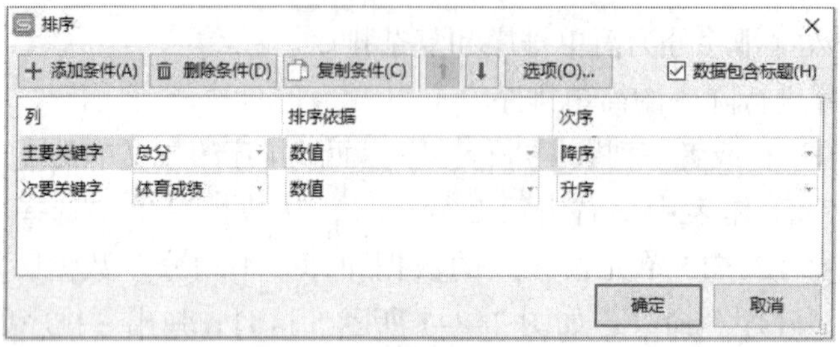

图 2-8-3　复杂排序

3. 数据的筛选

筛选分为自动筛选和高级筛选。

（1）利用自动筛选功能筛选出平均分大于或等于 80 的男生信息。

在“自动筛选”工作表中，选取 A3:M15 单元格区域，单击“开始”→“筛选”→“筛选”命令，然后被选定的数据区域每一列的标题单元格将出现一个下拉按钮。单击“性别”列的下拉按钮，选择“男”筛选条件，接着单击“平均分”列的下拉按钮，选择“数字筛选”中的“大于或等于”条件，如图 2-8-4 所示。在弹出的“自定义自动筛选方式”对话框中按要求设置数据为“80”，如图 2-8-5 所示。筛选结果如图 2-8-6 所示。

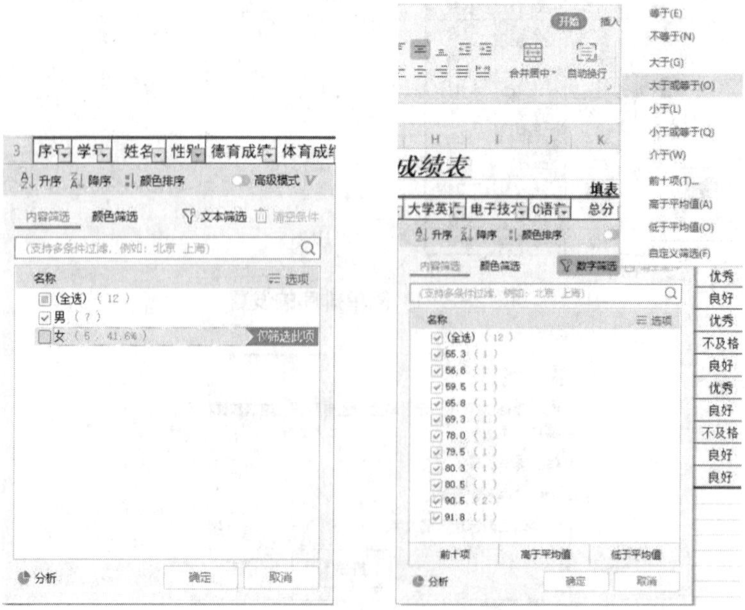

图 2-8-4　自动筛选

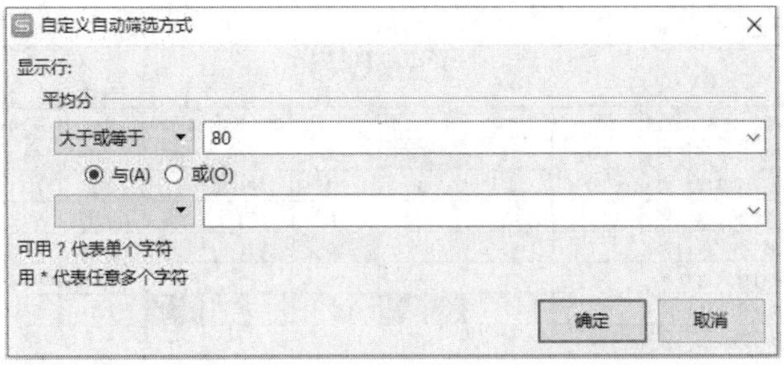

图 2-8-5 “自定义自动筛选方式”对话框

	A	B	C	D	E	F	G	H	I	J	K	L	M
1	学生成绩表												
2											填表日期：2024年6月6日		
3	序号	学号	姓名	性别	德育	体育	高等数学	大学英语	电子技术	C语言	总分	平均分	等级
5	2	0102	王文辉	男	80	91	89	77	84	71	321	80.3	良好
6	3	0103	张　磊	男	91	86	86	98	79	99	362	90.5	优秀
8	5	0105	张在旭	男	91	76	90	98	89	85	362	90.5	优秀
10	7	0107	陈　松	男	84	70	88	67	88	79	322	80.5	良好

图 2-8-6　自动筛选的最终结果

（2）利用高级筛选功能筛选出平均分大于或等于 80 的男生信息。

自动筛选有一定的局限性，一次只能针对一个字段（或者一列）设定筛选条件。高级筛选可以同时针对多列设定多个筛选条件，并且可以将筛选结果直接复制到工作表的其他位置。

使用高级筛选前必须在工作表的适当位置建立条件区域。同一条件行不同单元格的条件为逻辑与（AND）的关系，不同条件行不同单元格的条件为逻辑或（OR）的关系。

在“高级筛选”工作表中，在 A18:B19 单元格区域设置筛选条件：在 A18、B18 单元格中分别输入“性别”“平均分”，在 A19、B19 单元格中分别输入“男”“>=80”。然后选定 A3:M15 单元格区域，单击“开始”→“筛选”→“高级筛选”命令，弹出“高级筛选”对话框。在“高级筛选”对话框中选择“将筛选结果复制到其它位置”单选按钮，设置“列表区域”为“\$A\$3：\$M\$15”，“条件区域”为“\$A\$18：\$B\$19”，“复制到”为“\$A\$21”，如图 2-8-7 所示，单击“确定”按钮，补齐筛选结果中缺失的边框，高级筛选结果如图 2-8-8 所示。

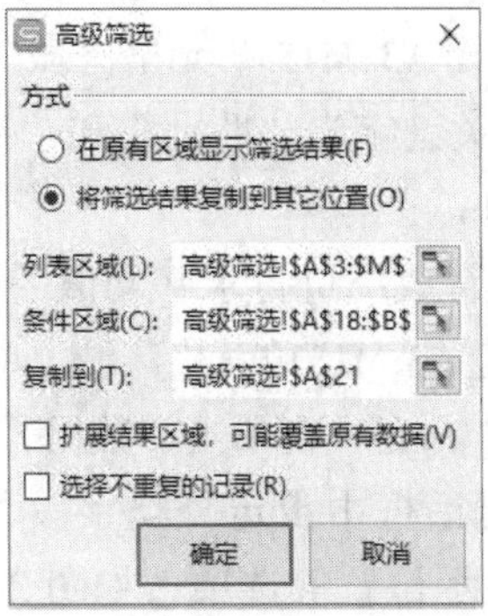

图 2-8-7“高级筛选”对话框

学生成绩表

填表日期：2024年6月6日

序号	学号	姓名	性别	德育	体育	高等数学	大学英语	电子技术	C语言	总分	平均分	等级
1	0101	李　新	男	78	79	39	61	62	65	227	56.8	不及格
2	0102	王文辉	男	80	91	89	77	84	71	321	80.3	良好
3	0103	张　磊	男	91	86	86	98	79	99	362	90.5	优秀
4	0104	孙　英	女	77	88	63	45	71	84	263	65.8	良好
5	0105	张在旭	男	91	76	90	98	89	85	362	90.5	优秀
6	0106	刘明远	男	79	87	45	62	67	47	221	55.3	不及格
7	0107	陈　松	男	84	70	88	67	88	79	322	80.5	良好
8	0108	张雨涵	女	82	79	95	94	80	98	367	91.8	优秀
9	0109	张　平	男	83	63	44	77	96	60	277	69.3	良好
10	0110	李　英	女	85	70	77	70	28	63	238	59.5	不及格
11	0111	黄　红	女	80	64	63	81	86	88	318	79.5	良好
12	0112	王春晓	女	88	67	94	82	71	65	312	78.0	良好

性别	平均分
男	>=80

序号	学号	姓名	性别	德育	体育	高等数学	大学英语	电子技术	C语言	总分	平均分	等级
2	0102	王文辉	男	80	91	89	77	84	71	321	80.3	良好
3	0103	张　磊	男	91	86	86	98	79	99	362	90.5	优秀
5	0105	张在旭	男	91	76	90	98	89	85	362	90.5	优秀
7	0107	陈　松	男	84	70	88	67	88	79	322	80.5	良好

图2-8-8　“与”关系高级筛选

如果筛选条件不在一行，那么筛选结果如图 2–8–9 所示，表示筛选出性别为男或平均分大于等于 80 的信息。

性别	平均分
男	
	>=80

序号	学号	姓名	性别	德育	体育	高等数学	大学英语	电子技术	C语言	总分	平均分	等级
1	0101	李　新	男	78	79	39	61	62	65	227	56.8	不及格
2	0102	王文辉	男	80	91	89	77	84	71	321	80.3	良好
3	0103	张　磊	男	91	86	86	98	79	99	362	90.5	优秀
5	0105	张在旭	男	91	76	90	98	89	85	362	90.5	优秀
6	0106	刘明远	男	79	87	45	62	67	47	221	55.3	不及格
7	0107	陈　松	男	84	70	88	67	88	79	322	80.5	良好
8	0108	张雨涵	女	82	79	95	94	80	98	367	91.8	优秀
9	0109	张　平	男	83	63	44	77	96	60	277	69.3	良好

图2-8-9　“或”关系高级筛选

4. 数据的分类汇总

对数据进行分类汇总，必须先对要进行分类汇总的数据进行排序，排序的关键字与分类汇总的分类字段相同。此处要按照性别和平均分对学生成绩表进行分类汇总，所以要把这两个字段作为排序的关键字。

（1）按照性别和平均分对“学生成绩表”的数据进行排序。

在“分类汇总”工作表中，选择 A3: M15 单元格区域，单击“数据”选项卡中的“排序”按钮，弹出“排序”对话框，设置关键字为“性别”和“平均分”，“次序”均为“升序”，如图 2–8–10 所示，单击“确定”按钮。

（2）按照性别对德育成绩和体育成绩进行求平均值的汇总操作。

在“分类汇总”工作表中，选定A3:M15单元格区域，单击“开始”→“条件格式”→“清除规则”→“清除所选单元格规则”命令；再单击“数据”→“分类汇总”命令，弹出“分类汇总”对话框。在“分类汇总”对话框中设定分类字段、汇总方式、汇总项，以及是否要替换当前分类汇总，汇总结果的显示位置等选项，如图 2–8–11 所示。完成分类汇总后，工作表的显示方式会发生变化，如图 2–8–12 所示。

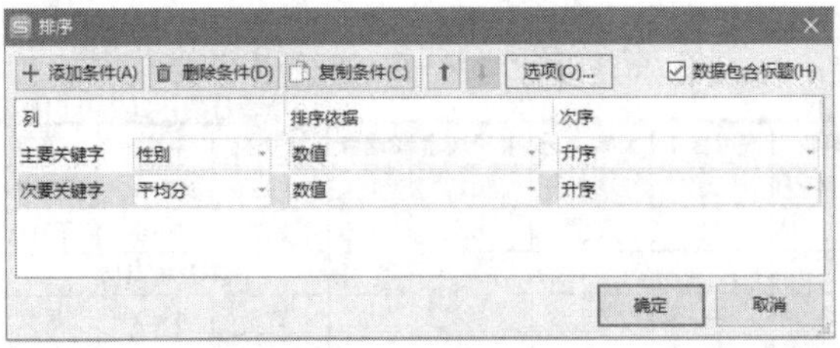

图 2-8-10　“排序”对话框

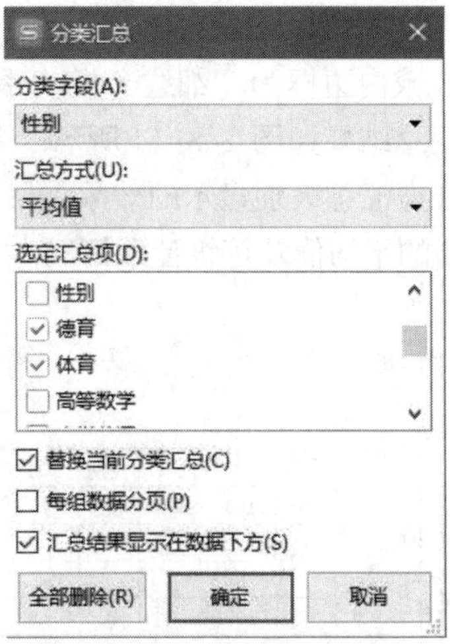

图 2-8-11 “分类汇总”对话框

学生成绩表

填表日期：2024年6月6日

序号	学号	姓名	性别	德育	体育	高等数学	大学英语	电子技术	C语言	总分	平均分	等级
6	0106	刘明远	男	79	87	45	62	67	47	221	55.3	不及格
1	0101	李　新	男	78	79	39	61	62	65	227	56.8	不及格
9	0109	张　平	男	83	63	44	77	96	60	277	69.3	良好
2	0102	王文辉	男	80	91	89	77	84	71	321	80.3	良好
7	0107	陈　松	男	84	70	88	67	88	79	322	80.5	良好
3	0103	张　磊	男	91	86	86	98	79	99	362	90.5	优秀
5	0105	张在旭	男	91	76	90	98	89	85	362	90.5	优秀
			男 平均	83.71429	78.85714							
10	0110	李　英	女	85	70	77	70	28	63	238	59.5	不及格
4	0104	孙　英	女	77	88	63	45	71	84	263	65.8	良好
12	0112	王春晓	女	88	67	94	82	71	65	312	78.0	良好
11	0111	黄　红	女	80	64	63	81	86	88	318	79.5	良好
8	0108	张雨涵	女	82	79	95	94	80	98	367	91.8	优秀
			女 平均	82.4	73.6							
			总平均值	83.16667	76.66667							

图 2-8-12　分类汇总的结果

（3）删除分类汇总。

在“分类汇总”工作表中，选取 A3:M18 单元格区域，单击“数据”→“分类汇总”命令，弹出“分类汇总”对话框。在“分类汇总”对话框中单击“全部删除”按钮即可删除分类汇总操作。

（4）先对“性别”字段分类汇总，再对“等级”字段进行计数的二次分类汇总操作。

在“分类汇总”工作表中，再次选取 A3:M15 单元格区域，重复前面的分类汇总操作，完成“性别”字段对“德育”和“体育”汇总项进行求平均值的一次分类汇总。在此分类汇总的基础上，再次单击“分类汇总”命令对“等级”字段进行计数的二次分类汇总，在“分类汇总”对话框中取消勾选“替换当前分类汇总”复选框，如图 2-8-13 所示，单击“确定”按钮。

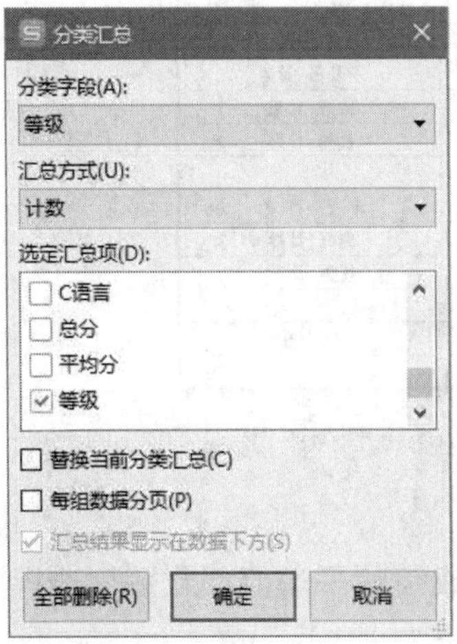

图 2-8-13　二次分类汇总设置

选取 A3:M25 单元格区域，打开“单元格格式”对话框，单击“边框”选项卡，设置单元格区域内边框为“细线（样式中的第一列最后一个）、深红”，单击“确定”按钮，二次分类汇总结果如图 2-8-14 所示。单击左侧的“级别显示”按钮 3，使得级别 3 都显示“+”号，分类汇总级别显示的效果如图 2-8-15 所示，可直观地看出男生和女生的德育成绩和体育成绩的平均值及等级计数情况。

学生成绩表

填表日期：2024年6月6日

行	序号	学号	姓名	性别	德育	体育	高等数学	大学英语	电子技术	C语言	总分	平均分	等级
4	6	0106	刘明远	男	79	87	45	62	67	47	221	55.3	不及格
5	1	0101	李　新	男	78	79	39	61	62	65	227	56.8	不及格
6												不及格 计数	2
7	9	0109	张　平	男	83	63	44	77	96	60	277	69.3	良好
8	2	0102	王文辉	男	80	91	89	77	84	71	321	80.3	良好
9	7	0107	陈　松	男	84	70	88	67	88	79	322	80.5	良好
10												良好 计数	3
11	3	0103	张　磊	男	91	86	86	98	79	99	362	90.5	优秀
12	5	0105	张在旭	男	91	76	90	98	89	85	362	90.5	优秀
13												优秀 计数	2
14				男 平均	83.71429	78.85714							
15	10	0110	李　英	女	85	70	77	70	28	63	238	59.5	不及格
16												不及格 计数	1
17	4	0104	孙　英	女	77	88	63	45	71	84	263	65.8	良好
18	12	0112	王春晓	女	88	67	94	82	71	65	312	78.0	良好
19	11	0111	黄　红	女	80	64	63	81	86	88	318	79.5	良好
20												良好 计数	3
21	8	0108	张雨涵	女	82	79	95	94	80	98	367	91.8	优秀
22												优秀 计数	1
23				女 平均	82.4	73.6							
24												总计数	12
25				总平均	83.16667	76.66667							

图 2-8-14　二次分类汇总结果

学生成绩表

填表日期：2024年6月6日

行	序号	学号	姓名	性别	德育	体育	高等数学	大学英语	电子技术	C语言	总分	平均分	等级
6												不及格 计数	2
10												良好 计数	3
13												优秀 计数	2
14				男 平均	83.71429	78.85714							
16												不及格 计数	1
20												良好 计数	3
22												优秀 计数	1
23				女 平均	82.4	73.6							
24												总计数	12
25				总平均	83.16667	76.66667							

图 2-8-15　级别显示效果

5. 数据透视表的制作

在“数据透视表”工作表中，按照性别对德育成绩和体育成绩的平均值创建数据透视表，步骤如下。

首先，选择 A3:M15 单元格区域，单击“插入”→“数据透视表”命令，弹出“创建数据透视表”对话框。在“创建数据透视表”对话框中，选择数据源和放置数据透视表的位置，如图 2-8-16 所示，单击“确定”按钮。

其次，在“数据透视表”字段列表中选择要添加到报表的字段，勾选相应复选框即可，添加“性别”“德育”“体育”字段，则在下方的“列”“行”“值”框中显示相应的字段。

最后，在“值”项下方的字段上单击，在弹出的菜单中选择“值字段设置”命令，打开“值字段设置”对话框。在此对话框中，可以选择求和、计数、求平均值等计算类型，本例选择“平均值”，如图 2-8-17 所示。创建数据透视表的结果如图 2-8-18 所示。

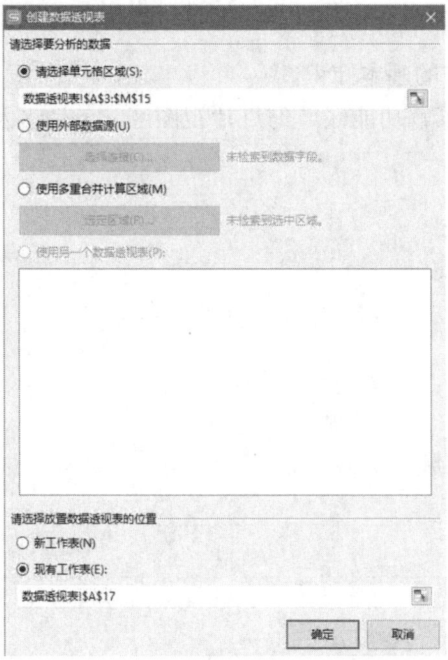

图 2-8-16　“创建数据透视表”对话框

图 2-8-17　“值字段设置”对话框

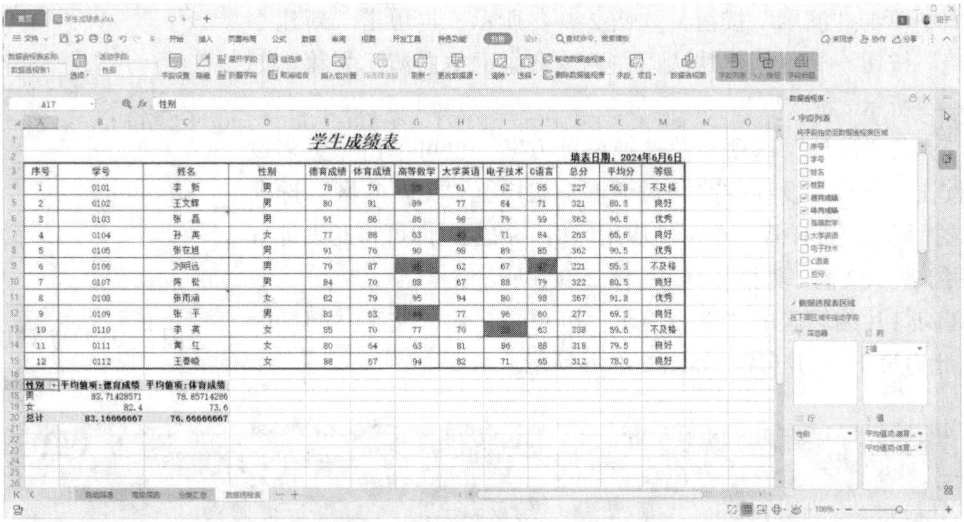

图 2-8-18　创建数据透视表的结果

实验 2.9　WPS 演示的基本操作（1）

【实验目的】

（1）掌握 WPS 演示的运行方式和幻灯片制作的基本知识。

（2）掌握 WPS 演示的基本操作界面组成；了解功能区、幻灯片视图区、备注区及状态栏的作用；熟悉常用功能区选项卡的使用方法。

（3）掌握演示文稿方案的设计。

（4）掌握插入文本、图片、艺术字等的方法。

（5）掌握幻灯片制作、放映的过程。

【实验环境】

中文 Windows 10 和 WPS Office 教育考试专用版。

【实验内容及操作步骤】

（1）启动 WPS 演示。

单击“开始”→ WPS Office →“WPS Office 教育考试专用版”命令，进入 WPS Office 教育考试专用版界面。单击“新建”按钮，如图 2-9-1 所示，在新建界面中单击“演示”按钮，如图 2-9-2 所示，再单击“新建空白文档”按钮，即可创建默认以白色为背景的空白演示文稿，如图 2-9-3 所示。

图 2-9-1　新建按钮

（2）在“设计”选项卡中选择设计方案，也可单击“更多设计”按钮，弹出“设计方案”对话框，切换至“免费专区”选项卡，选择相应模板样式，单击“应用风格”按钮，即可将此设计方案应用于演示文稿，如图 2-9-4、图 2-9-5 所示。

在幻灯片编辑区的“空白演示”处单击，输入文字“胡杨简介”，此为第 1 张幻灯片，如图 2-9-6 所示。

图 2-9-2　单击“演示”按钮

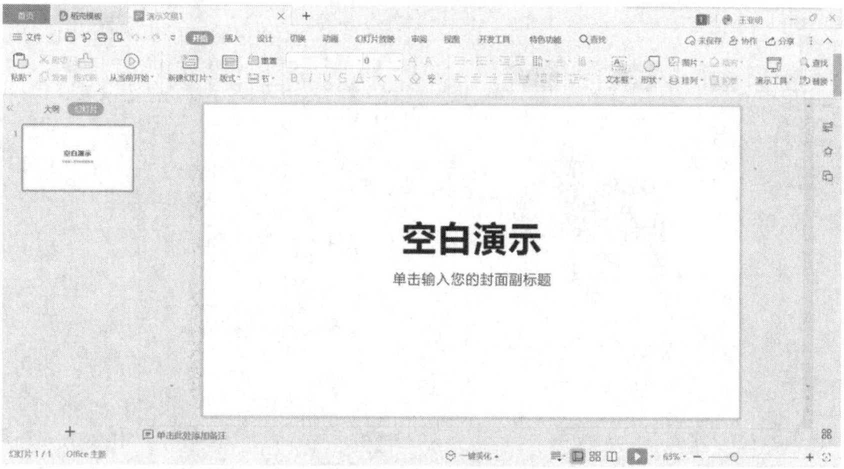

图 2-9-3　新建空白演示文稿

图 2-9-4　选择设计方案

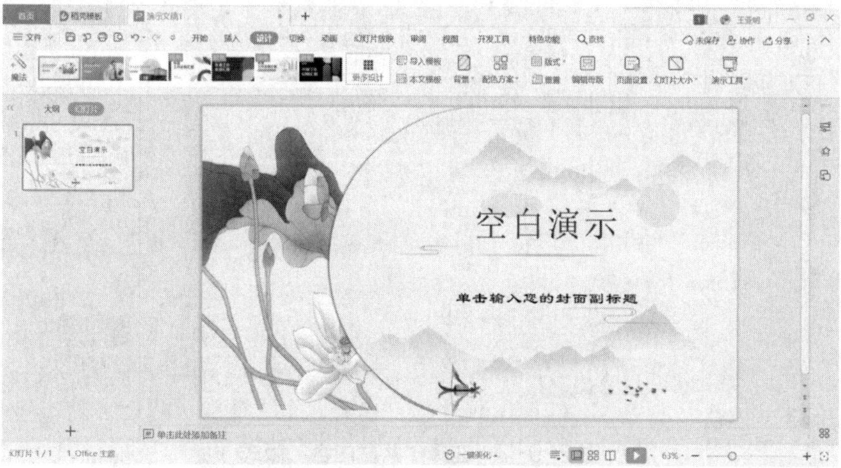

图 2-9-5　设计方案显示效果

图2-9-6　第1张幻灯片

（3）制作第2张幻灯片。

单击“开始”选项卡中的“新建幻灯片”下拉按钮，在弹出的下拉列表中选择“两栏内容”，或直接单击“新建幻灯片”按钮创建一张新幻灯片，然后单击“版式”按钮，为幻灯片选择“两栏内容”版式，如图2–9–7所示。按图2–9–8样式输入文字，右击左边占位符，在弹出的快捷菜单中选择“设置对象格式”命令，在弹出的“对象属性”窗格中选择“形状选项”→“大小与属性”进行如下设置：在“大小”组中设置高度为4厘米、宽度为6.5厘米，在“位置”组中设置水平位置为4.52厘米、垂直位置为8.45厘米，如图2–9–9、图2–9–10所示。对右边占位符进行如下设置：在“大小”组中设置高度为4厘米、宽度为6.5厘米，在“位置”组中设置水平位置为17.35厘米、垂直位置为4.25厘米。

图2-9-7　选择“两栏内容”版式

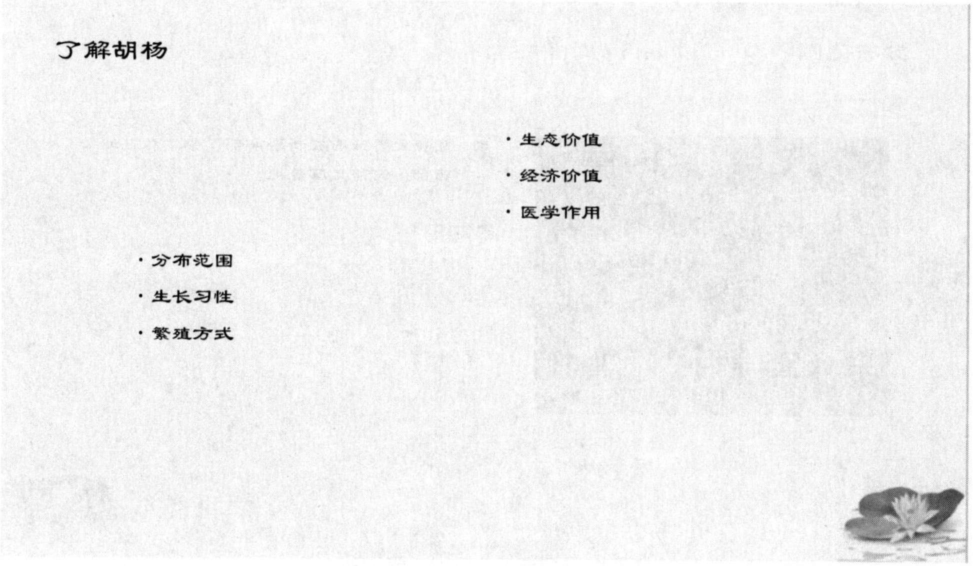

图 2-9-8　第 2 张幻灯片

图 2-9-9　设置占位符大小

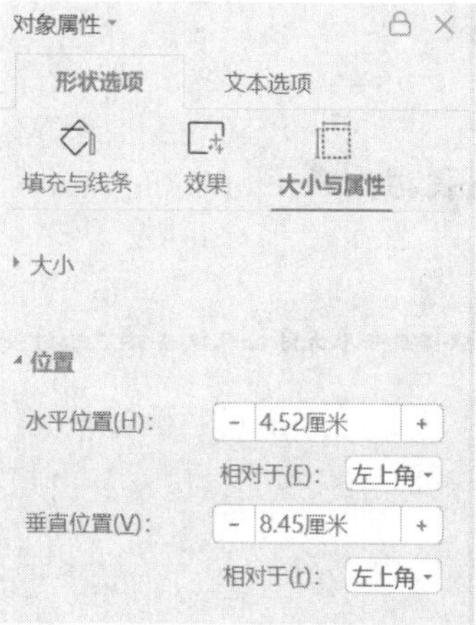

图 2-9-10　设置占位符位置

（4）制作第 3 张幻灯片。

单击“开始”选项卡中的“新建幻灯片”下拉按钮，在弹出的下拉列表中选择“两栏内容”。单击左侧文本编辑区的“图片”按钮，插入图片“胡杨 1.jpg”，在“图片工具”选项卡或“对象属性”窗格中设置高度为 9.56 厘米、宽度为 12.58 厘米、水平位置为 2.62 厘米、垂直位置为 4.74 厘米，在右侧输入内容“胡杨主要分布在新疆南部、柴达木盆地西部、河西走廊等地。”并设置文本框高度为 10 厘米、宽度为 14.68 厘米，水平位置为 17.40 厘米、垂直位置为 4.60 厘米，效果如图 2-9-11 所示。

分布范围
·胡杨主要分布在新疆南部、柴达森盆地
西部、河西走廊等地。

图 2-9-11　第 3 张幻灯片

（5）制作第 4 张幻灯片。

单击“开始”选项卡中的“新建幻灯片”下拉按钮，在弹出的下拉列表中选择版式为“标题和内容”。在标题处输入“生长习性”，单击内容处，按 Enter 键输入两空行再输入“胡杨是干旱大陆性气候条件下的树种，喜光、抗热、抗大气干旱、抗盐碱、抗风沙。”效果如图 2-9-12 所示。

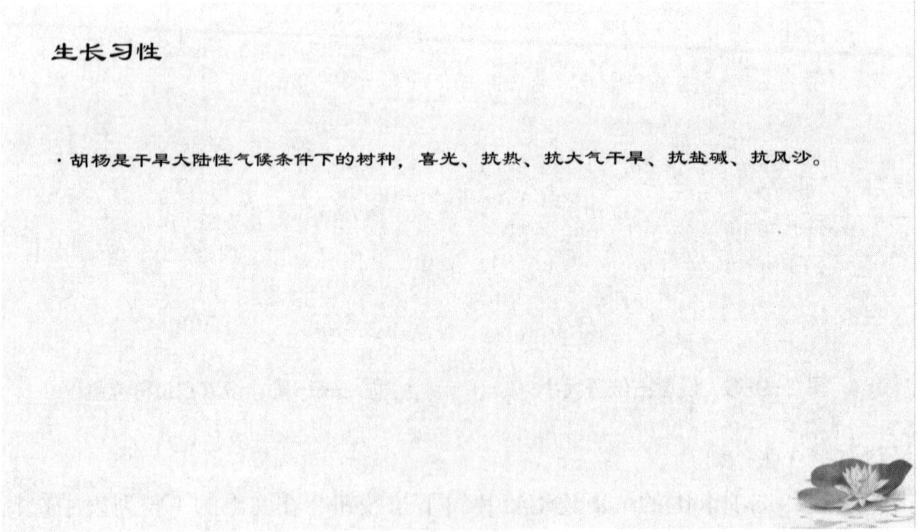
生长习性
·胡杨是干旱大陆性气候条件下的树种，喜光、抗热、抗大气干旱、抗盐碱、抗风沙。

图 2-9-12　第 4 张幻灯片

（6）制作第 5 张幻灯片。

单击“开始”选项卡中的“新建幻灯片”旁边的下拉按钮，在弹出的下拉列表中选择版式为“仅标题”，在标题处输入文字“繁殖方式”。单击“插入”选项卡中的“艺术字”下拉按钮，在弹出的下拉列表中选择“填充－黑色，文本 1，阴影”，如图 2-9-13 所示。在幻灯片的“请在此处输入文字”处输入文字“自然繁殖、人工育苗均可。胡杨主要用种子繁殖，插条难以成活。2~4 年生苗即可造林，直播造林或植苗造林均可。”

图 2-9-13　选择艺术字样式

选中所输入艺术字，设置字号大小为 28。适当地分段后利用“开始”选项卡为文字设置箭头项目符号，效果如图 2-9-14 所示。

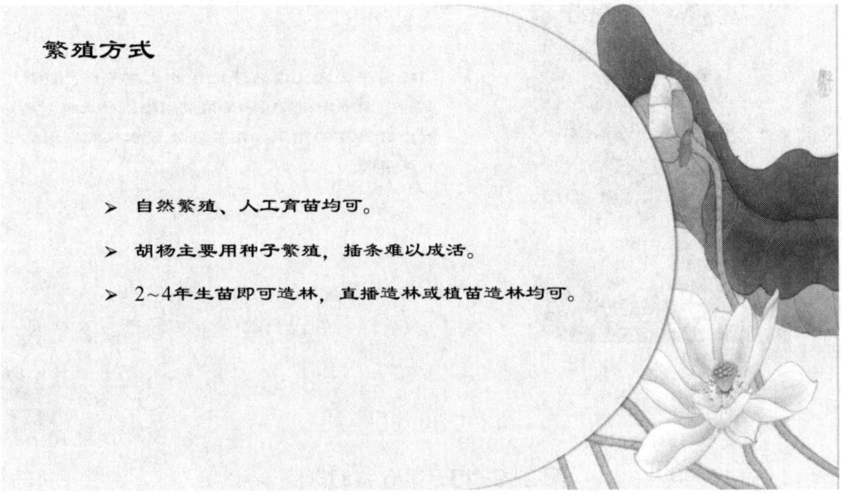

图 2-9-14　第 5 张幻灯片

（7）制作第 6 张幻灯片。

单击“开始”选项卡中的“新建幻灯片”下拉按钮，在弹出的下拉列表中选择版式为“图片与标题”。输入标题为“生态价值”，在文本框内输入“胡杨对于稳定荒漠河流地带的生态平衡、防风固沙、调节绿洲气候和形成肥沃的森林土壤，具有十分重要的作用，是荒漠地区农牧业发展的天然屏障。”在幻灯片左边的编辑区单击“图片”按钮，将“胡杨 2.jpg”插入到该张幻灯片内。单击该图片，再单击图片右侧出现的“图片边框”按钮，为图片选择边框，如图 2-9-15 所示。在“对象属性”窗格的“大小与属性”选项卡中的“大小”组设置高度为 12.85 厘米、宽度为 9.68 厘米。选中右边文本框，设置高度为 6.8 厘米、宽度为 14.68 厘米，水平位置为 15.8 厘米、垂直位置为 6.2 厘米，效果如图 2-9-16 所示。

图 2-9-15　单击“图片边框”按钮

生态价值
胡杨对于稳定荒漠河流地带的生态平衡、防风固沙、调节绿洲气候和形成肥沃的森林土壤，具有十分重要的作用，是荒漠地区农牧业发展的天然屏障。

图 2-9-16　第 6 张幻灯片

（8）制作第 7 张幻灯片。

单击“开始”选项卡中的“新建幻灯片”下拉按钮，在弹出的下拉列表中选择版式为“左右”。输入标题“经济价值”，在左侧文本框内输入“胡杨全身是宝”，在右侧文本框内输入“木材柔韧，耐水耐腐，有美丽的花纹，是制作三合板、木地板的好材料；树叶含丰富的蛋白质和盐类，是牲畜过冬的好饲料；胡杨碱具有抗炎、抗氧化、抗肿瘤、免疫调节、降血压和保护神经系统等多种作用和功效。”适当地分段、调整文本位置，效果如图 2-9-17 所示。

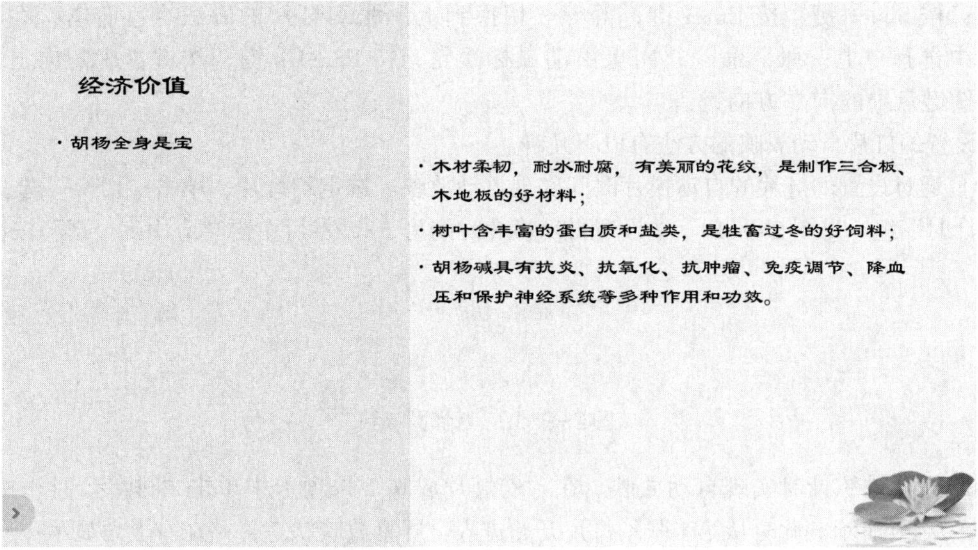
经济价值
· 胡杨全身是宝
· 木材柔韧，耐水耐腐，有美丽的花纹，是制作三合板、木地板的好材料；
· 树叶含丰富的蛋白质和盐类，是牲畜过冬的好饲料；
· 胡杨碱具有抗炎、抗氧化、抗肿瘤、免疫调节、降血压和保护神经系统等多种作用和功效。

图 2-9-17　第 7 张幻灯片

（9）制作第 8 张幻灯片。

单击“开始”选项卡中的“新建幻灯片”下拉按钮，在弹出的下拉列表中选择版式为“两栏内容”。输入标题“医学作用”，单击左侧编辑区的“图片”按钮，插入图片“胡杨 3.jpg”，并适当调整图片大小及位置，在右侧文本框内输入“树脂：清热解毒，制酸止痛。根：驱虫。花序：止血。”并适当地分段。效果如图 2-9-18 所示。

医学作用
· 树脂：清热解毒，制酸止痛。
· 根：驱虫。
· 花序：止血。

图 2-9-18　第 8 张幻灯片

（10）幻灯片的放映。

幻灯片的放映方式包括手动放映和自动放映。在手动放映幻灯片时，需要逐张切换幻灯片，切换到下一张幻灯片的方法有：单击；右击，在快捷菜单中选择“下一张”命令；向下滚动鼠标滚轮；按 PageDown 键；按键盘中的向下方向键；按键盘中的向右方向键；按 Space 键；按 Enter 键；等等。切换到上一张幻灯片的方法有：右击，在快捷菜单中选择“上一张”命令；向上滚动鼠标滚轮；按 PageUp 键；按键盘中的向上方向键；按键盘中的向左方向键。

设置幻灯片自动放映的方法有以下几种。

① 通过设置幻灯片的自动换片时间实现自动放映。选定幻灯片，单击“切换”选项卡，在“计时”组（见图 2-9-19）中设置自动换片时间为 5 s，然后单击“应用到全部”按钮。

图 2-9-19 “计时”组

② 通过排练计时实现自动放映。在“幻灯片放映”选项卡中单击“排练计时”按钮，如图 2-9-20 所示。此时从第 1 张幻灯片开始进入全屏幕放映状态，并在左上角显示“预演”工具栏，如图 2-9-21 所示。这时演讲者可以对自己要讲述的内容进行排练，以确定幻灯片的放映时间。

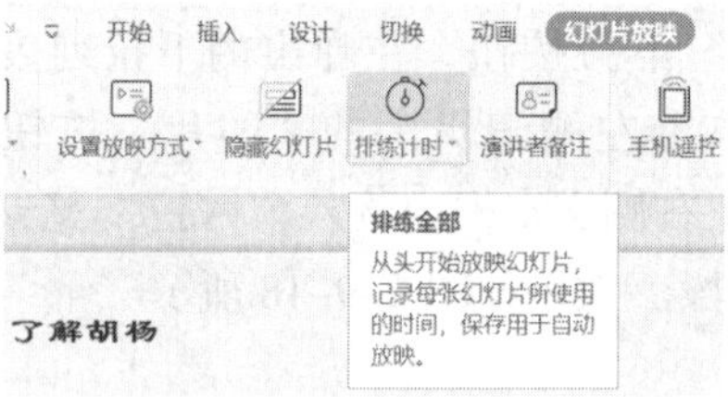

图 2-9-20 “排练计时”按钮

图 2-9-21 “预演”工具栏

③ 单击“幻灯片放映”→“设置放映方式”命令，打开“设置放映方式”对话框，在“放映类型”中选择“展台自动循环放映（全屏幕）”单选按钮，如图 2-9-22 所示，单击“确定”按钮。

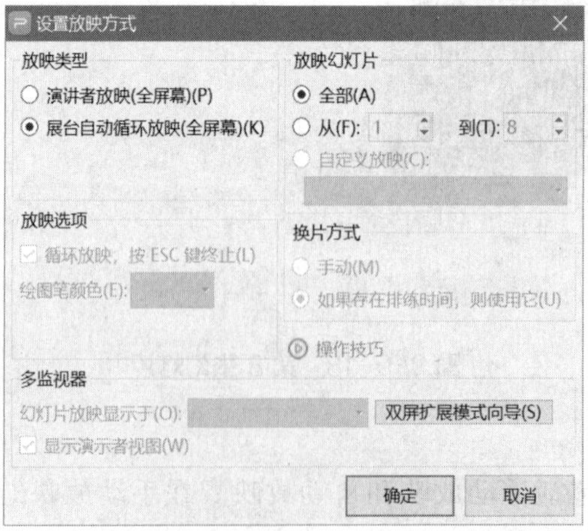

图 2-9-22 “设置放映方式”对话框（1）

幻灯片循环放映的设置方法如下。

单击“幻灯片放映”→“设置放映方式”按钮，打开“设置放映方式”对话框，勾选“循环放映，按 ESC 键终止”复选框，如图 2-9-23 所示，单击“确定”按钮。

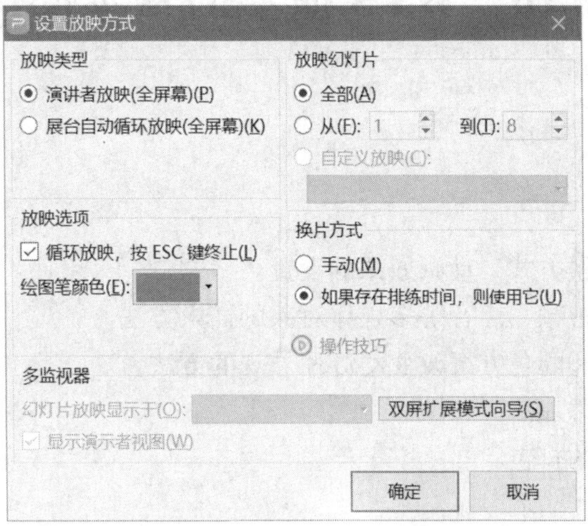

图 2-9-23　“设置放映方式”对话框（2）

（11）幻灯片的隐藏。

可以根据需要隐藏若干张幻灯片，使其在放映时不被显示。隐藏幻灯片操作并没有删除幻灯片，只是放映时将幻灯片隐藏。

在“幻灯片”窗格中选定需要隐藏的幻灯片并右击，然后在快捷菜单中选择“隐藏幻灯片”命令，如图 2-9-24 所示。

图 2-9-24　隐藏幻灯片

实验 2.10　WPS 演示的基本操作（2）

【实验目的】

（1）掌握幻灯片切换方式、动画效果的设置。

（2）掌握幻灯片的视频、声音等多媒体对象的插入方法。

（3）掌握使用母版和配色方案改变幻灯片外观的方法。

（4）掌握超链接的添加。

（5）掌握演示文稿的打包。

【实验环境】

中文 Windows 10 和 WPS Office 教育考试专用版。

【实验步骤及内容】

1. 幻灯片切换方式的设置

在播放幻灯片时，为了让幻灯片之间的切换能够更加流畅和自然，可以为幻灯片设置合适的切换方式。WPS 演示中内置了许多切换效果，使用方法基本相同。可以为一组幻灯片设置同一种切换方式，也可以为每一张幻灯片分别设置不同的切换方式。

选中待设置切换方式的幻灯片，在“切换”选项卡中选择切换的方式，每一种切换方式都有多种效果可以选择。如选择第 1 张幻灯片对应的缩略图，在“切换”选项卡中选择“推出”，然后单击“效果选项”下拉按钮，在下拉列表中选择“向右”选项，如图 2–10–1 所示。还可以为幻灯片切换设置声音及换片速度，如图 2–10–2 所示。按照以上方法为幻灯片设置如下切换方式及效果。

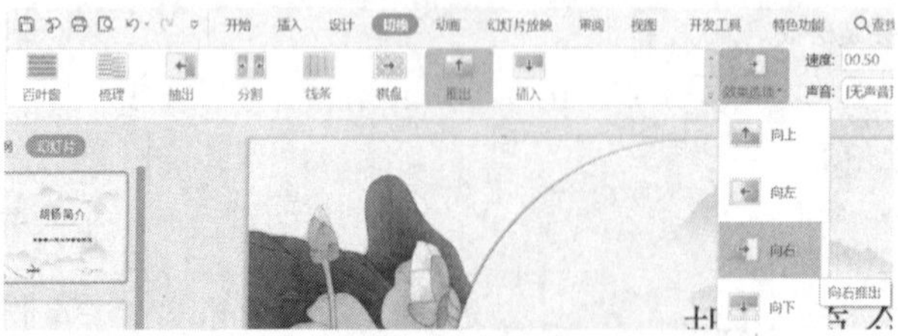

图 2–10–1　幻灯片切换方式效果设置

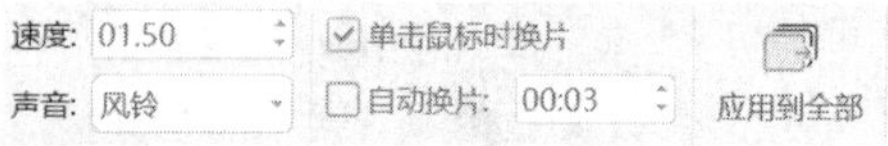

图 2–10–2　设置声音及换片速度

设置第 1 张幻灯片的切换方式为“推出”，效果为“向右”，速度为 1.5 s，声音为“风铃”。

设置第 2 张幻灯片的切换方式为“棋盘”“横向”。

设置第 3 张幻灯片的切换方式为“形状”，效果为“盒状展开”，速度为 2 s。

设置第 4 张幻灯片的切换方式为“梳理”，效果为“垂直”，速度为 1.5 s。

设置第 5 张幻灯片的切换方式为“擦除”，效果为“左下”，速度为 1 s。

设置第 6 张幻灯片的切换方式为“轮辐”，效果为“8 根”，速度为 2 s。

设置第 7 张幻灯片的切换方式为“百叶窗”，效果为“水平”，速度为 2.5 s。

设置第 8 张幻灯片的切换方式为“分割”，效果为“左右展开”。

如果不知道要为演示文稿设置哪种切换方式，或是想要为不同页面设置不固定的切换方式，则可以选择任意幻灯片，在“切换”选项卡中选择“随机”，单击“应用到全部”按钮即可，如图 2–10–3 所示。

胡杨简介
应用到全部
将当前的切换动画、效果和换片方式应用到整个演示文稿。

图 2–10–3　随机切换设置

2. 动画效果的设置

WPS 演示提供了“进入”“退出”“强调”“动作路径”四种不同类型的动画效果。可以为对象单独设置任何一种动画，也可以为对象设置多种动画效果的组合。

（1）“智能动画”功能的使用。

单击“动画”→“智能动画”命令，WPS 会自动识别幻灯片中的图形元素，并推荐相应的动画效果。此外，如果使用了 WPS 的智能模板，还可以智能地应用动画效果，例如，制作分条列举的内容时，选择智能模板后，可以灵活设置逐项强调的动画效果。

（2）“自定义动画”功能的使用。

单击“动画”→“自定义动画”命令，打开“自定义动画”窗格。在这里，可以为特定的对象添加、编辑和删除动画效果。

选中第 1 张幻灯片的标题，单击“动画”选项卡，在“自定义动画”窗格中单击“添加效果”下拉按钮，选择“飞入”效果，如图 2–10–4 所示。

选中第 2 张幻灯片左侧的文本框，设置动画效果为“出现”，在“自定义动画”窗格中单击“生长习性”下拉按钮，选择“效果选项”命令，在弹出的对话框中的“效果”选项卡中，将“声音”设置为“微风”，在“计时”选项卡中，将“开始”设置为“单击时”，“延时”设置为 1 s，如图 2–10–5 所示。当幻灯片中设置了多个动画效果时，选中动画后，可以在“自定义动画”窗格下方单击向上或向下箭头按钮来调整动画效果出现的顺序。

为第 4 张幻灯片设置动画效果：选中下方占位符，设置动画效果为“劈裂”“中央向左右展开”“快速”“延迟 1.5 s”。

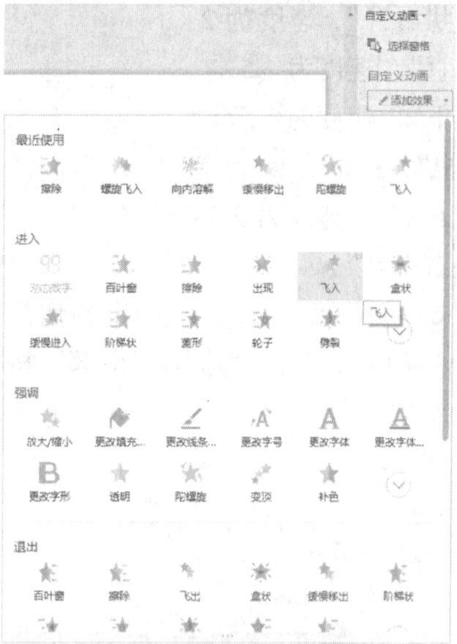

图 2-10-4　选择动画效果

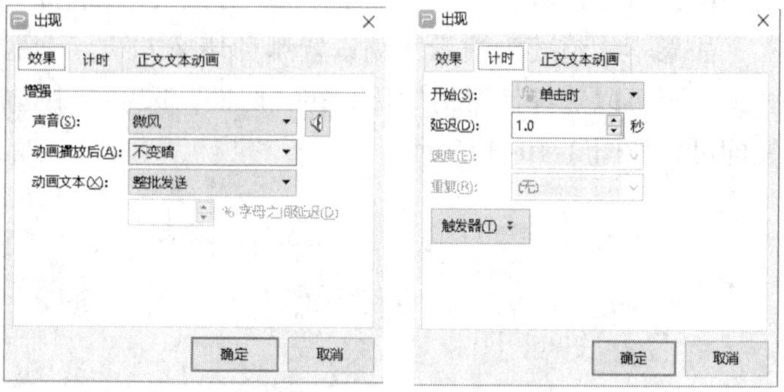

图 2-10-5　动画效果设置

为第 6 张幻灯片设置动画效果：选中右侧占位符，设置动画效果为“弹跳”“慢速”。

为第 8 张幻灯片设置动画效果：选中图片，设置动画效果为“圆形扩展”“外”“快速”；选择右侧占位符，设置动画效果为“缓慢进入”“自底部”“快速”。

3. 母版

母版分为幻灯片母版、讲义母版和备注母版三种。

（1）幻灯片母版。

选定任意幻灯片，在“视图”选项卡下单击“幻灯片母版”按钮，就进入了幻灯片母版视图，如图 2-10-6 所示。默认情况下，在幻灯片母版视图左侧窗格中的第 1 个母版为幻灯片母版，在其中设置的内容和格式将影响当前演示文稿中的所有幻灯片；其下方的多个母版为幻灯片版式母版，在某个幻灯片版式母版中进行的设置将影响使用了对应幻灯片版式的幻灯片。

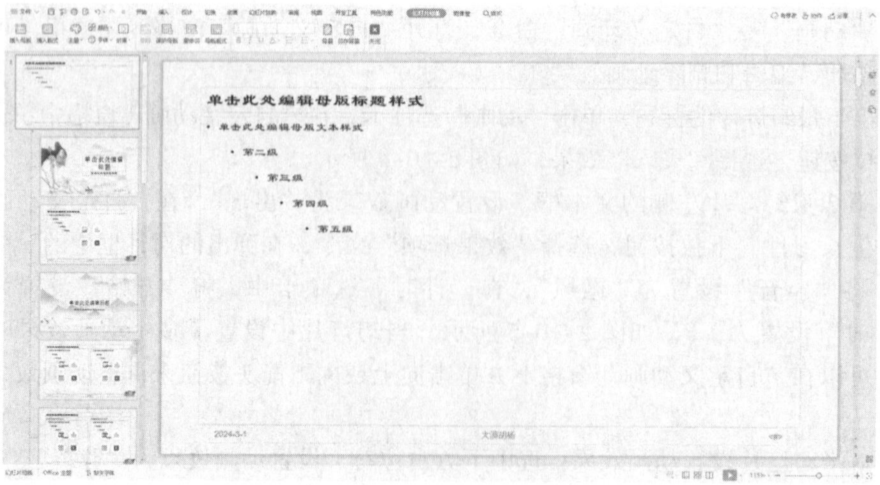

图 2-10-6　幻灯片母版视图

选定“标题幻灯片”幻灯片版式母版，选中“单击此处编辑母版标题样式”，设定字体为“隶书”，字号为“44”。

选定“两栏内容”版式幻灯片母版，选中左、右两侧占位符内的“编辑母版文本样式”，单击“开始”选项卡中的“项目符号”下拉按钮，在弹出的下拉列表中选择“带填充效果的钻石形项目符号”。单击“关闭母版视图”按钮，退出幻灯片母版视图后，两张段落较多的“两栏内容”版式幻灯片效果分别如图 2-10-7、图 2-10-8 所示。

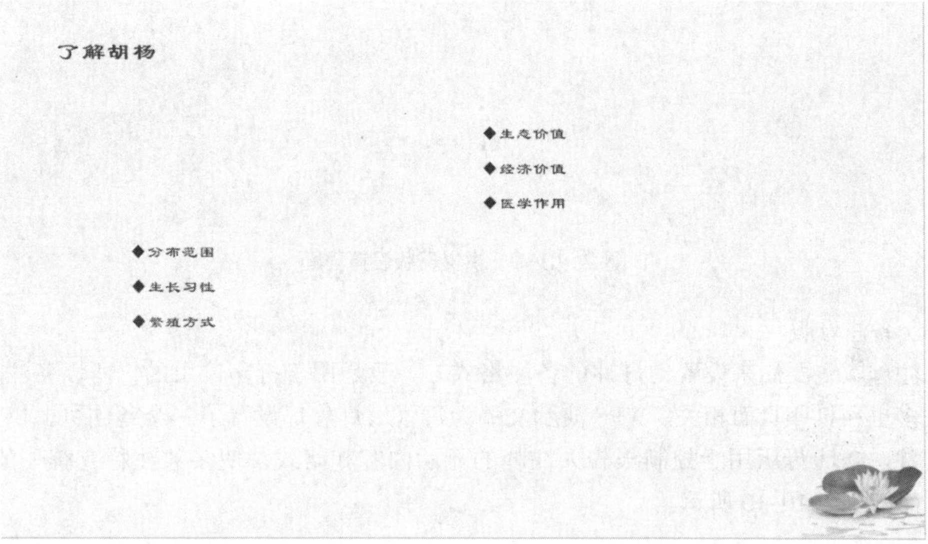
了解胡杨
◆生态价值
◆经济价值
◆医学作用
◆分布范围
◆生长习性
◆繁殖方式

图 2-10-7　通过幻灯片母版设置项目符号效果（1）

医学作用
◆树脂：清热解毒，制酸止痛。
◆根：驱虫。
◆花序：止血。

图 2-10-8　通过幻灯片母版设置项目符号效果（2）

（2）讲义母版。

讲义母版用来控制讲义的打印格式，它允许在一张讲义中设置几张幻灯片，并设置页眉、页脚和页码等基本信息，设置界面如图 2-10-9 所示。

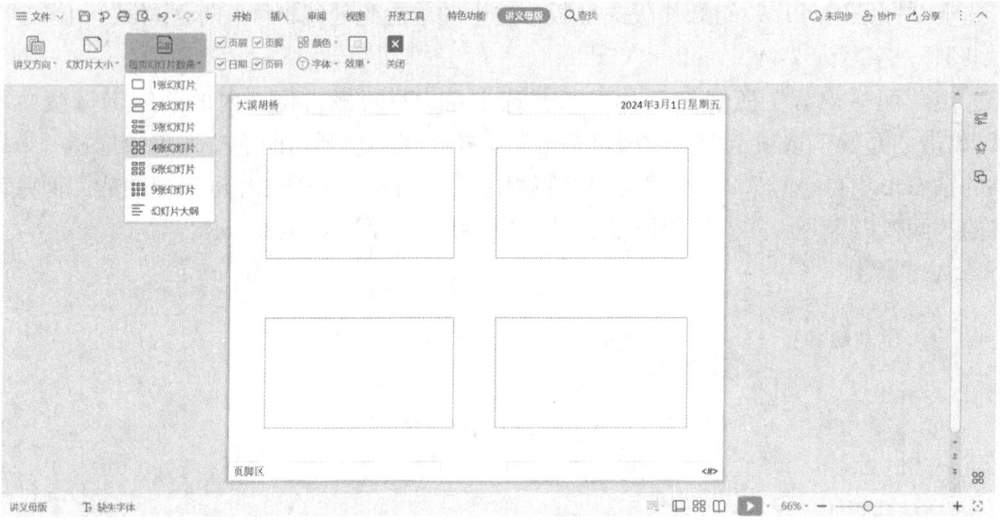

图 2-10-9　讲义母版设置界面

（3）备注母版。

备注母版主要用来设置幻灯片的备注格式，一般是用于打印输出的，所以备注母版的设置大多也和打印页面相关。WPS 演示文稿为每张幻灯片都设置了一个备注页，供演讲人添加备注。备注母版用于控制报告人注释的显示内容和格式，使多数注释有统一的外观，设置界面如图 2-10-10 所示。

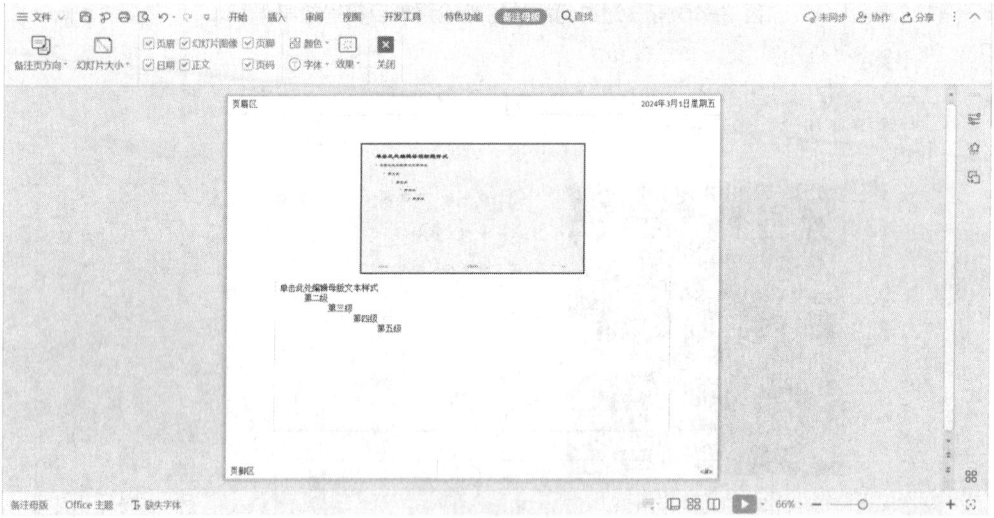

图 2-10-10　备注母版设置界面

4. 幻灯片的页眉和页脚设置

单击“插入”选项卡中的“页眉和页脚”按钮，弹出“页眉和页脚”对话框，先勾选“日期和时间”复选框，选中“自动更新”单选按钮并设置日期和时间格式为“×××× 年 × 月 × 日星期 ×”，再勾选“幻灯片编号”和“标题幻灯片不显示”复选框，最后设置页脚为“大漠胡杨”，如图 2-10-11 所示，单击“全部应用”按钮。

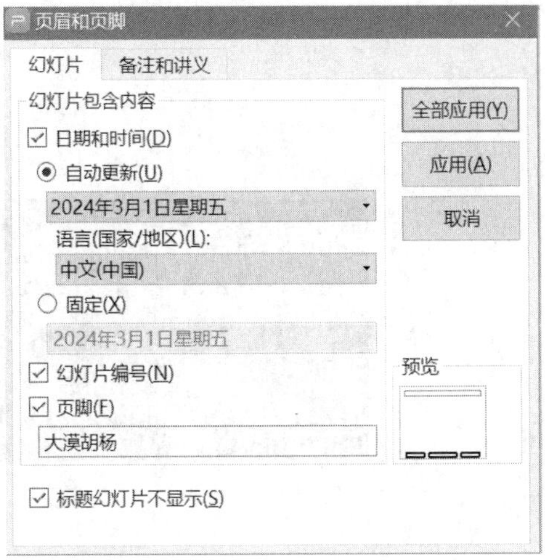

图 2-10-11　“页眉和页脚”对话框

5. 设置背景及填充效果

设置第 2 张幻灯片的背景样式为“纸纹 1”，方法如下。

单击第 2 张幻灯片，单击“设计”选项卡中的“背景”按钮，弹出“对象属性”窗格。选中“图片或纹理填充”单选按钮，单击“纹理填充”下拉按钮，选择预设图片“纸纹 1”，如图 2-10-12 所示，单击“关闭”按钮。效果如图 2-10-13 所示。

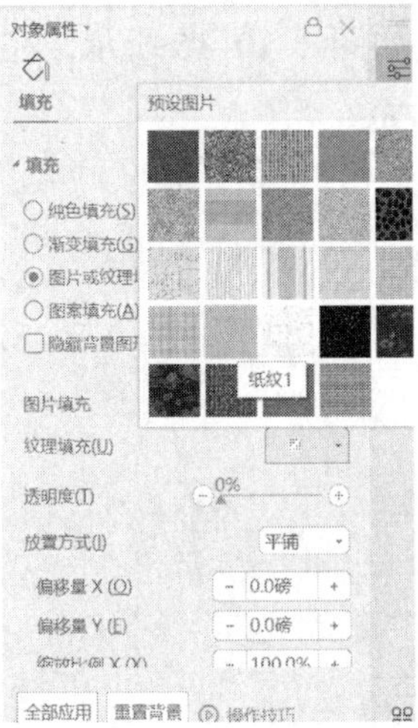

图 2-10-12　纹理填充设置

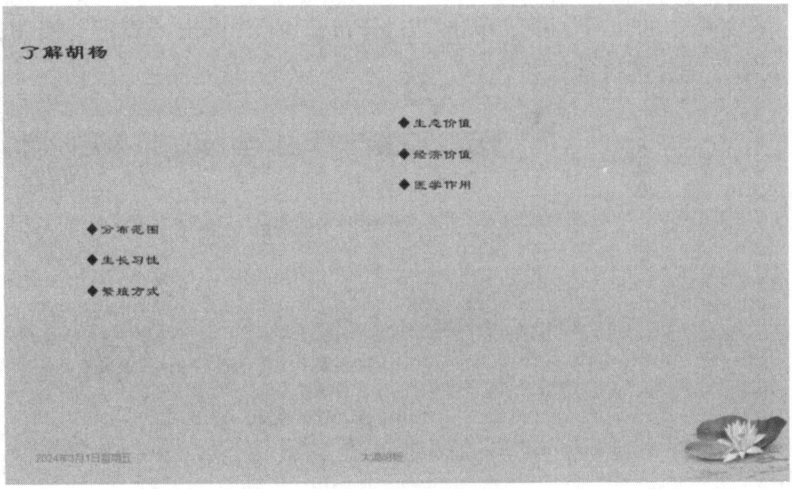

图 2-10-13　背景填充效果

为第 7 张幻灯片的右侧占位符设置填充效果，方法如下。

单击第 7 张幻灯片，选中右侧占位符。单击“绘图工具”选项卡中的“形状样式”下拉按钮，选择“细微效果—黑色，深色 1”；单击“形状效果”下拉按钮，选择“发光”→“发光变体”中第一行最后一个；再单击“形状效果”下拉按钮，选择“更多设置”→“形状选项”→“效果”→“阴影”，选择“内部居中”，“模糊”设置为 45 磅。效果如图 2-10-14 所示。

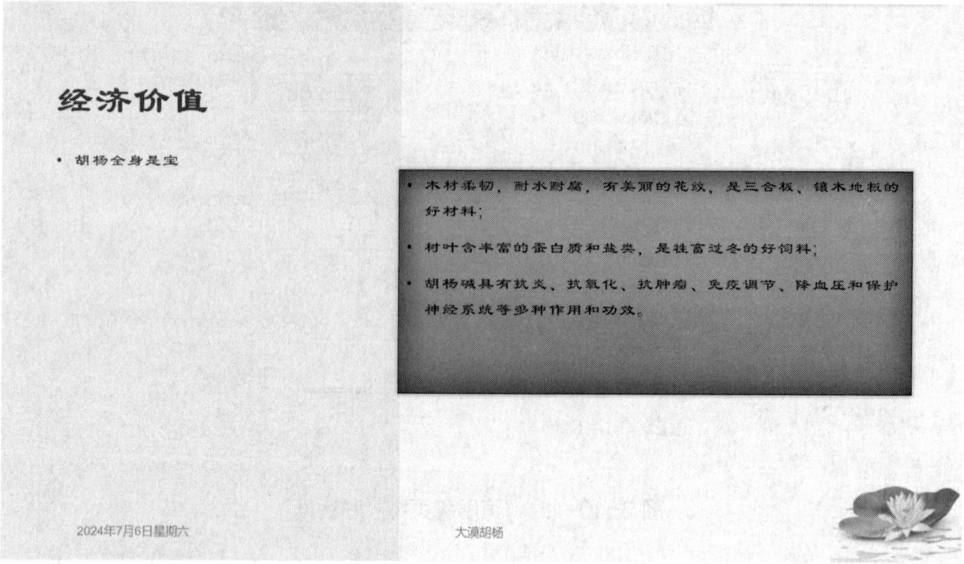

图 2-10-14　填充效果

6. 创建超链接

（1）使用超链接命令创建本演示文稿内的超链接。

为“分布范围”设置超链接，先选中“分布范围”，单击“插入”选项卡中的“超链接”下拉按钮，在下拉列表中选择“本文档幻灯片页”，弹出“插入超链接”对话框。在“本文档中的位置”中，单击“3. 分布范围”，单击“确定”按钮，如图 2-10-15 所示，完成第 1 个超链接的添加。

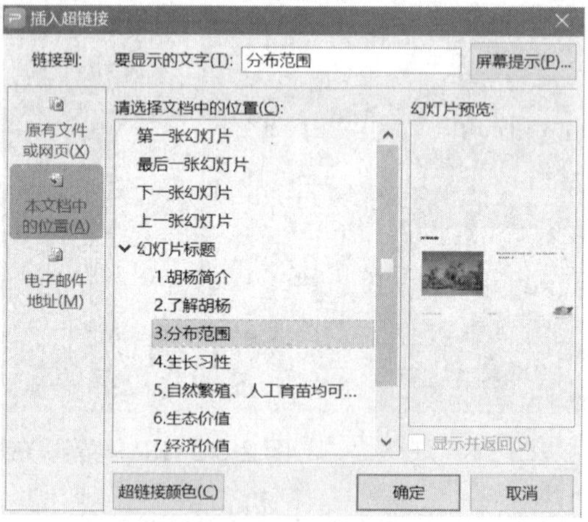

图 2-10-15　插入超链接

使用同样的方法，分别将“生长习性”链接到第 4 张幻灯片，“繁殖方式”链接到第 5 张幻灯片，“生态价值”链接到第 6 张幻灯片，“经济价值”链接到第 7 张幻灯片，“医学作用”链接到第 8 张幻灯片。

（2）使用超链接命令创建跳转到其他文件或 Web 页的超链接。

为第 3 张幻灯片的标题“分布范围”添加到百度首页的链接，“插入超链接”对话框中的设置如图 2-10-16 所示。

图 2-10-16　插入网页链接

（3）使用动作按钮创建超链接。

在幻灯片母版视图中添加动作按钮，这样可以不必逐张添加该动作按钮。先进入幻灯片母版视图，单击左侧第 1 个母版。单击“插入”选项卡中的“形状”下拉按钮，在下拉列表中选择“动作按钮”下的“空白”。当鼠标指针变成十字形时，进行绘制，绘制之后弹出“操作设置”对话框。单击“超链接到”下面的下拉按钮，在打开的下拉列表中选择“幻灯片”命令，弹出“超链接到幻灯片”对话框，单击“2. 了解胡杨”，单击“确定”按钮，返回到“操作设置”对话框，然后再单击“确定”按钮。在动作按钮上右击，在弹出的快捷菜单中选择“编辑文字”命令，在按钮中输入文字“目录”，设置字体为“楷体”，字号为“18”，颜色为“红色”。

设置动作按钮的样式：在动作按钮上右击，在弹出的快捷菜单中选择“设置对象格式”命令，弹出“对象属性”窗格，“填充”设置为“无填充”，“线条颜色”设置为“无线条”，“位置”设置为相对于左上角水平位置为 0.3 cm、垂直位置为 17.3 cm。单击“关闭母版视图”按钮，效果如图 2-10-17 所示。

图 2-10-17　动作按钮显示效果

7. 幻灯片大小设置及打印

（1）演示文稿的幻灯片大小设置。

演示文稿制作完成之后可以进行打印，打印之前首先要进行幻灯片大小设置，方法如下。

单击“设计”选项卡中的“幻灯片大小”下拉按钮，在下拉列表中选择“自定义大小”命令，在弹出的“页面设置”对话框中，设置幻灯片的大小、编号、打印方向，如图 2-10-18 所示。

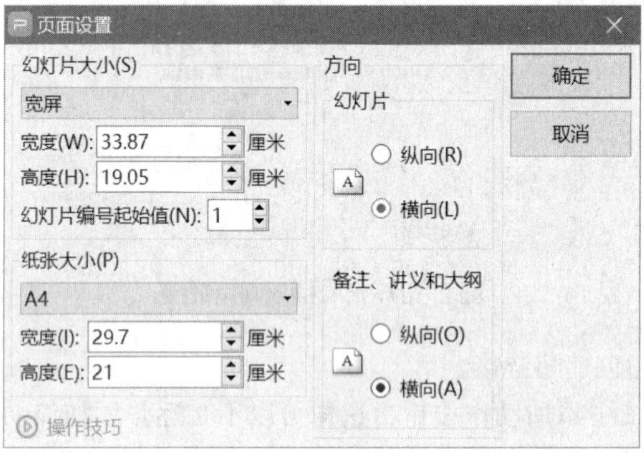

图 2-10-18 “页面设置”对话框

（2）演示文稿的打印。

单击“文件”→“打印”命令，在“打印”对话框中设置要打印的份数、所用打印机、要打印的幻灯片范围等，如图 2-10-19 所示，最后单击“确定”按钮开始打印。

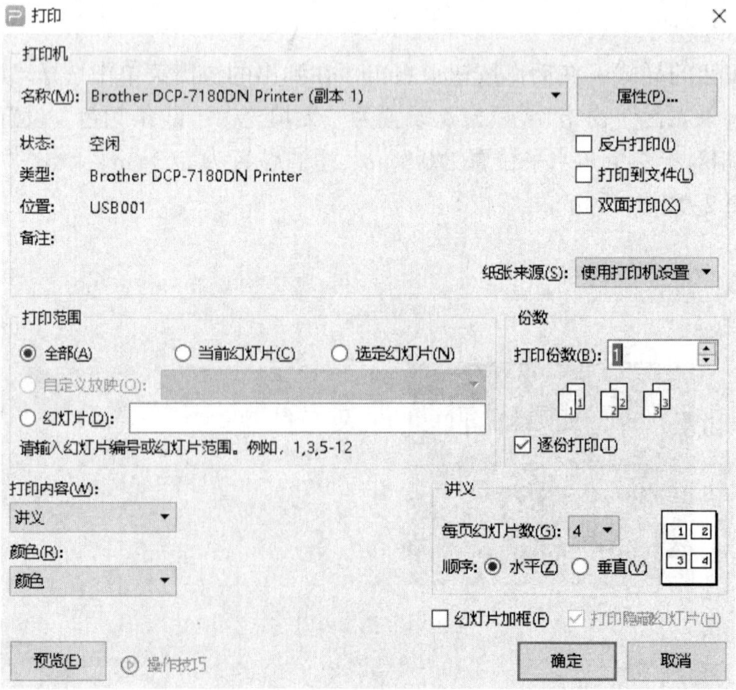

图 2-10-19 “打印”对话框

8. 演示文稿的打包

在日常工作中，演示文稿中的幻灯片数量比较多或包含较多嵌入视频时，演示文稿的文件通常比较大，那么文件在直接传输过程中会遇到困难，此时就需要压缩演示文稿来传输，速度会加快很多，对方在接收文件后只需要解压文件即可。具体的打包演示文稿的操作如下。

单击“文件”→“文件打包”→“将演示文档打包成压缩文件”命令，弹出“演示文件打包”对话框，如图 2-10-20 所示。单击“浏览”按钮，在打开的“选择位置”对话框中选择文件要保存的文件夹，单击“选择文件夹”按钮，单击“确定”按钮，出现“已完成打包”对话框，如图 2-10-21 所示。

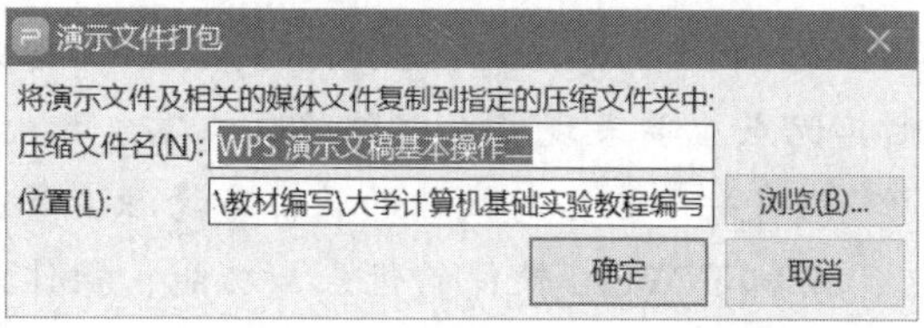

图 2-10-20 “演示文件打包”对话框

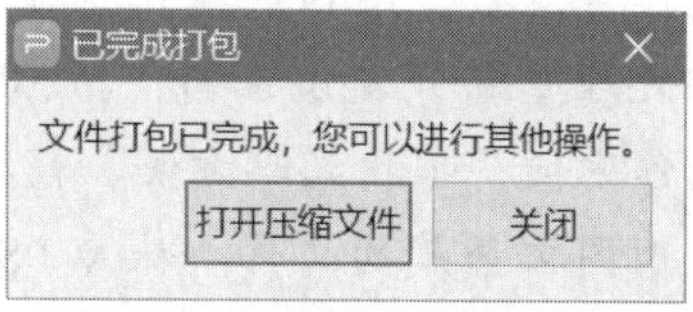

图 2-10-21 “已完成打包”对话框

实验 2.11　MS Office 办公软件实验

【实验目的】

（1）熟练掌握 Word 的字符格式设置、段落格式设置等基本操作。

（2）熟练掌握 Excel 的基本编辑及公式和函数的简单应用。

（3）熟练掌握 PowerPoint 的幻灯片创建、幻灯片切换、建立动画、建立超链接、放映等基本操作。

【实验环境】

Windows 10 和 MS Office 2016。

【实验内容及操作步骤】

1.Word 文档编辑

（1）建立 Word 2016 文档。

启动 Word 2016 时，自动创建一个名为“文档 1.docx”的空白文档，Word 可以同时创建多个文档，新建空白文档主要有以下几种常用的方法。

① 单击“文件”→“新建”命令。

② 按快捷键 Ctrl+N。

③ 单击快速访问工具栏中的“新建”按钮。

（2）文档内容输入。

利用熟悉的输入法在新建空白文档中输入下面的文字内容。

随着计算机技术的发展，文字信息处理技术也进行着一场革命性的变革，用计算机打字、编辑文稿、排版印刷、管理文档，是五彩缤纷的高效实用新技术的一些具体内容。优秀的文字处理软件能使用户方便自如地在计算机上编辑、修改文章，这种便利是与在纸上写文章所无法比拟的。最早较有影响的是 Micropro 公司在 1979 年研制的 WordSar（文字之星，简称 WS），并且很快成为畅销的软件，风行于 20 世纪 80 年代。汉化的 WS 在我国非常流行。1989 年金山电脑公司推出的 WPS（Word Processing System），是完全针对汉字处理重新开发设计的，与 WS 相比其优点主要表现在：字体格式丰富、控制灵活、表格制作方便、下拉菜单方便、模拟显示实用有效。在当时我国的软件市场独占鳌头，但不能处理图文并茂的文件。从 WPS 97 起，吸取了 Word 软件的优点，功能、操作方式与 Word 相似，成为国产字处理软件的杰出代表。1982 年，微软公司开始了字处理软件的市场争夺，比尔·盖茨将微软开发的这款字处理软件命名为 MS word。1983 年，MS Word 正式推出，成千上万的用户为 Word 1.0 版的新功能所倾倒。人们第一次看到 Word 使用了一个叫“鼠标”的东西，复杂的键盘操作变成了鼠标“轻轻一点”。Word 还展示了所谓“所见即所得”的新概念，能在屏幕上显示粗体字、底划线和上下角标，能驱动激光打印机打印出与书刊印刷质量相媲美的文章……这一切造成强烈的轰动效应。随着 1989 年 Windows 的推出和巨大成功，微软的字处理软件 Word 成为文字处理软件销售市场的主导产品。早期的字处理软件是以文字为主，现代的字处理软件可以集文字、表格、图形、图像、声音于一体。

（3）文件保存。

单击“文件”→“保存”命令或单击快速访问工具栏中的“保存”按钮或者按 Ctrl+S 组合键，如果是第一次保存文档，Word 2016 会弹出“另存为”对话框。在“另存为”对话框的“保存位置”下拉列表框中选择要保存文档的文件夹，在“文件名”文本框中输入文件名，在“保存类型”下拉列表框中设定要保存的文档类型。Word 2016 的默认格式是“Word 文档”，也可以选择保存为“纯文本”“网页”或其他文档。以“实验 .docx”为文件名（扩展名可不输入，默认为 docx）保存在桌面上。

注意：为了在断电、死机或类似问题发生之后能够恢复尚未保存的文档，可以开启 Word 的自动保存功能。单击“文件”→“选项”命令，打开“Word 选项”对话框，单击“保存”选项卡，勾选“保存自动恢复信息时间间隔”复选框，按需要设置时间，如图 2-11-1 所示，单击“确定”按钮。

（4）文档的基本编辑。

① 打开所建立的“实验 .docx”文档，在最前面插入一行标题文字“字处理软件概述”，然后另起一行插入小标题“1. 字处理软件的发展”。

② 将文档正文分为三段。将光标放在需要分段的位置，然后按 Enter 键即可分段，使“最早较有影响……杰出代表。”“1982 年……声音于一体”各为一段。

③ 拼写检查。将光标定位在文档正文开头，单击“审阅”选项卡中的“校对”组中的

"拼写和语法"按钮，弹出图 2-11-2 所示的"拼写检查"窗格，单击"更改"按钮，或者直接按 F7 功能键可对有错误的英文单词进行改正。最后将文档以原名（"实验.docx"）保存到原处。

图 2-11-1 在"Word 选项"对话框中设定自动保存时间

④ 删除与撤销。将正文的第一段复制到文档的最后，选定原文档中的最后一段文字，直接按 Delete 键即可将选定的内容删除，然后再单击快速访问工具栏中的"撤销"按钮撤销删除。

⑤ 查找、替换和定位。单击"开始"选项卡的"编辑"组中的"替换"按钮，弹出"查找和替换"对话框，将"微软"替换为"Microsoft"。

⑥ 字符格式化。

a. 设置标题。

选择文本中第一行文字"字处理软件概述"。

单击"开始"选项卡的"字体"组中的"字体"下拉按钮，选择"黑体"；单击"字号"下拉按钮，选择"小二"。

单击"开始"选项卡的"字体"组中的"加粗"和"下画线"按钮。

图 2-11-2 "拼写检查"窗格

选择文本中第二行文字" 1 . 字处理软件的发展"，设置字体为"宋体"，字号为"四号"，添加字符底纹。

b. 设置正文。

选中正文文本，单击"开始"选项卡的"字体"组中的"字体"下拉按钮，选择"楷体"。单击"开始"选项卡的"字体"组中的"字号"下拉按钮，选择"小四"；单击"字体颜色"下拉按钮，选择"蓝色，个性色 1 ，深色 50%"。效果如图 2-11-3 所示。

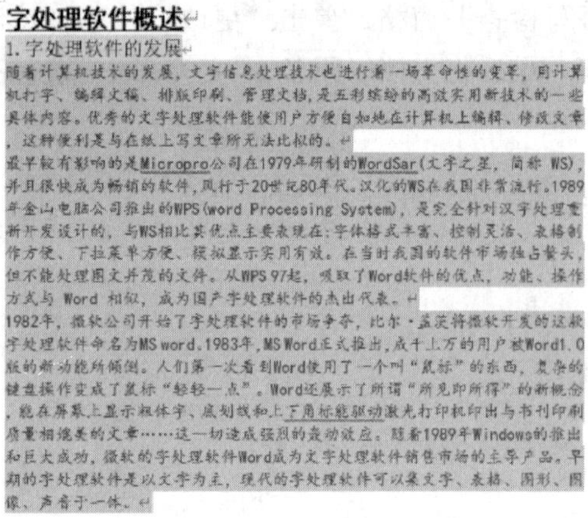

字处理软件概述

1. 字处理软件的发展

随着计算机技术的发展，文字信息处理技术也进行着一场革命性的变革，用计算机打字、编辑文稿、排版印刷、管理文档，是五彩缤纷的高效实用新技术的一些具体内容。优秀的文字处理软件能使用户方便自如地在计算机上编辑、修改文章，这种便利是与在纸上写文章所无法比拟的。

最早较有影响的是Micropro公司在1979年研制的WordSar（文字之星，简称 WS），并且很快成为畅销的软件，风行于20世纪80年代。汉化的WS在我国非常流行。1989年金山电脑公司推出的WPS（word Processing System），是完全针对汉字处理重新开发设计的，与WS相比其优点主要表现在：字体格式丰富、控制灵活、表格制作方便、下拉菜单方便、模拟显示实用有效。在当时我国的软件市场独占鳌头，但不能处理图文并茂的文件。从WPS 97起，吸取了Word软件的优点，功能、操作方式与 Word 相似，成为国产字处理软件的杰出代表。

1982年，微软公司开始了字处理软件的市场争夺，比尔·盖茨将微软开发的这款字处理软件命名为MS word。1983年，MS Word正式推出，成千上万的用户被Word1.0版的新功能所倾倒。人们第一次看到Word使用了一个叫"鼠标"的东西，复杂的键盘操作变成了鼠标"轻轻一点"。Word还展示了所谓"所见即所得"的新概念，能在屏幕上显示粗体字、底划线和上下角标能驱动激光打印机印出与书刊印刷质量相媲美的文章……这一切造成强烈的轰动效应。随着1989年Windows的推出和巨大成功，微软的字处理软件Word成为文字处理软件销售市场的主导产品。早期的字处理软件是以文字为主，现代的字处理软件可以集文字、表格、图形、图像、声音于一体。

图 2-11-3　字符格式化效果

⑦ 段落格式化。

a. 设置标题。

将光标移到文本的第一行“字处理软件概述”中，单击“开始”选项卡的“段落”组中的“居中”按钮，将标题居中对齐。将第二行“1. 字处理软件的发展”设置为左对齐。

b. 设置正文。

选择正文文字（“随着计算机技术……于一体”）。单击“开始”选项卡的“段落”组右下角的按钮，弹出“段落”对话框。在“缩进”栏的“特殊格式”下拉列表框中选择“首行”，设置“缩进值”为“2 字符”。在“间距”栏中设置段前和段后的间距均为“0.5 厘米”，“行距”为“固定值”，“设置值”为“16 磅”，如图 2-11-4 所示，单击“确定”按钮。

⑧ 分栏。

选中正文第 2 段文字（“最早较有影响……杰出代表。”），单击“页面布局”选项卡的“页面设置”组中的“栏”下拉按钮，在下拉列表中选择“更多栏”命令，弹出“栏”对话框，如图 2-11-5 所示。设置两栏和栏宽相等，栏宽设为 16.12 字符，添加分隔线，单击“确定”按钮。

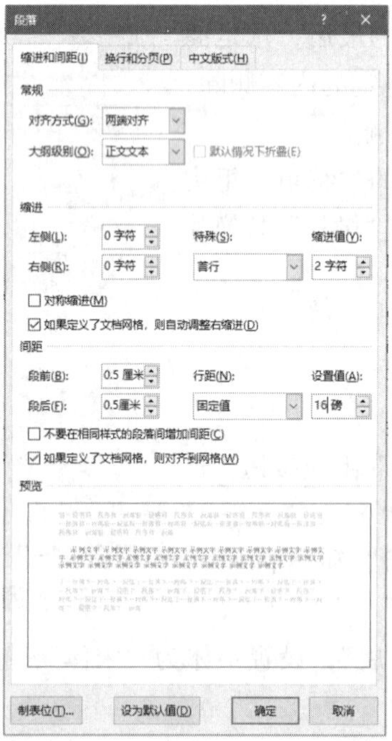

图 2-11-4　“段落”对话框

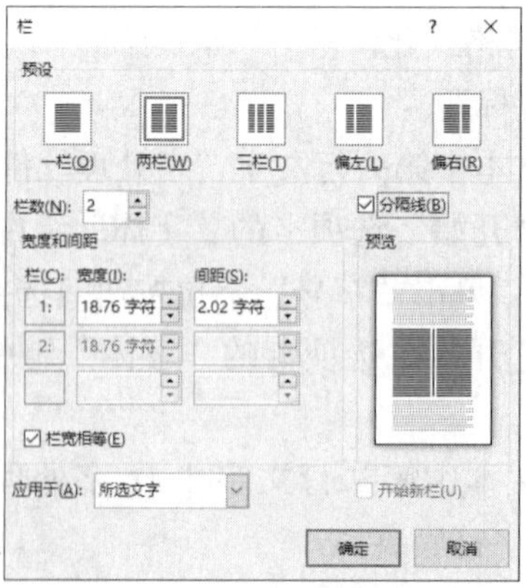

图 2-11-5　“栏”对话框

⑨ 设置页眉和页脚。

单击“插入”选项卡中的“页眉和页脚”组中的“页眉”下拉按钮，在下拉列表中选择空白页眉模板，或双击文档最上方，进入文档页眉、页脚编辑状态。在页眉编辑区输入“字处理软件概述”，并插入当前系统日期和时间，如图 2-11-6 所示。在“页眉和页脚工具”的“设计”选项卡中，单击“导航”组中的“转至页脚”按钮，切换到页脚编辑区。单击“设计”选项卡的“插入”组中的“文档部件”下拉按钮，在下拉列表中选择“域”，弹出“域”对话框。域名分别选择 Page 和 Numpages，在 Page 域前后分别输入“第”和“页”，在 Numpages 域前后分别输入“共”和“页”，数据格式都选择“1，2，3……”格式，设置页脚居中。

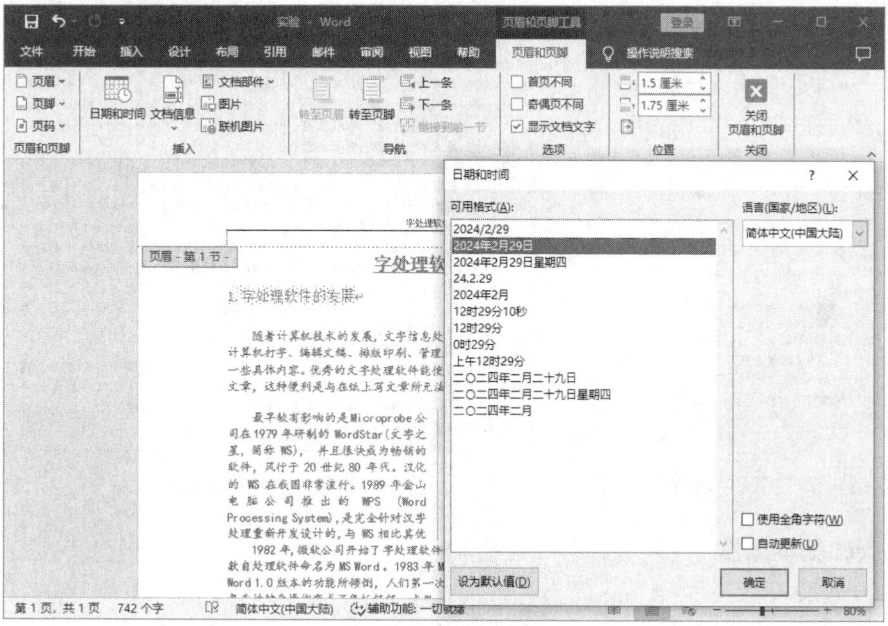

图 2-11-6　插入页眉内容

⑩ 页面设置。

单击“页面布局”选项卡的“页面设置”组右下角的按钮，弹出“页面设置”对话框。单击“页边距”选项卡，设置左、右页边距均为 3 cm，上、下页边距均为 2.5 cm，方向为纵向。

⑪ 打印设置。

单击“文件”→“打印”命令，出现“打印”界面，如图 2-11-7 所示。

a. 设置打印份数。

在“份数”数值框中输入要打印的份数。

b. 设置页面范围。

在“设置”栏中，单击第 2 个下拉按钮弹出下拉列表，如果选择“打印当前页面”选项，打印的是光标所在页的内容；如果要打印文档中的指定内容，可以选择“打印所选内容”选项（但应注意只有事先在文档中选定内容后，选择该选项才可用）；如果要指定打印的页码，可选择“打印自定义范围”选项，通过输入打印页码来挑选页面打印。输入页码的规则是：非连续页之间用英文状态的“,”，连续页之间用英文状态的“-”。例如，输入“1,3,5,9-13”，表示将打印第 1，3，5，9，10，11，12，13 页内容。

整体实验效果如图 2-11-8 所示。

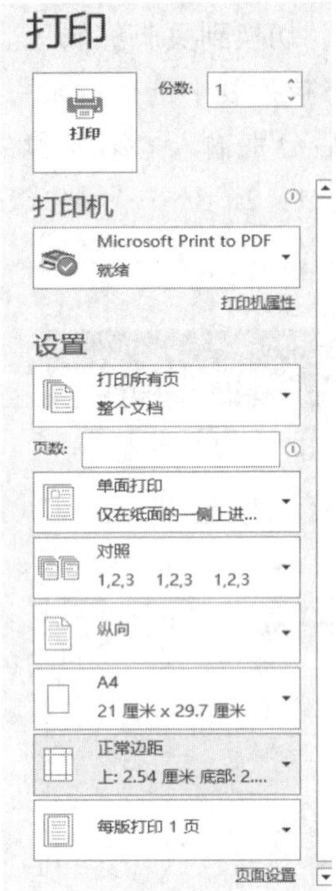

图 2-11-7“打印”界面

2024 年 2 月 29 日字处理软件概述

字处理软件概述

1. 字处理软件的发展

随着计算机技术的发展，文字信息处理技术也进行着一场革命性的变革，用计算机打字、编辑文稿、排版印刷、管理文档，是五彩缤纷的高效实用新技术的一些具体内容。优秀的文字处理软件能使用户方便自如地在计算机上编辑、修改文章，这种便利是与在纸上写文章所无法比拟的。

最早较有影响的是 Microprobe 公司在 1979 年研制的 WordStar(文字之星，简称 WS)，并且很快成为畅销的软件，风行于 20 世纪 80 年代。汉化的 WS 在我国非常流行。1989 年金山电脑公司推出的 WPS (Word Processing System)，是完全针对汉字处理重新开发设计的，与 WS 相比其优点主要表现在：字体格式丰富、控制灵活、表格制作方便、下拉菜单方便、模拟显示实用有效。在当时我国的软件市场独占鳌头，但不能处理图文并茂的文件从 WPS 97 起，吸取了 Word 软件的优点功能，操作方式与 Word 相似，成为国产自处理软件的杰出代表。

1982 年，微软公司开始了字处理软件的市场争夺，比尔盖茨将微软开发的这款自处理软件命名为 MS Word。1983 年 MS word，正式推出成千上万，的用户被 Word 1.0 版本的功能所倾倒，人们第一次看到 Word 使用了一个叫鼠标的东西，复杂的键盘操作变成了鼠标轻轻一点 Word 还展示了所谓所见即所得的新概念，能在屏幕上显示粗体字底划线和上下角标，能驱动激光打印机出与书刊印刷质量相媲美的文章......这一切造成强烈的轰动效应，随着 1989 年 Window 的推出和巨大成功，微软的自处理软件 Word 成为文字处理软件销售市场的主导产品，早期的自处理软件是以文字为主，现代的自处理软件可以集文字，表格，图形，图像，声音于一体。

随着计算机技术的发展，文字信息处理技术也进行着一场革命性的变革，用计算机技术编辑文稿，排版，印刷，管理文档是五彩缤纷的高效实用新技术的一些具体内容，优秀的文字处理软件能使用户方便自如地，在计算机上，编辑修改文章，这种便利是与在纸上写文章所无法比拟的。

图 2-11-8　整体实验效果

2. Excel 基本操作

（1）数据录入。

打开 Excel 2016，创建一个空白工作簿，在工作表 Sheet1 中输入表 2-11-1 所示的数据。

表 2-11-1　电器销量统计表

产品名称	产品类型	单价 / 元	上月销量 / 台	本月销量 / 台
电冰箱	家用电器	3540	123	156
电视机	家用电器	4450	84	93
手机	消费性电子	1800	145	178
空调	家用电器	4480	66	131
路由器	消费性电子	480	101	121
电暖器	家用电器	620	79	97
微波炉	家用电器	480	105	178
音箱	家用电器	196	167	178

（2）插入行、列。

右击 A1 单元格，在弹出的快捷菜单中选择“插入”命令，弹出“插入”对话框，选择“整行”单选按钮，如图 2-11-9 所示，单击“确定”按钮即可插入第一行，在新插入行的

A1 单元格中输入标题“电器销量统计表”。

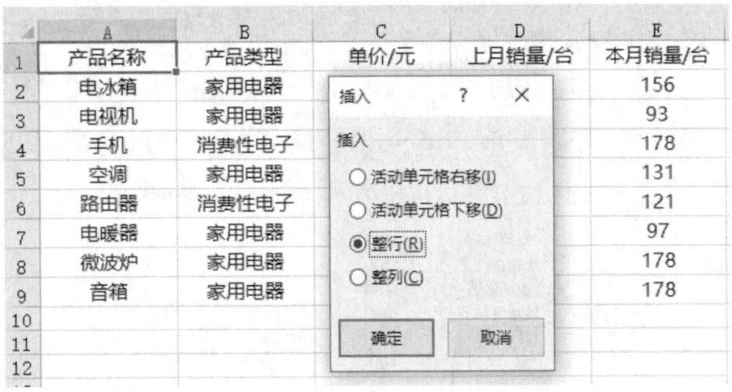

	A	B	C	D	E
1	产品名称	产品类型	单价/元	上月销量/台	本月销量/台
2	电冰箱	家用电器			156
3	电视机	家用电器			93
4	手机	消费性电子			178
5	空调	家用电器			131
6	路由器	消费性电子			121
7	电暖器	家用电器			97
8	微波炉	家用电器			178
9	音箱	家用电器			178
10					
11					
12					

图 2-11-9　行、列设置操作

单击 A1 单元格，插入第一列，在新插入列的 A2 单元格中输入“序号”。在 A3，A4 单元格中分别输入“1”“2”，选中 A3，A4 两个单元格后，拖曳 A4 单元格右下角的黑十字即填充柄到 A10 单元格为产品输入序号。

单击 B 列的列标，选中一列并右击，在弹出的快捷菜单中选择“插入”命令，在“产品名称”左侧插入一列。在 B2 单元格中输入“编号”，在 B3 单元格中输入编号“C01”，选中 B3 单元格，拖动填充柄到 B10 单元格，单击“自动填充选项”按钮，选择“填充序列”单选按钮，可以为产品输入编号，如图 2-11-10 所示。

	A	B	C	D	E	F	G
1			电器销量统计表				
2	序号	编号	产品名称	产品类型	单价/元	上月销量/台	本月销量/台
3	1	C01	电冰箱	家用电器	3540	123	156
4	2	C02	电视机	家用电器	4450	84	93
5	3	C03	手机	消费性电子	1800	145	178
6	4	C04	空调	家用电器	4480	66	131
7	5	C05	路由器	消费性电子	480	101	121
8	6	C06	电暖器	家用电器	620	79	97
9	7	C07	微波炉	家用电器	480	105	178
10	8	C08	音箱	家用电器	196	167	178

图 2-11-10　利用填充柄填充序列

（3）重命名工作表。

双击工作表标签“Sheet1”，或右击工作表标签“Sheet1”，从弹出的快捷菜单中选择“重命名”命令，将工作表 Sheet1 重命名为“电器销量统计表”，如图 2-11-11 所示。

（4）单元格的格式化。

① 设置标题格式。选取 A1:K1 单元格区域，单击“开始”选项卡中的“合并后居中”按钮，并将标题设置为“宋体、加粗、倾斜、下画线、20 磅”格式，如图 2-11-12 所示。

图 2-11-11 “电器销量统计表”数据显示效果

图 2-11-12 设置标题格式

② 设置数值格式。选中 E3:E10 单元格区域并右击，在弹出的快捷菜单中选择“设置单元格格式”命令，打开“设置单元格格式”对话框。单击“数字”选项卡，设置小数位数为“0”，并勾选“使用千位分隔符”复选框，如图 2-11-13 所示。

③ 设置列标题格式。选取 A2:K2 单元格区域，设置格式为“黑体、12 磅”。

④ 设置对齐方式。选取 A2:K10 单元格区域，在“设置单元格格式”对话框中，单击“对齐”选项卡，设置文本对齐方式为水平居中、垂直居中，如图 2-11-14 所示。

（5）设置边框。选取 A2:K10 单元格区域，在“设置单元格格式”对话框中，单击“边框”选项卡设置单元格区域外边框为“粗线（样式中的第二列倒数第二行）、蓝色”，内边框为“细线（样式中第一列最后一个）、红色”，如图 2-11-15 所示。设置时注意按照“先选择线条样式，再选择线条颜色，最后选择相应边框”的顺序进行操作。

（6）设置行高和列宽。

选中第 2~第 10 行，单击“开始”选项卡，在“单元格”组中单击“格式”→“行高”

命令，弹出相应的对话框，输入行高的具体数值，可完成对行高的精确调整。如图 2-11-16 所示，行高设置为“19.5”（26 像素）。

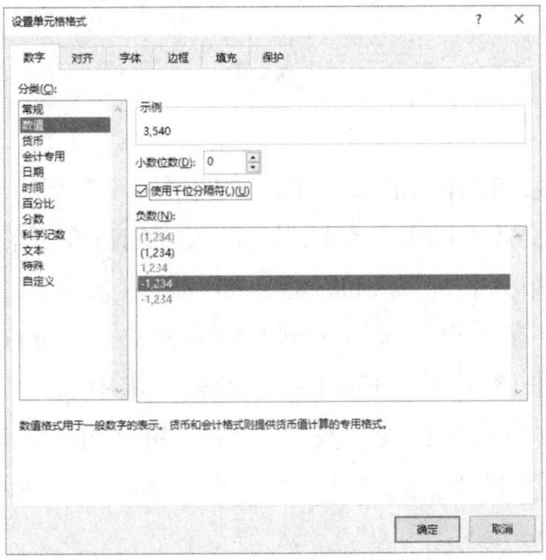

图 2-11-13　设置数值格式

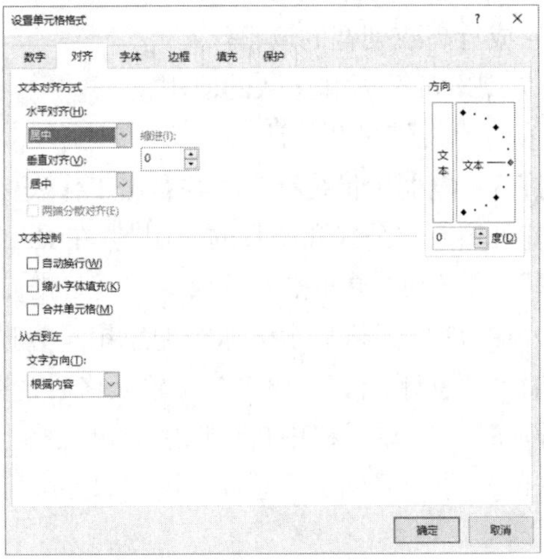

图 2-11-14　设置对齐方式

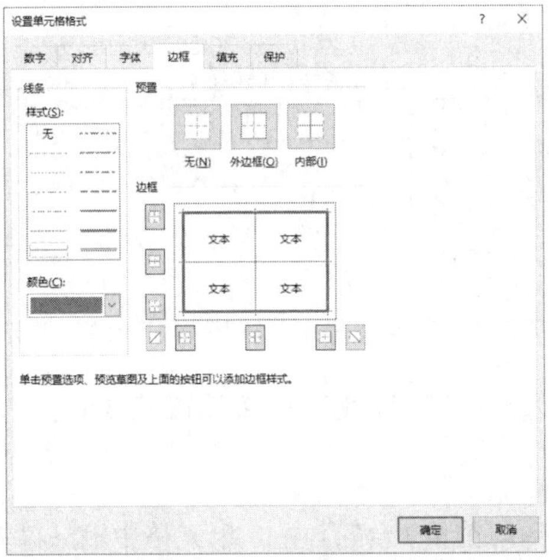

图 2-11-15　设置边框

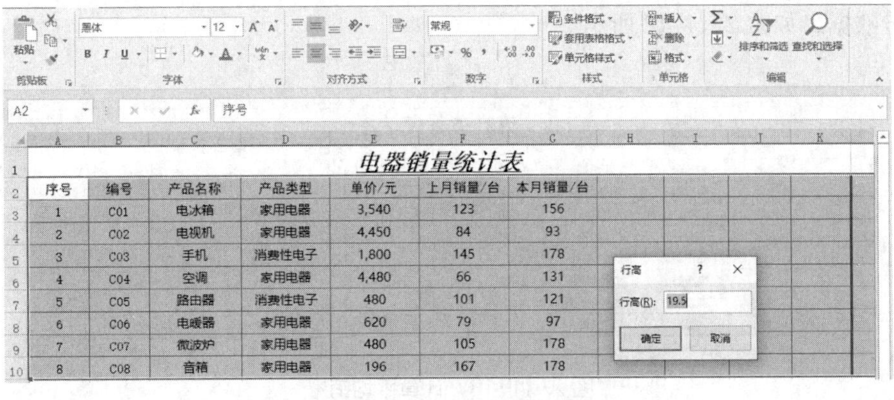

图 2-11-16　行高的设置

如果单击“格式”→“自动调整行高（或列宽）”命令，则可以根据内容自动调整行高或列宽。

将鼠标指针放在行号（列标）的分隔线上，当指针变成十字形时，按住鼠标左键拖动也可完成行高或列宽的调整。

（7）Excel 公式和函数的使用。

① 计算总销量及总计

打开“电器销量统计表”并右击工作表标签，在弹出的快捷菜单中选择“重命名”命令，在标签处输入“公式和函数的使用”。在 H2 单元格中输入“总销量 / 台”，在 H3 单元格中输入“=”，单击 F3 单元格，输入“+”，单击 G3 单元格，按 Enter 键，即可输入公式 =F3+G3。此时，在 H3 单元格显示电冰箱的总销量数据，在编辑区显示该单元格的公式。在 E11 单元格中输入“总计 / 台”，单击 F11 单元格后，单击“开始”选项卡的“编辑”组中的“自动求和”按钮，F11 单元格中自动识别本单元格上方的有效数据区域，按 Enter 键即可输入 =SUM（F3:F10），求上月销量的总计，用类似方法可得本月销量的总计。结果如图 2-11-17 所示。

电器销量统计表

序号	编号	产品名称	产品类型	单价/元	上月销量/台	本月销量/台	总销量/台
1	C01	电冰箱	家用电器	3,540	123	156	279
2	C02	电视机	家用电器	4,450	84	93	177
3	C03	手机	消费性电子	1,800	145	178	323
4	C04	空调	家用电器	4,480	66	131	197
5	C05	路由器	消费性电子	480	101	121	222
6	C06	电暖器	家用电器	620	79	97	176
7	C07	微波炉	家用电器	480	105	178	283
8	C08	音箱	家用电器	196	167	178	345
				总计/台	870	1132	

图 2-11-17　计算总销量及总计

② 计算平均销量。

在 I2 单元格中输入“平均销量 / 台”，在 I3 单元格中输入“=”，单击 H3 单元格，输入“/2”按 Enter 键，即可输入公式 =H3/2，I3 单元格中显示结果。选中 I3 单元格，将鼠标指针移向单元格右下角，指针由空心十字变为实心十字后双击，I4:I10 单元格区域自动填充好平均销量数据，如图 2-11-18 所示。

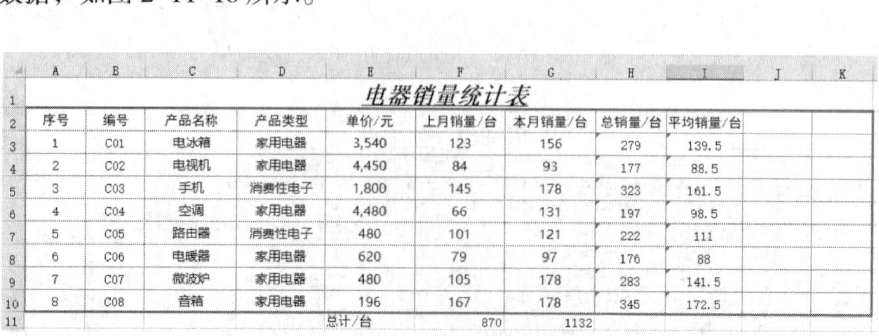

电器销量统计表

序号	编号	产品名称	产品类型	单价/元	上月销量/台	本月销量/台	总销量/台	平均销量/台
1	C01	电冰箱	家用电器	3,540	123	156	279	139.5
2	C02	电视机	家用电器	4,450	84	93	177	88.5
3	C03	手机	消费性电子	1,800	145	178	323	161.5
4	C04	空调	家用电器	4,480	66	131	197	98.5
5	C05	路由器	消费性电子	480	101	121	222	111
6	C06	电暖器	家用电器	620	79	97	176	88
7	C07	微波炉	家用电器	480	105	178	283	141.5
8	C08	音箱	家用电器	196	167	178	345	172.5
				总计/台	870	1132		

图 2-11-18　计算平均销量

③ 计算销售增长率。

在 J2 单元格中输入“销售增长率”。

由于销售增长率 =(本月销量 – 上月销量)/ 上月销量，所以在 J3 单元格中输入 =(G3–F3)/ F3，按 Enter 键计算出结果。拖动填充柄填充“销售增长率”列，然后选择“销售增长率”列并右击，选择“设置单元格格式”命令，在弹出的“设置单元格格式”对话框中单击“数字”选项卡，在“分类”列表框中选择“百分比”，设置为保留两位小数，如图 2–11–19 所示，单击“确定”按钮。

图 2–11–19　计算销售增长率

④ 求销量情况。

在 K2 单元格中输入“销量情况”。选中 K3 单元格，单击“公式”选项卡中的“函数库”组中的“插入函数”按钮，打开“插入函数”对话框。在“选择函数”列表框中选择“IF”函数，弹出“函数参数”对话框。在第 1 个参数文本框中输入“J3>=20%”，在第 2 个参数文本框中输入带英文双引号的 "畅销"，在第 3 个参数文本框中输入带英文双引号的 "一般"，如图 2–11–20 所示，单击“确定”按钮。

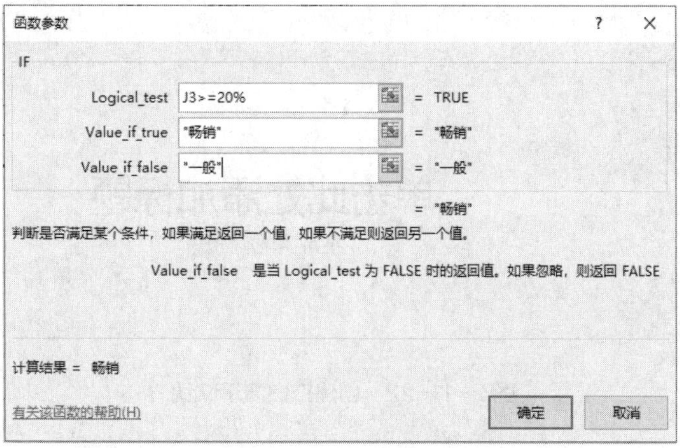

图 2–11–20　IF 函数参数对话框

（8）Excel图表的制作。

选取产品名称以及上月和本月销量的数据，创建嵌入的簇状柱形图，图表标题为“电器销量统计图”，步骤如下。

打开“公式和函数的使用”工作表，重命名为“图表的制作”，选取C2:C10单元格区域，按住Ctrl键的同时，选取F2:G10单元格区域，选择“插入”选项卡中的“图表”组中的“柱形图”中的“簇状柱形图”，可直接在当前工作表中插入所需图表，如图2-11-21所示。将图表的“图表标题”修改为“电器销量统计图”。

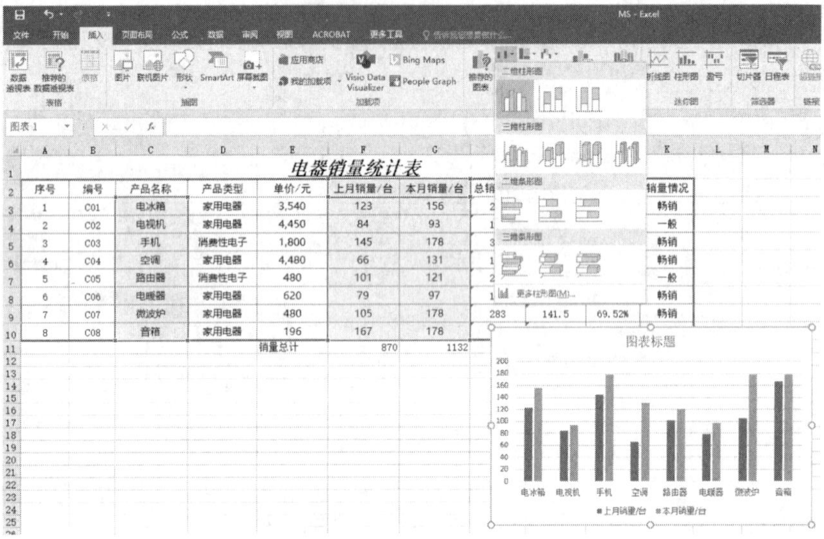

图2-11-21　图表的制作

3. PowerPoint的基本操作

（1）创建空白演示文稿。

启动PowerPoint2016，创建一个空白演示文稿，如图2-11-22所示。

图2-11-22　创建空白演示文稿

（2）设置主题。

单击“设计”选项卡的“主题”组中“其他”下拉按钮，在弹出的下拉列表中单击“环保”主题。在幻灯片编辑区，单击“单击此处添加标题”，输入文字“胡杨简介”，此为第 1 张幻灯片，如图 2-11-23 所示。

胡杨简介
单击此处添加副标题

图 2-11-23　第 1 张幻灯片

（3）选择版式。

单击“开始”选项卡“幻灯片”组中的“新建幻灯片”下拉按钮，在弹出的下拉列表中有很多基本版式供用户选择，这里选择“两栏内容”版式。按图 2-11-24 所示输入文字，此为第 2 张幻灯片。

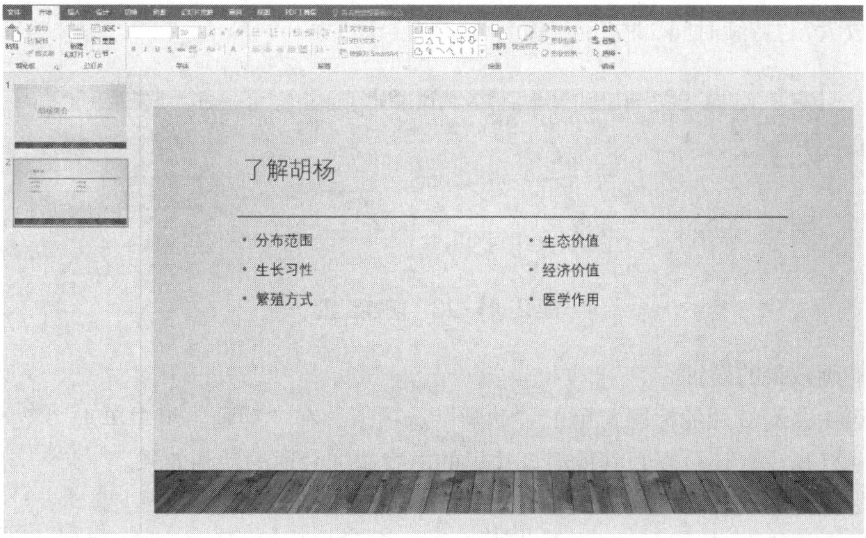
了解胡杨
分布范围
生长习性
繁殖方式
生态价值
经济价值
医学作用

图 2-11-24　第 2 张幻灯片

（4）插入图片。

建立第 3 张幻灯片，此处仍然选择“两栏内容”版式，单击左侧文本编辑区的“图片”

按钮，插入图片“胡杨.jpg”。在“图片工具”→“格式”选项卡中对图片大小、位置进行设置，在图片右侧输入内容“胡杨主要分布在新疆南部、柴达木盆地西部、河西走廊等地。”效果如图 2-11-25 所示。

分布范围
胡杨主要分布在新疆南部、柴达木盆地西部、河西走廊等地。

图 2-11-25　第 3 张幻灯片

（5）幻灯片切换方式的设置。

选中要设置切换方式的幻灯片，单击“切换”选项卡，选择切换方式，每一种切换方式有多种效果可以选择。例如，为第一张幻灯片选择“推进”切换方式，然后单击“效果选项”下拉按钮，在下拉列表中选择“自左侧”选项，如图 2-11-26 所示。设置第 2 张幻灯片的切换方式为“棋盘”，效果为“自左侧”。设置第 3 张幻灯片的切换方式为“形状”，效果为“放大”“持续时间 2 秒”。

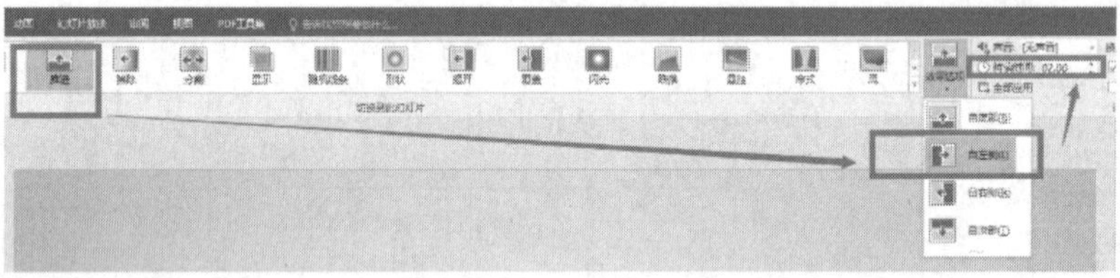

图 2-11-26　切换设置

（6）动画效果的设置。

选中第 1 张幻灯片的标题，单击“动画”选项卡，在“动画”组中单击“浮入”按钮，如图 2-11-27 所示。还可以为其他幻灯片里的内容添加合适的动画效果。

（7）幻灯片的放映。

幻灯片可以人工放映，也可以自动放映。在人工放映幻灯片时，需要逐张切换幻灯片，切换到下一张幻灯片的方法有：单击；单击屏幕左下角工具栏中的右侧箭头图标；向下滚动鼠标滚轮；按 Page Down 键；按键盘中的向下方向键；按键盘中的向右方向键；按 Space 键；按 Enter 键等。切换到上一张幻灯片的方法有：单击屏幕左下角工具栏中的左侧箭头图标；向上滚动鼠标滚轮；按 Page Up 键；按键盘中的向上方向键；按键盘中的向左方向键。

图 2-11-27　动画设置

实现幻灯片自动放映的方法有以下两种。

① 通过设置幻灯片的自动换片时间实现自动放映。选定幻灯片，单击“切换”选项卡，在“计时”组中勾选“设置自动换片时间”复选框，在此设置自动换片时间为 5 s，并且单击“全部应用”按钮。如图 2-11-28 所示。

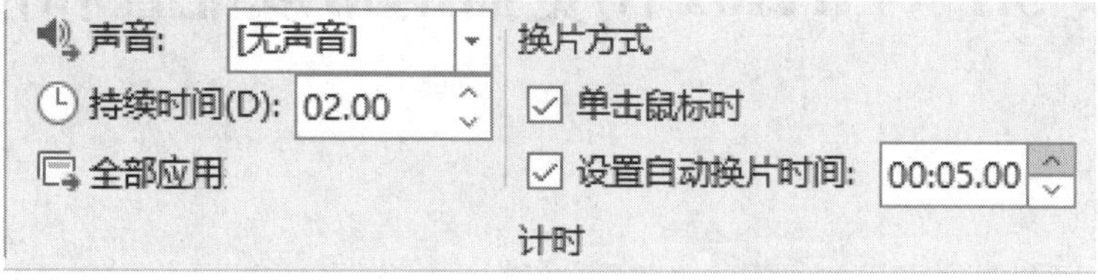

图 2-11-28　幻灯片放映方式（1）

② 通过排练计时实现自动放映。在“幻灯片放映”选项卡中，单击“设置”组中的“排练计时”按钮，在放映视图中，通过“录制”工具设定幻灯片的换片时间间隔。

幻灯片的循环放映的设置方法：单击“幻灯片放映”选项卡的“设置”组中的“设置幻灯片放映”按钮，打开“设置放映方式”对话框，选中“循环放映，按 ESC 键终止”复选框，如图 2-11-29 所示，单击“确定”按钮。

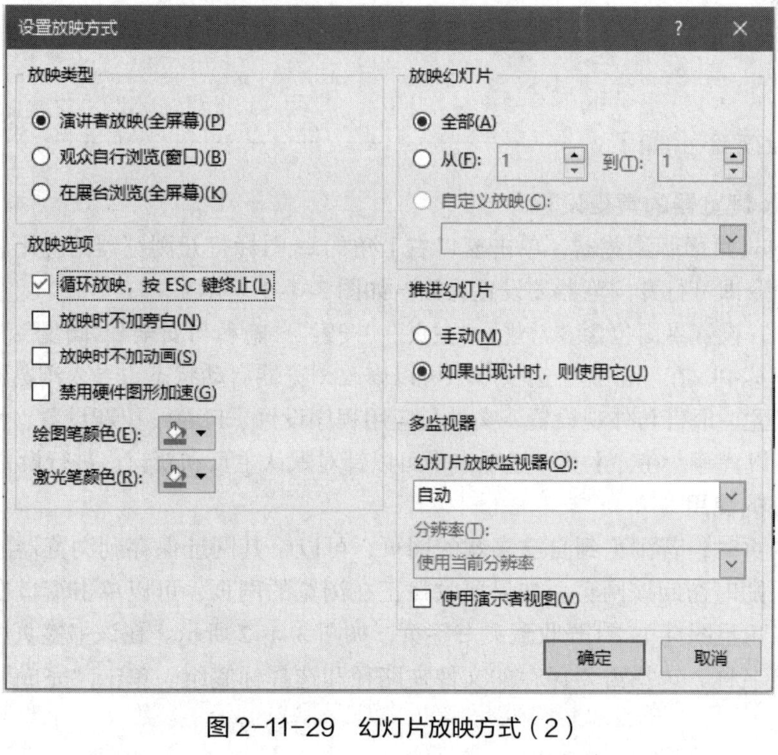

图 2-11-29　幻灯片放映方式（2）

第3章　计算机网络基础实验

实验 3.1　Firefox 浏览器的常规配置和使用

【实验目的】

（1）掌握 Firefox 浏览器的常规设置。

（2）学会 Firefox 浏览器收藏夹的使用与管理。

（3）掌握网页信息的保存方法。

（4）掌握网页源文件的查看方法。

【实验环境】

中文 Windows 10、Firefox 桌面版浏览器。

【实验内容及操作步骤】

1. Firefox 浏览器的常规设置

打开 Firefox 桌面版浏览器，单击窗口右上角的≡图标打开浏览器的应用程序菜单，单击"设置"命令即可打开浏览器的设置界面。如图 3-1-1 所示。

可以看到，设置界面包含"常规""主页""搜索""隐私与安全""同步""Mozilla 产品"六个选项卡。其中，在"常规"选项卡中可以修改浏览器启动状态、导入浏览器数据，以及进行标签页设置、语言与外观设置、文件与应用程序设置、Firefox 更新设置、性能设置、浏览设置、网络设置等；在"主页"选项卡中可以针对默认主页和新窗口进行设置。

2. 收藏夹的使用

在浏览网页时，若浏览到自己喜欢的网页，可以将其网址保存到浏览器的个人收藏夹中，方便以后随时访问该网页。如果要收藏正在浏览的网页，可以单击窗口右上角的"收藏"按钮（五角星图标），打开收藏夹书签页，如图 3-1-2 所示。在该书签页中，可以编辑所收藏的链接名称、选择需要保存的文件夹路径和选择标签组。单击"完成"按钮可实现保存操作。

图 3-1-1　Firefox 浏览器的设置界面

图 3-1-2　Firefox 浏览器的收藏夹书签页

Firefox 浏览器的工具栏提供了五个常用的工具图标，利用它们可以方便地对浏览器进行常见项目的管理操作，如图 3-1-3 所示。

图 3-1-3　Firefox 浏览器的工具栏

3. 保存网页

单击浏览器窗口右上角的 ≡ 图标，打开应用程序菜单，选择“另存页面为”命令，如图 3-1-4 所示，或按 Ctrl+S 组合键，打开“另存为”对话框，如图 3-1-5 所示，可以将网页保存到本地。

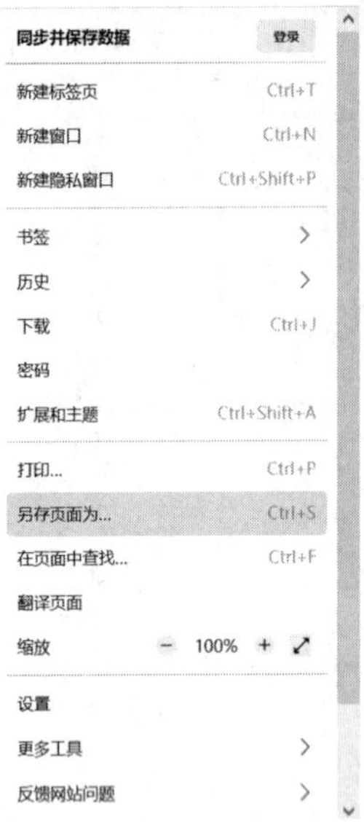

图 3-1-4 “另存页面为”命令

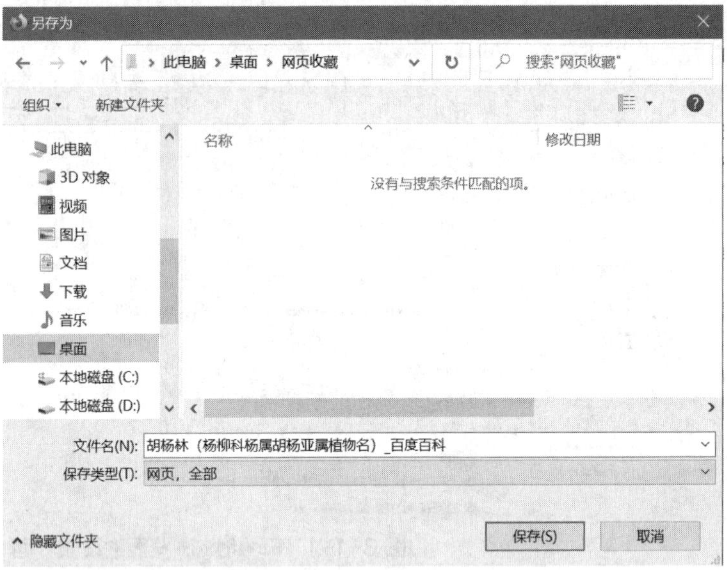

图 3-1-5 “另存为”对话框

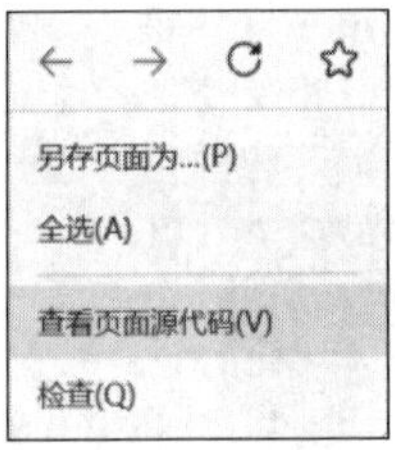

图 3-1-6 利用快捷菜单查看源文件

4. 网页源文件的查看

打开一个网页，在网页空白处右击，在弹出的快捷菜单中选择“查看页面源代码”命令（见图 3-1-6），或单击浏览器右上角的 ≡ 图标打开应用程序菜单，选择“更多工具”→“页面源代码”命令，就可以看到该网页的源代码文件，如图 3-1-7 所示。通过查看源代码文件，可以看到网站的标题、关键词、网站链接的地址并识别一些简单的网页病毒、木马等。

图 3-1-7 网页源代码页面

实验 3.2　电子邮箱的使用

【实验目的】

（1）熟悉申请免费电子邮箱的过程。

（2）熟练掌握电子邮件的发送和接收。

（3）掌握电子邮箱的整理方法。

【实验环境】

中文 Windows 10、Firefox 桌面版浏览器。

【实验内容及操作步骤】

1. 申请免费电子邮箱

启动 Firefox 浏览器，在地址栏中输入网址 https://mail.sina.com.cn，按 Enter 键进入新浪免费邮箱登录、注册页面，如图 3-2-1 所示。

图 3-2-1　新浪免费邮箱登录、注册界面

单击“注册”按钮，进入如图 3-2-2 所示的注册页面，根据邮箱申请流程要求，逐项填写好相应内容，然后单击“立即注册”按钮。

图 3-2-2　申请邮箱注册页面

2. 发送邮件

（1）启动 Firefox 浏览器，在地址栏中输入网址 https://mail.sina.com.cn，按 Enter 键进入新浪免费邮箱登录注册页面。在“用户名”和“密码”文本框中分别输入申请好的用户名和设置的密码，如图 3-2-3 所示，单击“登录”按钮，进入个人免费邮箱。

图 3-2-3　登录新浪免费邮箱

（2）单击邮箱的管理页面（见图 3-2-4）中的“写信”按钮，进入图 3-2-5 所示的写信页面，然后在“收件人”文本框中输入收信人的邮箱地址，在“主题”文本框中输入邮件的标题，在“正文”文本框中输入邮件的内容。

（3）如果需要在邮件中添加附件，则单击“附件”按钮，打开“添加附件”对话框，选择指定的文件作为附件（可以同时添加多个附件）并添加。

（4）单击“发送”按钮，就可以将邮件发送出去。

图 3-2-4　邮箱的管理页面

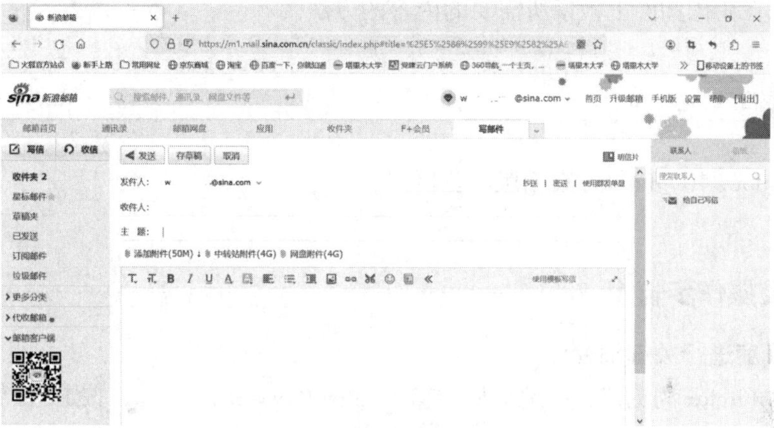

图 3-2-5　邮箱的写信页面

3. 接收邮件

在邮箱的管理页面中单击“收信”按钮，即可接收新邮件，如图 3-2-6 所示。

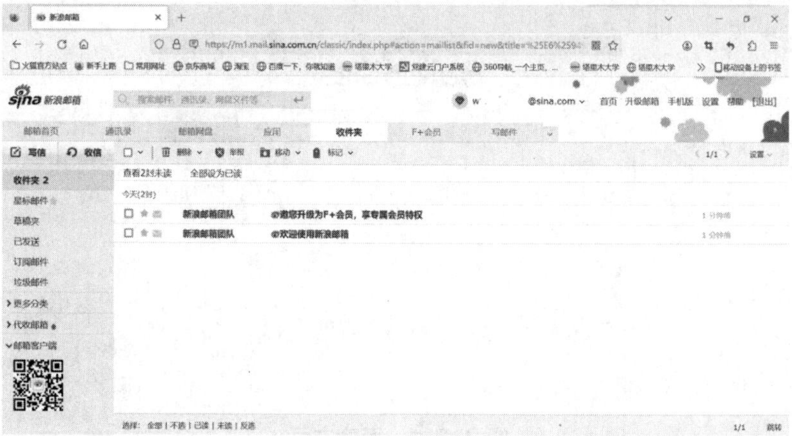

图 3-2-6　接收新邮件

实验 3.3　计算机网络信息检索

【实验目的】

（1）了解计算机网络各种信息的检索手段。

（2）掌握利用搜索引擎检索信息的方法。

（3）掌握在门户网站上搜索所需要的内容的方法。

（4）掌握在中国知网上检索所需要的内容的方法。

【实验环境】

中文 Windows 10、Firefox 桌面版浏览器。

【实验内容及操作步骤】

1. 利用百度进行关键词检索

（1）启动 Firefox 浏览器，在地址栏中输入 https://www.baidu.com，按 Enter 键，窗口中就出现了百度的主页，如图 3-3-1 所示。

图 3-3-1　百度主页

（2）在百度主页的搜索框中输入需要查找的关键词，如“全国计算机等级考试”，单击

“百度一下”按钮或按 Enter 键，开始搜索。百度给出了所有包含“全国计算机等级考试”的网页的索引信息，并包括网页时间及搜索结果总数等信息，如图 3-3-2 所示。

图 3-3-2　百度搜索结果（1）

2. 百度搜索技巧

由于上面到的结果太多、太杂，因此需要使用一些搜索技巧来缩小搜索范围。假设需要搜索大学生应该具备的基本素质，可以使用如下方法。

（1）多关键词搜索。

如果有多个关键词，可以在百度主页的搜索框中输入关键词时使用空格或者逗号分隔多个关键词，如输入“大学生　基本素质”，单击“百度一下”按钮，会得到详细的搜索结果，其关键词会以红色突出显示，如图 3-3-3 所示。

图 3-3-3　百度搜索结果（2）

（2）高级搜索功能。

进入百度主页，将鼠标指针移动到主页右上角的“设置”选项，如图 3-3-4 所示，在下拉菜单中单击“高级搜索”选项即可打开百度高级搜索页面，设置好搜索条件，单击“高级搜索”按钮启动搜索。除此之外，还可以单击“搜索设置”选项针对搜索框提示、搜索语言范围、搜索结果显示条数、实时预测功能、搜索历史记录等进行简单设置，如图 3-3-5 所示。

图 3-3-4　启动百度高级搜索

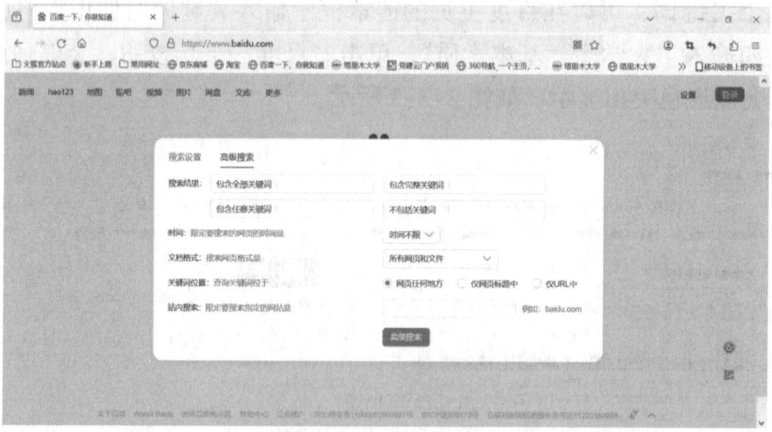

图 3-3-5　百度高级搜索设置

3. 专用搜索引擎的使用

在浏览器地址栏输入 https://image.baidu.com，按 Enter 键或者在百度主页左上角单击“图片”，即可进入百度图片搜索引擎首页，如图 3-3-6 所示。

在搜索框中输入要搜索的图片的关键词，如“大漠胡杨”，然后按 Enter 键，搜索结果如图 3-3-7 所示。

图 3-3-6 百度图片搜索引擎首页

图 3-3-7 百度图片搜索结果

4. 中国知网的使用

中国知网致力于全方位、立体化、体系化打通国内国际知识生产、传播和利用的全过程，建设促进知识学习、交流和创新的中国知识基础设施工程（CNKI）。中国知网知识发现网络平台面向海内外读者提供学位论文、会议、报纸、年鉴、专利、标准等各类资源统一检索、统一导航、在线阅读和下载的服务。

中国知网的使用方法如下。

打开 Firefox 浏览器，在地址栏中输入 https://www.cnki.net，按 Enter 键可进入中国知网主页，如图 3-3-8 所示。通过各大学图书馆主页（此处以塔里木大学图书馆为例），也可进入中国知网，如图 3-3-9 所示。

中国知网主页有一个检索框，先选择检索字段（如主题、关键词、全文、作者、单位等，推荐选择主题），然后输入检索词，按 Enter 键，就可以检索出相关文献。这种检索分为文献检索、知识元检索和引文检索三类，用户可以根据自己的需求进行选择使用。

图 3-3-8　中国知网主页

图 3-3-9　通过塔里木大学图书馆主页访问中国知网

这种检索方式非常便捷，能够快速获取全面而海量的文献资源，但如果想要更加精准地查找所需文献资源，可选择高级检索，如图 3-3-10 所示。

图 3-3-10　中国知网高级检索页面

在中国知网高级检索中，可以同时设定多个检索字段，输入多个检索词，从而获取更精准、范围更小的检索结果。

例如，要查找近两年红枣病虫害防治的研究文献，先设置第 1 个主题检索词为“红枣”，再设置第 2 个主题检索词为“病虫害防治”，最后在下面的时间范围里选择 2022 到 2024 年，单击“检索”按钮就会检索到相应的文献，如图 3-3-11 所示。

图 3-3-11　检索结果界面

实验 3.4　局域网的应用

【实验目的】

（1）了解网络设备的查看方法。

（2）掌握 TCP/IP 属性的设置。

（3）掌握使用 ping 命令检查网络连接情况的方法。

【实验环境】

中文 Windows 10、命令提示符窗口。

【实验内容及操作步骤】

1. 网络设备的查看

（1）在“控制面板”窗口中单击“设备管理器”，或右击桌面上的“此电脑”图标，在弹出的快捷菜单中选择“管理”→“设备管理器”命令，打开“设备管理器”窗口，如图 3–4–1 所示。

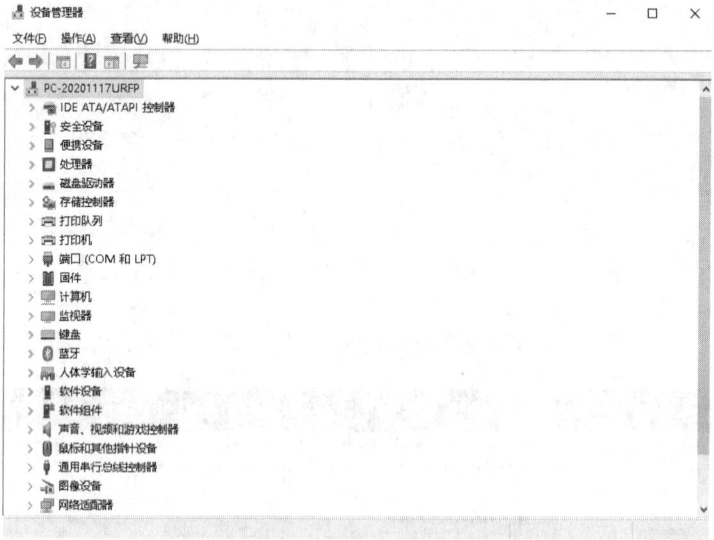

图 3–4–1 “设备管理器”窗口

（2）在设备列表中可以找到本机使用的网卡。双击“网络适配器”后可显示网卡的驱动安装信息，如图 3–4–2 所示 。

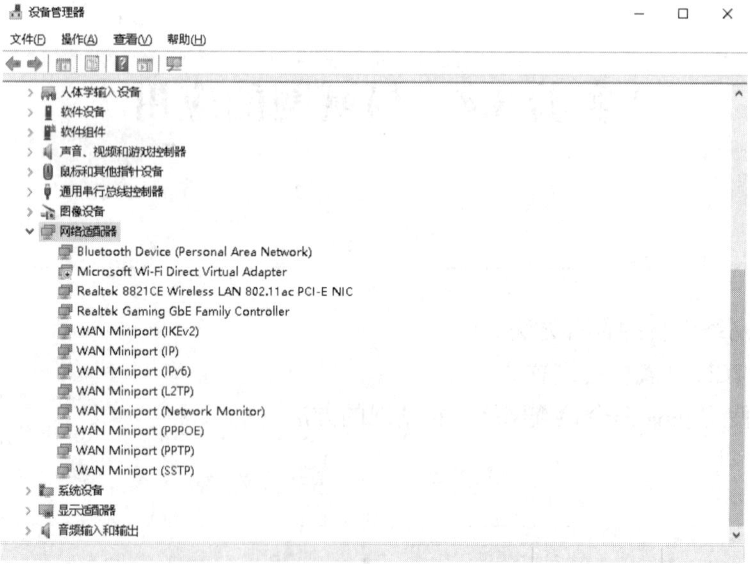

图 3–4–2 网卡的驱动安装信息

2. TCP/IP 属性的设置

（1）在桌面上右击“网络”图标，在弹出的快捷菜单中选择“属性”命令，进入“网络和共享中心”窗口，或在任务栏中右击“网络”图标，打开“网络和 Internet”设置窗口，如图 3–4–3 所示。单击“网络和共享中心”打开“网络和共享中心”窗口，如图 3–4–4 所示。

图 3-4-3 “网络和 Internet”设置窗口

图 3-4-4 “网络和共享中心 ”窗口

（2）在“网络和共享中心”窗口中显示了本机正在使用的网络的连接情况。单击窗口左侧的“更改适配器设置”链接，打开“网络连接”窗口，右击“本地连接”图标，在弹出的快捷菜单中选择“属性”命令，打开“以太网 状态”对话框，单击“详细信息”按钮可以查看当前计算机网络连接的物理地址、IPv4 地址、IPv4 子网掩码、IPv4 默认网关、IPv4 DNS 服务器等相关信息，如图 3-4-5 所示。在“以太网 状态”对话框中单击“属性”按钮，打开“以太网 属性”对话框，选择“Internet 协议版本 4(TCP/IPv4)”选项，单击“属性”按钮，打开“Internet 协议版本 4（TCP/IPv4）属性”对话框，在此对话框中可以对 IP 地址等进行设置，也可以直接选择自动获取 IP 地址，如图 3–4–6 所示。

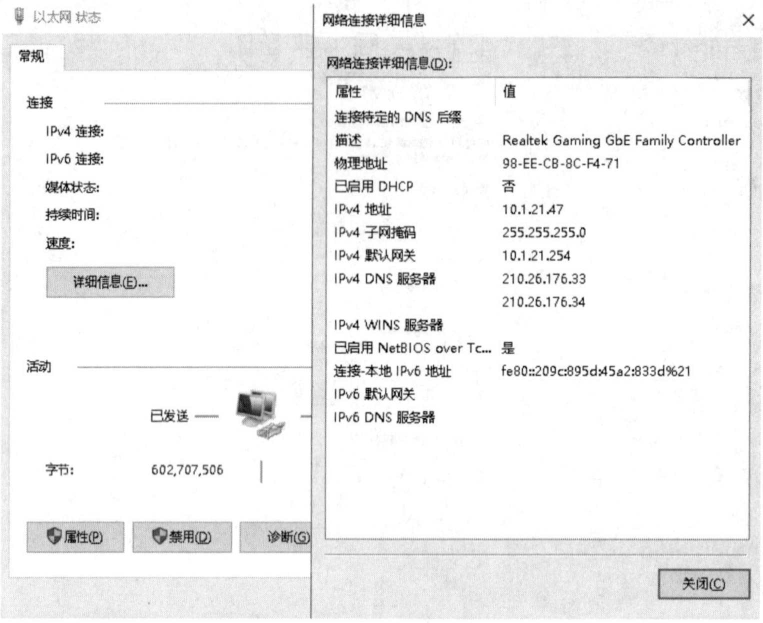

图 3–4–5　网络连接详细信息

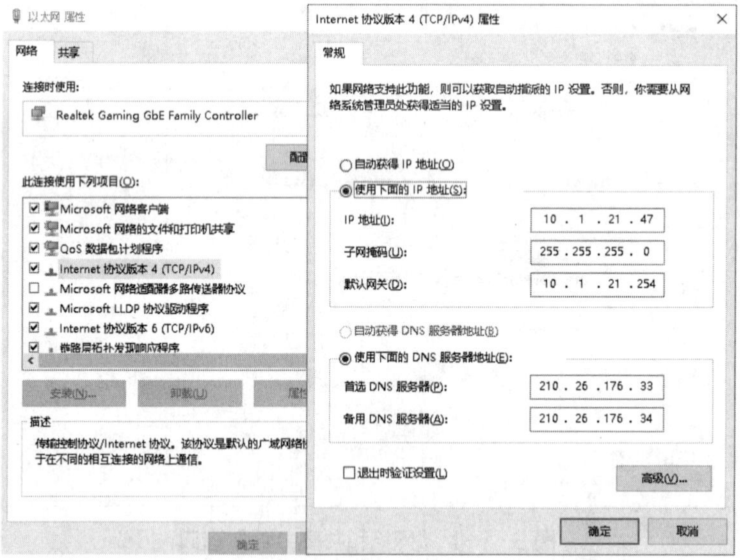

图 3–4–6　“Internet 协议版本 4（TCP/IPv4）属性”对话框

3. 命令提示符窗口的简单应用

（1）命令提示符窗口的启动。

在任务栏左侧搜索栏中输入“运行”，在出现的相关结果中单击“运行”应用命令，或使用 Win+R 组合键打开“运行”对话框，如图 3–4–7 所示。输入“cmd”，单击“确定”按钮，即进入 Windows 的命令提示符窗口，如图 3–4–8 所示。

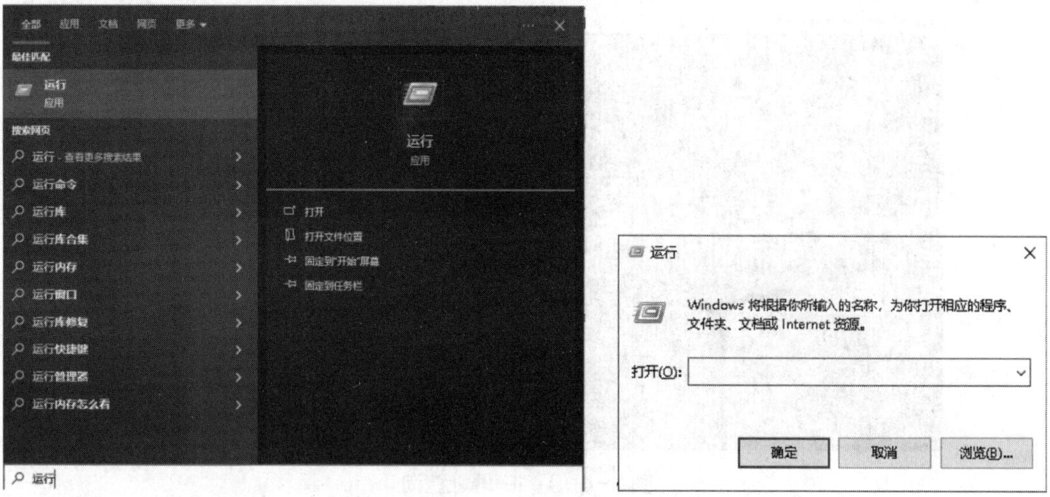

图 3-4-7　打开“运行”对话框

图 3-4-8　命令提示符窗口

（2）IP 查询命令的使用。

ipconfig 是查看本机 IP 地址及其他网络信息的重要命令，在命令提示符窗口中输入“ipconfig -all”，即可查看所有网卡的 IP 地址，如图 3-4-9 所示。

（3）ping 命令的简单应用。

在网络中，ping 命令的主要作用是用来检测网络的连通情况和分析网络速度。ping 命令的用途及使用方法可以在命令提示符窗口中输入“ping /?”命令进行查询，如图 3-4-10 所示。

如果要判断本机与目标主机的连通情况，可以在命令提示符窗口中输入“ping+目标主机的 IP 地址”，如“ping 10.1.21.47”命令，也可以“ping+输入目标主机的域名地址”，如“ping www.baidu.com”命令，按 Enter 键进行查询，如图 3-4-11 所示。

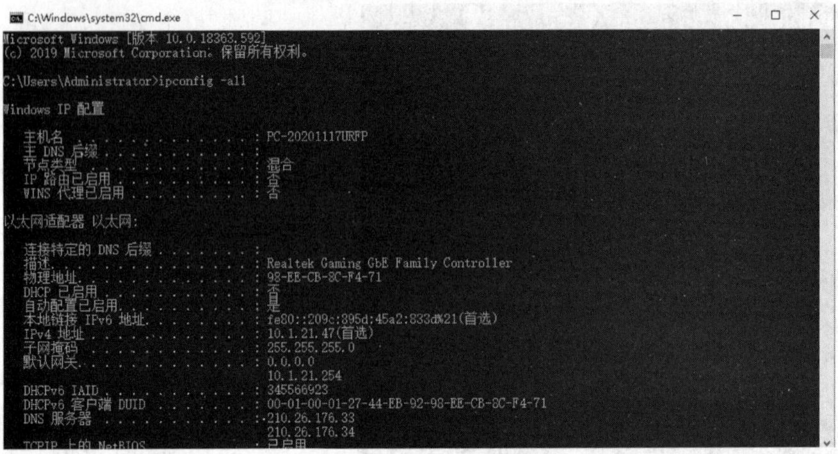
C:\Windows\system32\cmd.exe
Microsoft Windows [版本 10.0.18363.592]
(c) 2019 Microsoft Corporation。保留所有权利。
C:\Users\Administrator>ipconfig -all
Windows IP 配置
主机名 . . . . : PC-20201117URFP
主 DNS 后缀 . . . . :
节点类型 . . . . : 混合
IP 路由已启用 . . . . : 否
WINS 代理已启用 . . . . : 否
以太网适配器 以太网:
连接特定的 DNS 后缀 . . . . :
描述. . . . . : Realtek Gaming GbE Family Controller
物理地址. . . . . : 98-EE-CB-8C-F4-71
DHCP 已启用 . . . . : 否
自动配置已启用. . . . . : 是
本地链接 IPv6 地址. . . . . : fe80::209c:395d:45a2:833d%21(首选)
IPv4 地址 . . . . : 10.1.21.47(首选)
子网掩码 . . . . : 255.255.255.0
默认网关. . . . . : 0.0.0.0
10.1.21.254
DHCPv6 IAID . . . . : 345566923
DHCPv6 客户端 DUID . . . . : 00-01-00-01-27-44-EB-92-98-EE-CB-8C-F4-71
DNS 服务器 . . . . : 210.26.176.33
210.26.176.34

图 3-4-9　IP 地址查询

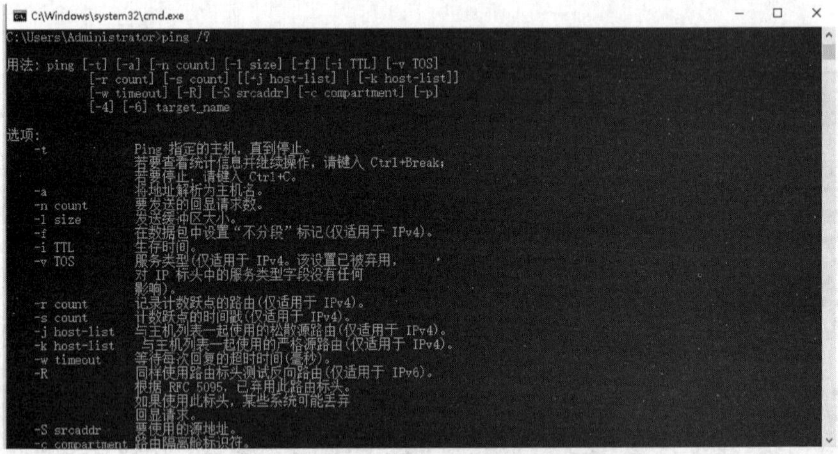
C:\Windows\system32\cmd.exe
C:\Users\Administrator>ping /?
用法: ping [-t] [-a] [-n count] [-l size] [-f] [-i TTL] [-v TOS]
[-r count] [-s count] [[-j host-list] | [-k host-list]]
[-w timeout] [-R] [-S srcaddr] [-c compartment] [-p]
[-4] [-6] target_name
选项:
-t　Ping 指定的主机，直到停止。
若要查看统计信息并继续操作，请键入 Ctrl+Break;
若要停止，请键入 Ctrl+C。
-a　将地址解析为主机名。
-n count　要发送的回显请求数。
-l size　发送缓冲区大小。
-f　在数据包中设置"不分段"标记(仅适用于 IPv4)。
-i TTL　生存时间。
-v TOS　服务类型(仅适用于 IPv4。该设置已被弃用，
对 IP 标头中的服务类型字段没有任何
影响)。
-r count　记录计数跃点的路由(仅适用于 IPv4)。
-s count　计数跃点的时间戳(仅适用于 IPv4)。
-j host-list　与主机列表一起使用的松散源路由(仅适用于 IPv4)。
-k host-list　与主机列表一起使用的严格源路由(仅适用于 IPv4)。
-w timeout　等待每次回复的超时时间(毫秒)。
-R　同样使用路由标头测试反向路由(仅适用于 IPv6)。
根据 RFC 5095，已弃用此路由标头。
如果使用此标头，某些系统可能丢弃
回显请求。
-S srcaddr　要使用的源地址。

图 3-4-10　ping 命令的用法查询

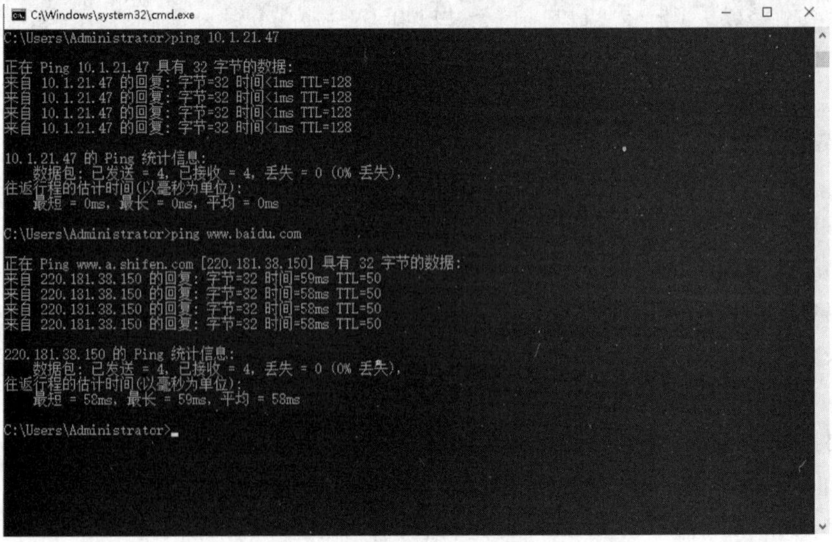
C:\Windows\system32\cmd.exe
C:\Users\Administrator>ping 10.1.21.47
正在 Ping 10.1.21.47 具有 32 字节的数据:
来自 10.1.21.47 的回复: 字节=32 时间<1ms TTL=128
来自 10.1.21.47 的回复: 字节=32 时间<1ms TTL=128
来自 10.1.21.47 的回复: 字节=32 时间<1ms TTL=128
来自 10.1.21.47 的回复: 字节=32 时间<1ms TTL=128
10.1.21.47 的 Ping 统计信息:
数据包: 已发送 = 4，已接收 = 4，丢失 = 0 (0% 丢失)，
往返行程的估计时间(以毫秒为单位):
最短 = 0ms，最长 = 0ms，平均 = 0ms
C:\Users\Administrator>ping www.baidu.com
正在 Ping www.a.shifen.com [220.181.38.150] 具有 32 字节的数据:
来自 220.181.38.150 的回复: 字节=32 时间=59ms TTL=50
来自 220.181.38.150 的回复: 字节=32 时间=58ms TTL=50
来自 220.181.38.150 的回复: 字节=32 时间=58ms TTL=50
来自 220.181.38.150 的回复: 字节=32 时间=58ms TTL=50
220.181.38.150 的 Ping 统计信息:
数据包: 已发送 = 4，已接收 = 4，丢失 = 0 (0% 丢失)，
往返行程的估计时间(以毫秒为单位):
最短 = 58ms，最长 = 59ms，平均 = 58ms
C:\Users\Administrator>

图 3-4-11　ping 命令操作

第4章　多媒体技术基础实验

实验 4.1　图像处理软件 Photoshop 的工作环境

【实验目的】

（1）熟悉 Photoshop CS6 的工作环境。

（2）掌握 Photoshop 中常用工具的使用方法。

（3）掌握图像处理的基本方法，学习使用 Photoshop 编辑和处理图像。

【实验环境】

中文 Windows 10 和 Photoshop CS6。

【实验内容及操作步骤】

1. 安装、启动和退出 Photoshop CS6

（1）安装 Photoshop CS6。

① 打开安装程序所在的文件夹，如图 4-1-1 所示。

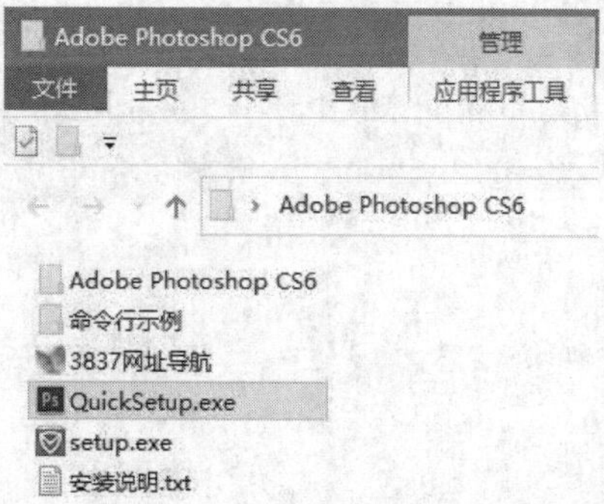

图 4-1-1　打开安装程序所在的文件夹

② 双击 QuickSetup.exe 图标，单击“安装”按钮，如图 4–1–2 所示。

③ 屏幕右下角会出现安装提示，如图 4–1–3 所示。

④ 若出现图 4–1–4 所示的界面，说明已经安装成功。

图 4–1–2　运行安装程序

图 4–1–3　安装提示

图 4–1–4　安装成功

（2）启动 Photoshop CS6。

安装完成后，系统会自动创建 Photoshop CS6 的快捷方式，并将快捷方式图标置于桌面，如图 4–1–5 所示。

图 4–1–5　桌面快捷方式图标

双击该图标，或通过“开始”菜单启动 Photoshop CS6，启动后的界面如图 4–1–6 所示。

图 4–1–6　Photoshop CS6 启动后的界面

（3）退出 Photoshop CS6。

单击“文件”→“退出”命令，如图 4–1–7 所示，退出 Photoshop CS6，或单击 Photoshop CS6 窗口右上角的“关闭”按钮，也可以实现退出。

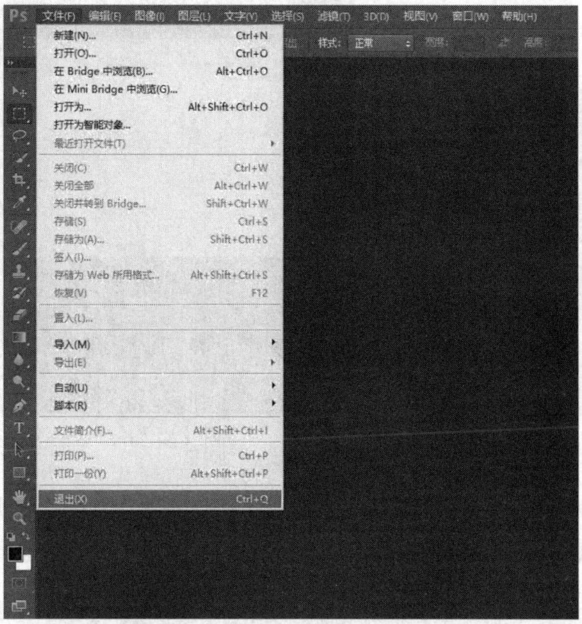

图 4–1–7　Photoshop CS6 的退出操作

2. 制作“计算机显示屏”图片

（1）单击“文件”→“新建”命令，打开“新建”对话框，设置名称为“计算机显示屏”，宽度为 800 像素，高度为 600 像素，分辨率为 72 像素 / 英寸，颜色模式为 RGB 颜色，背景内容为白色，如图 4–1–8 所示，单击“确定”按钮，完成画布的创建。

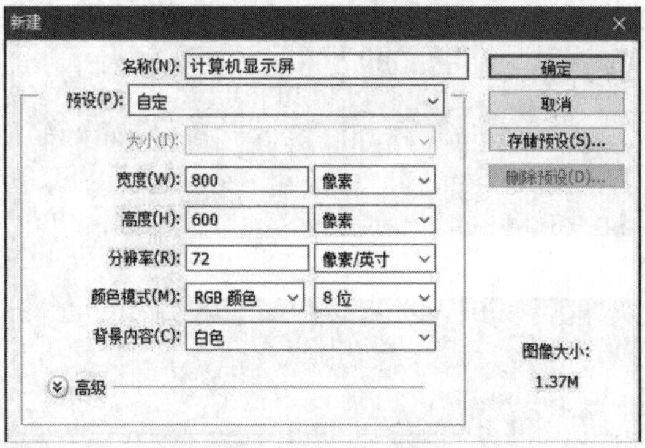

图 4–1–8　“新建”对话框的设置

（2）单击“图层”面板下方的“创建新图层”按钮（或按 Ctrl+Shift+Alt+N 组合键）创建一个新图层，这时“图层”面板中会出现名称为“图层 1”的透明图层，如图 4–1–9 所示。

（3）单击工具箱中的“矩形选框工具”（或按 M 键），在画布中绘制一个如图 4–1–10 所示的矩形选区。

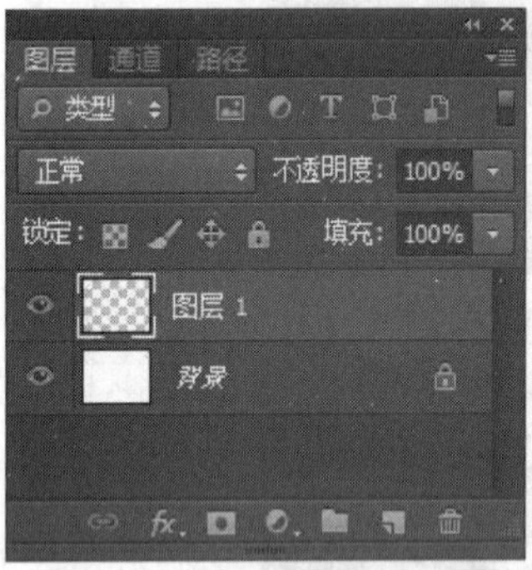

图 4-1-9　创建新图层

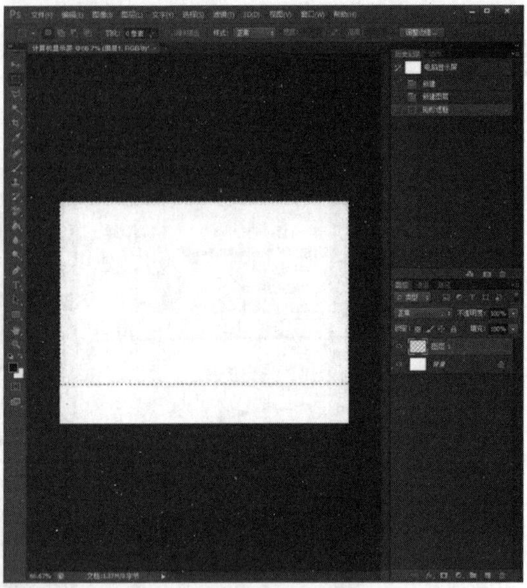

图 4-1-10　创建矩形选区

（4）单击工具箱中的“油漆桶工具”，在选区所在的区域单击（或按 Alt+Delete 组合键）填充前景色黑色，效果如图 4-1-11 所示。

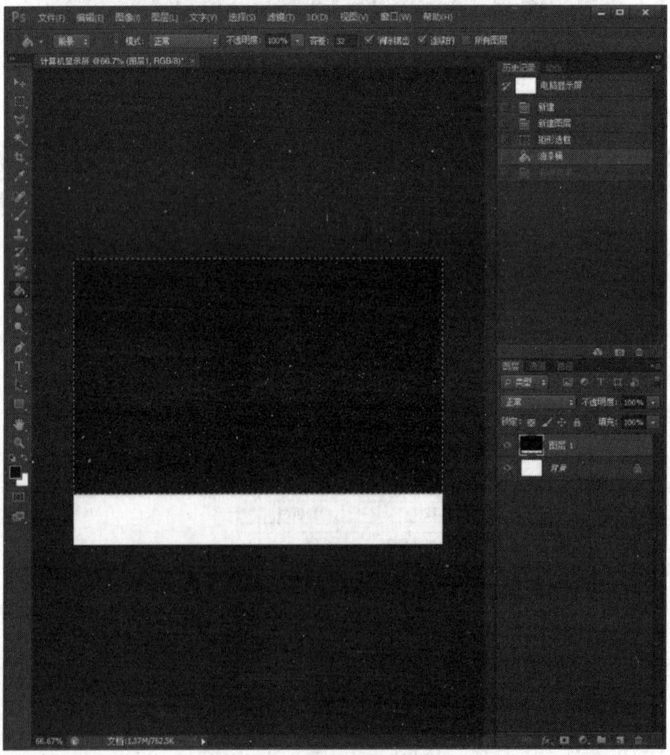

图 4-1-11　填充选区

（5）单击“选择”→“取消选择”命令（或按 Ctrl+D 组合键）取消选区，效果如图 4-1-12 所示。

（6）按 Ctrl+Shift+Alt+N 组合键新建“图层 2”，接着在合适的位置绘制一个略小的矩形选区，如图 4–1–13 所示。

图 4–1–12　取消选区

图 4–1–13　绘制略小的矩形选区

（7）单击工具箱中的“设置前景色”按钮，在弹出的“拾色器（前景色）”对话框中将前景色设置为灰色，如图 4–1–14 所示，单击“确定”按钮。

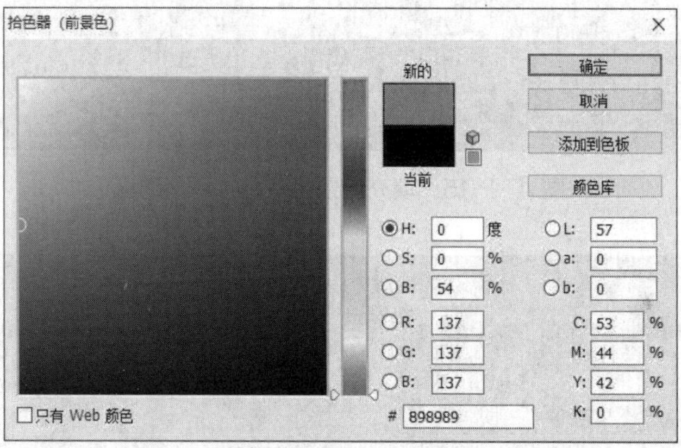

图 4–1–14　设置前景色

（8）按 Alt+Delete 组合键填充前景色灰色，接着按 Ctrl+D 组合键取消选区，效果如图 4–1–15 所示。

（9）单击工具箱中的“默认前景色和背景色”按钮（或按 D 键），重置前景色和背景色，这时前景色恢复为默认的黑色，背景色恢复为默认的白色。

（10）按 Ctrl+Shift+Alt+N 组合键新建“图层 3”，绘制一个大小合适的矩形选区，按 Alt+Delete 组合键填充前景色黑色，作为计算机显示屏的支架，接着按 Ctrl+D 组合键取消选区。

（11）按 Ctrl+Shift+Alt+N 组合键新建“图层 4”，绘制一个横向稍长的矩形选区，按 Alt+Delete 组合键填充前景色黑色，作为计算机显示屏的底座，按 Ctrl+D 组合键取消选区。

（12）按 Ctrl+Shift+Alt+N 组合键新建“图层 5”，绘制一个较小的矩形选区，设置前景色为红色，按 Alt+Delete 组合键填充颜色，作为计算机显示屏的开关，然后按 Ctrl+D 组合键取消选区。分别选中开关、支架和底座所在的图层，使用“移动工具”将它们移动至合适的位置，如图 4–1–16 所示。

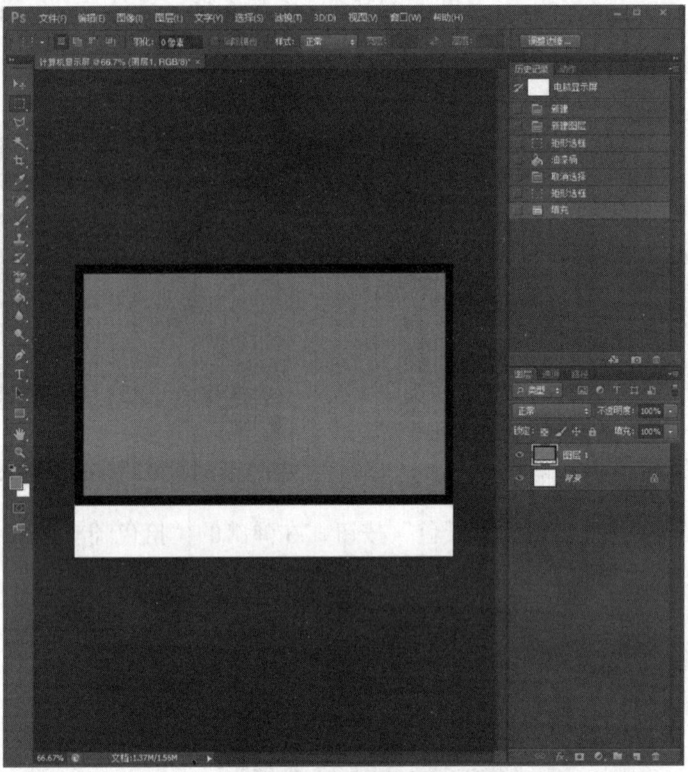

图 4-1-15　填充前景色灰色并取消选区

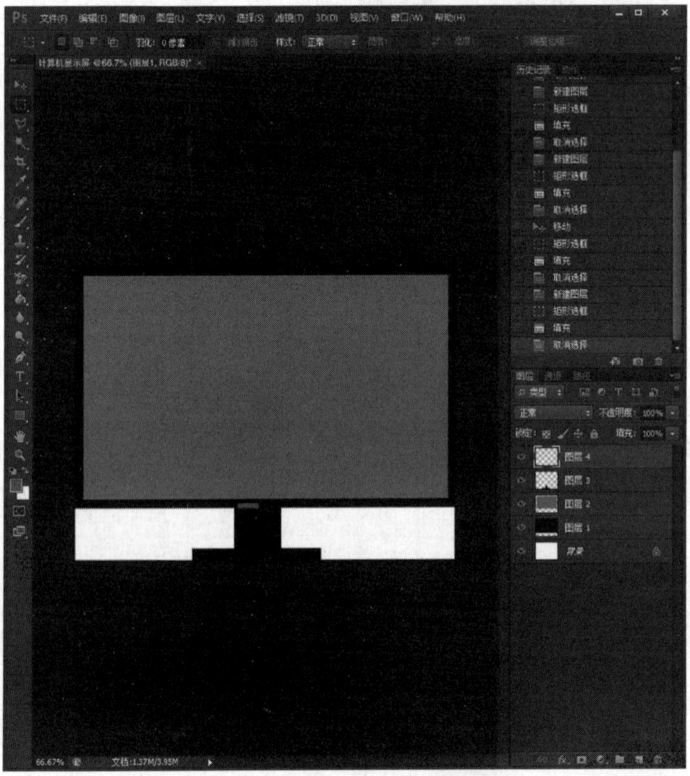

图 4-1-16　绘制开关、支架和底座

（13）按住 Ctrl 键不放，依次单击图层，选中所有图层。单击“图层”→“对齐”→“水平居中”命令，使页面中的元素水平居中排列，效果如图 4-1-17 所示。

图 4-1-17　移动和对齐图层

（14）单击“文件”→“打开”命令（或按 Ctrl+O 组合键），打开素材图片（见图 4-1-18）。利用复制、粘贴功能将素材放在“计算机显示屏”的画布上，得到“图层 6”。

图 4-1-18　素材图片

（15）执行“编辑”→“自由变换”命令（或按 Ctrl+T 组合键），将素材图像缩放到合适的大小，如图 4-1-19 所示。

图 4-1-19　缩放素材图像

（16）按 Enter 键，确认自由变换操作，最终效果如图 4-1-20 所示。

图 4-1-20　最终效果图

（17）单击“文件”→“存储为”命令，将文件以“计算机显示屏.psd”为文件名存储在桌面上，如图 4–1–21 所示。

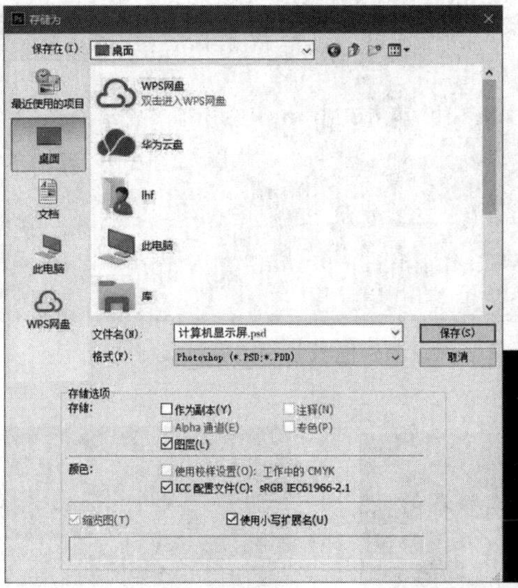

图 4–1–21　存储文件

3. 制作光芒四射的文字效果

（1）单击“文件”→“新建”命令，打开“新建”对话框，设置空白画布参数为“800 像素 × 800 像素、72 像素 / 英寸，RGB 颜色，8 位，白色”，如图 4–1–22 所示。

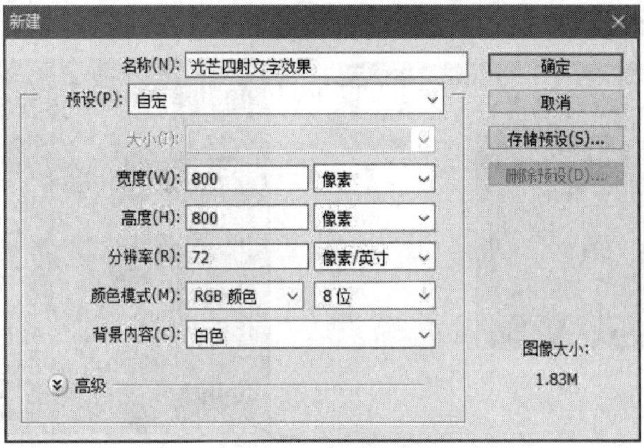

图 4–1–22　新建参数设置

（2）单击工具箱中的“默认前景色和背景色”按钮，设置前景色为黑色，按 Alt+Delete 组合键为整个画布填充背景色黑色，如图 4–1–23 所示。

（3）单击工具箱中的“横排文字工具”，设置参数为“楷体、180 点、白色”，输入文字“光芒四射”，按 Ctrl+Enter 组合键确认，如图 4–1–24 所示。

（4）按 Ctrl+Shift+Alt+E 组合键盖印图层，如图 4–1–25 所示。

（5）单击“滤镜”→“扭曲”→“极坐标”命令，在打开的“极坐标”对话框中选中“平面坐标到极坐标”单选按钮，如图 4–1–26 所示，单击“确定”按钮，设置效果如 4–1–27 所示。

图 4-1-23　填充背景色黑色

图 4-1-24　输入文字

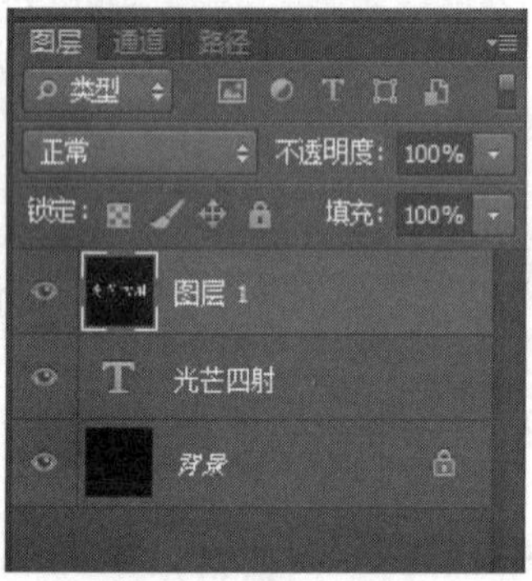

图 4-1-25　盖印图层

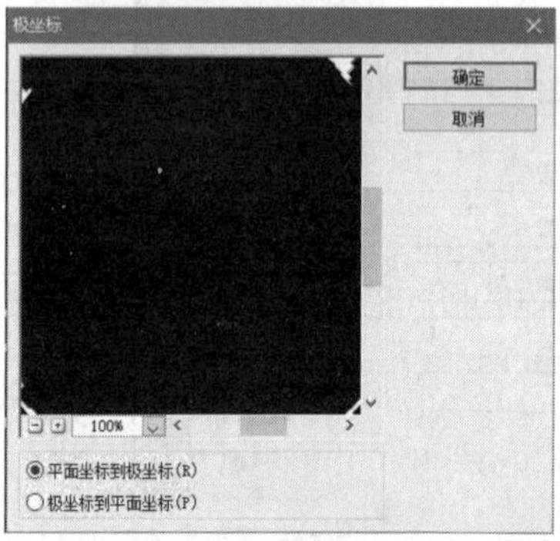

图 4-1-26　设置平面坐标到极坐标

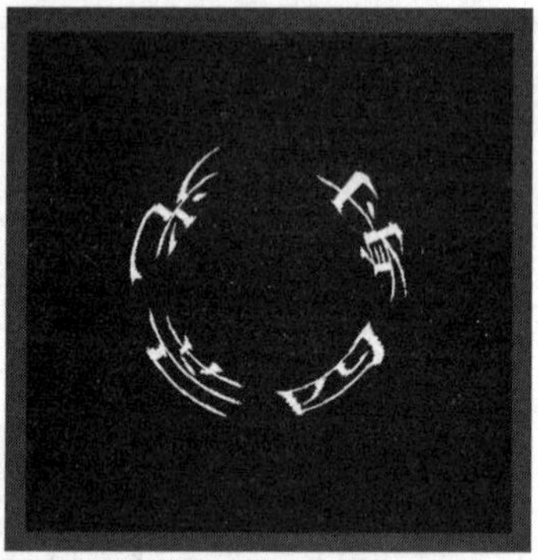

图 4-1-27　设置效果

（6）单击“图像”→“图像旋转”→“逆时针旋转 90 度”命令，设置效果如图 4-1-28 所示。

（7）单击“滤镜”→“风格化”→“风”命令，在打开的“风”对话框中选择“风”和“从左”单选按钮，如图 4-1-29 所示，单击“确定”按钮。

（8）重复按 Ctrl+F 组合键两三次调整风的大小，效果如图 4-1-30 所示。

（9）单击“图像”→“图像旋转”→“顺时针旋转 90 度”命令，设置效果如图 4-1-31 所示。

图 4-1-28　图像逆时针旋转 90°

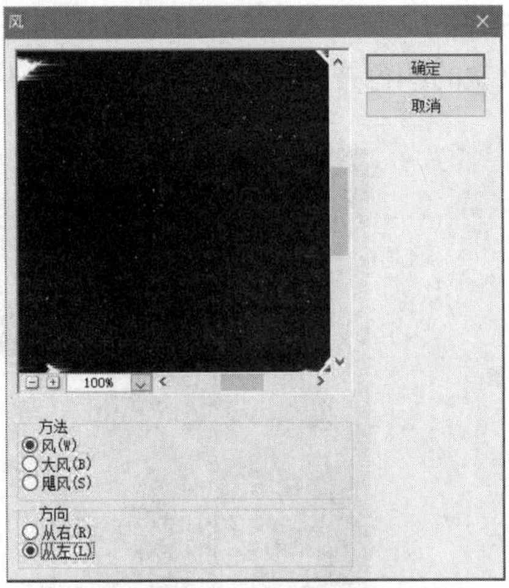

图 4-1-29　添加风的效果

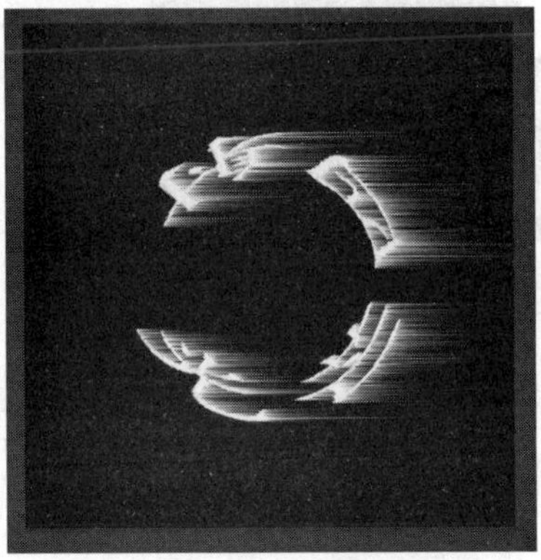

图 4-1-30　添加风的效果

图 4-1-31　图像顺时针旋转 90°

（10）单击“滤镜”→“扭曲”→“极坐标”命令，在打开的“极坐标”对话框中选中“极坐标到平面坐标”单选按钮，如图 4-1-32 所示，单击“确定”按钮。

图 4-1-32　设置极坐标到平面坐标

（11）按 Ctrl+Shift+Alt+N 组合键新建图层，在工具箱中单击“渐变工具（线性渐变）”，选择自己喜欢的颜色并添加渐变效果，如图 4–1–33 所示。

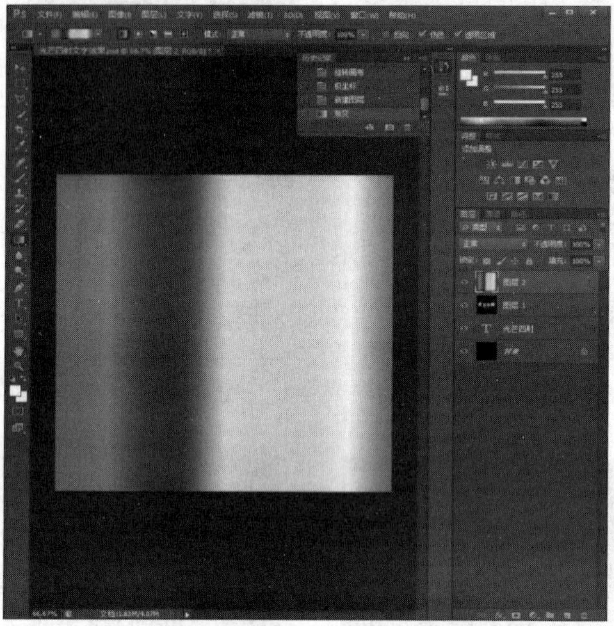

图 4–1–33　添加渐变效果

（12）更改当前图层（图层 2）的混合模式为颜色，如图 4–1–34 所示。

（13）设置后的最终效果如图 4–1–35 所示，还可以在渐变编辑器中选择不同的颜色，重新观察效果。

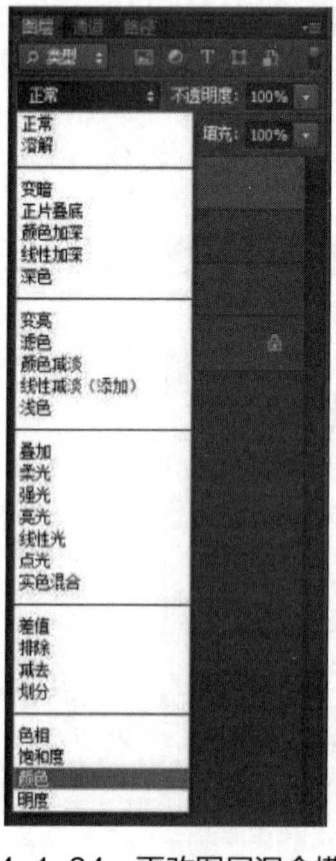

图 4–1–34　更改图层混合模式

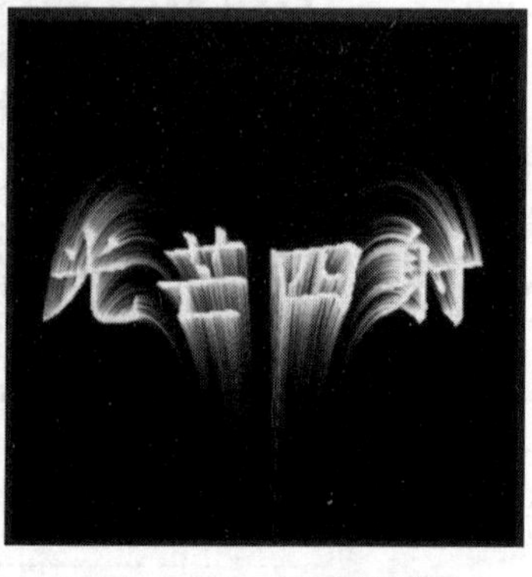

图 4–1–35　最终效果图

（14）将文件以“光芒四射的文字效果 .psd”为文件名有储在桌面上，如图 4-1-36 所示。

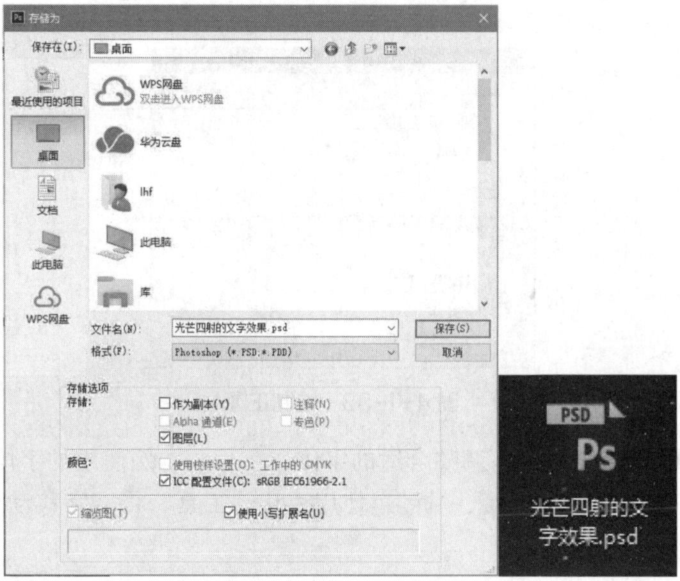

图 4-1-36　存储文件

4. 制作墙面粉刷字效果

（1）打开素材“墙面”，如图 4-1-37 所示。

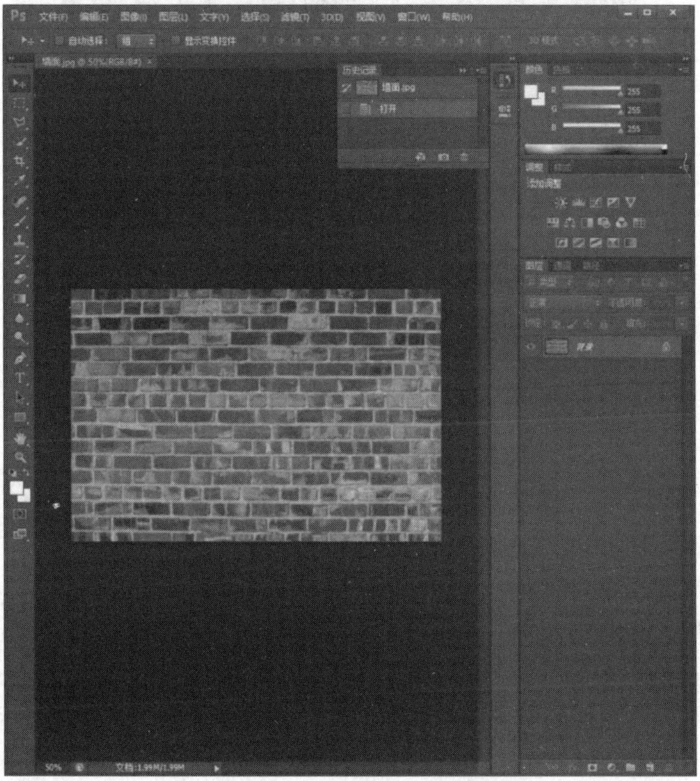

图 4-1-37　打开素材“墙面”

（2）新建图层，选择“椭圆工具”，按住 Shift 键绘制正圆，右击，在快捷菜单中单击“描边”命令，打开“描边”对话框，设置描边宽度为“30 像素”，如图 4–1–38 所示。

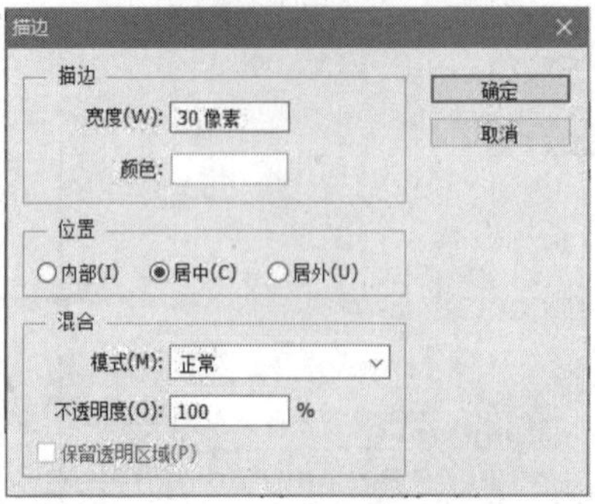

图 4–1–38　绘制正圆

（3）选择“横排文字工具”，调整合适的字体、字号，本例使用的字体为“华文新魏”，字号为“520 点”。在圆形内部输入“拆”，使用“移动工具”将文字移动至圆形正中位置，如图 4–1–39 所示。

图 4–1–39　创建文字图层

（4）选中文字图层和椭圆描边图层，利用快捷菜单合并图层，如图 4–1–40 所示。

（5）新建图层，并填充为白色，如图 4–1–41 所示。

（6）双击新建的白色图层，打开“图层样式”对话框，在“混合颜色带”选项中，将最下面的“下一图层”左边的滑块向右移动至 92 的位置，如图 4–1–42 所示。

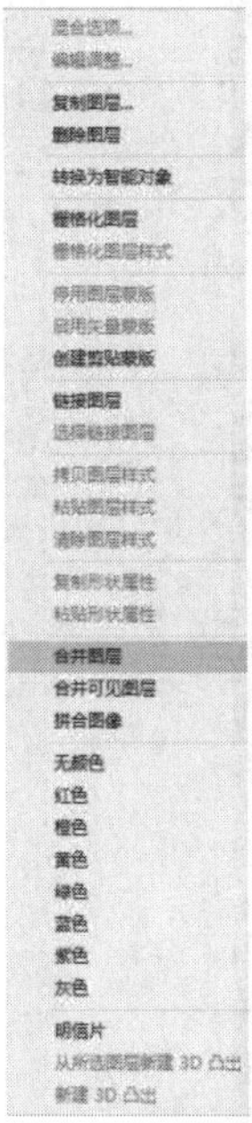

图 4-1-40　合并图层

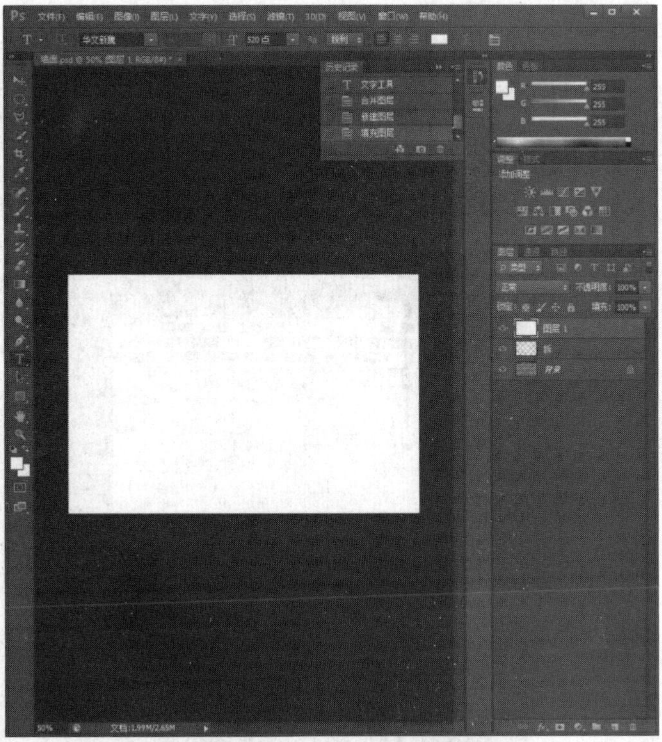

图 4-1-41　新建白色图层

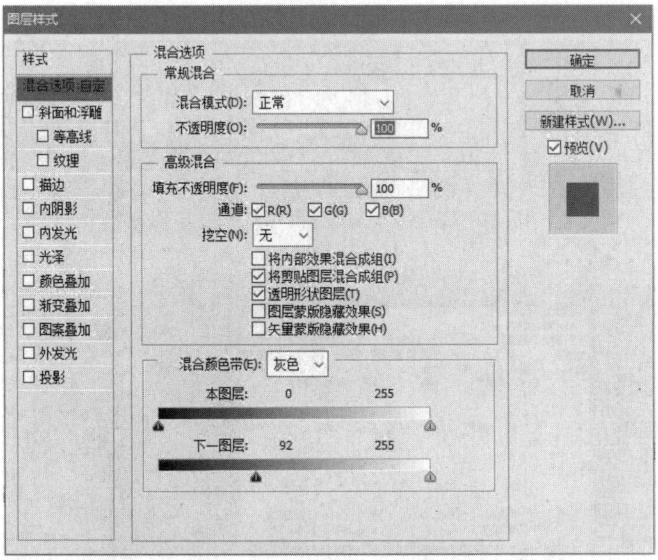

图 4-1-42　调整混合颜色带

（7）按住 Ctrl 键，单击文字图层，载入选区，单击文字图层的眼睛图标，隐藏图层，如图 4-1-43 所示。

（8）给填充了白色背景的图层添加蒙版，如图 4-1-44 所示。

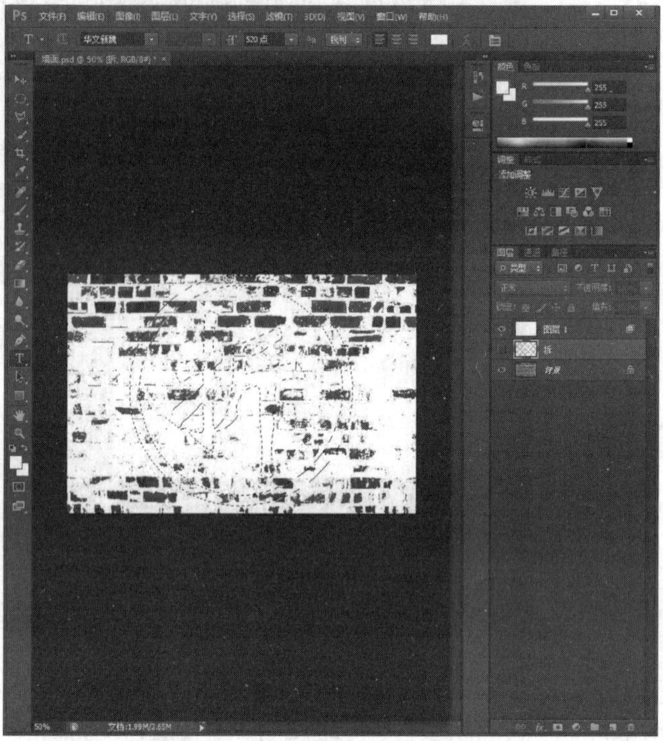

图 4-1-43　调整文字图层

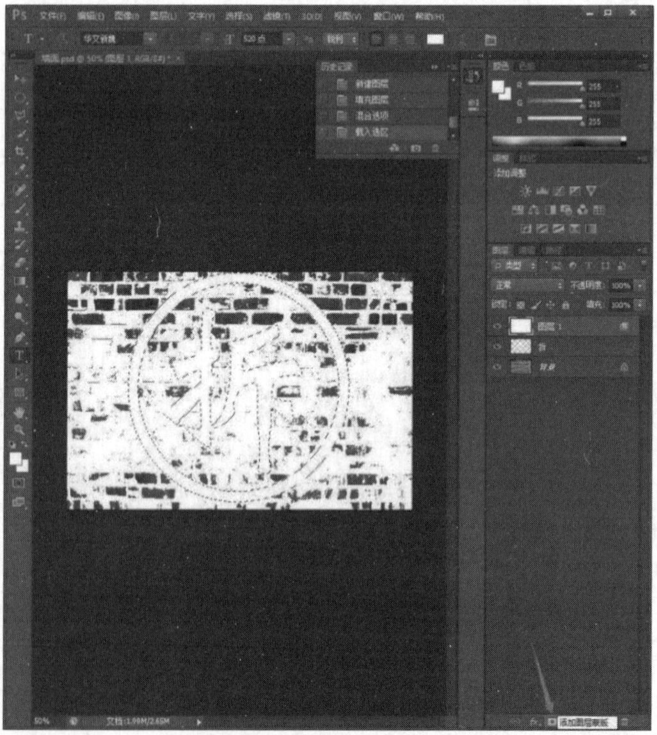

图 4-1-44　添加蒙版

最终的墙面粉刷字效果如图 4-1-45 所示。

图 4-1-45　墙面粉刷字效果

实验 4.2　视频编辑软件剪映的简单应用

【实验目的】

（1）了解剪映的下载、安装及启动步骤。

（2）熟悉剪映的工作环境。

（3）掌握剪映中常用工具的使用方法。

【实验环境】

中文 Windows 10 和剪映专业版。

【实验内容及操作步骤】

1. 下载、安装和启动剪映专业版

（1）下载。

剪映是由抖音官方推出的一款手机视频编辑应用，它带有全面的剪辑功能，支持变速，有多样的滤镜和美颜效果，以及丰富的曲库资源。自 2021 年 2 月起，剪映支持在手机移动端、iPad 端、Mac 计算机端、Windows 计算机端全终端使用。

剪映专业版具有如下特征。

① 拥有切割、变速、倒放等功能，且简单易学。

② 提供贴纸文本。精致好看的贴纸和字体，给视频加点乐趣。

③ 拥有抖音独家曲库，海量音乐让视频更“声”动。

④ 滤镜、美颜风格高级、美观。

剪映的官方网站地址为 https://www.capcut.cn/web，页面如图 4–2–1 所示，可下载的版本分为专业版、移动端、网页版和企业版。

图 4–2–1　剪映官方网站页面

（2）安装。

剪映专业版的安装包文件大小大约为 515 MB，安装完成后会自动检测设备是否能流畅使用，如图 4–2–2 所示。

图 4–2–2　安装过程

（3）启动。

双击桌面上的剪映专业版快捷方式图标启动程序，启动界面如图 4–2–3 所示。

2. 工作界面与简单创作流程

启动剪映后，可以登录账户。登录与否的工作界面，除了在账户头像这个位置有不同之外，其余都没有区别。启动界面分左、右两个板块，左边板块有“首页”“模板”“我的云空间”“热门活动”四个按钮，单击后右边都会出现相应的界面。首页就是启动时的界面，制作作品的入口在右边上部的开始创作区域，下面还有“图文成片”“智能剪裁”“创作脚本”“一起拍”四个按钮。

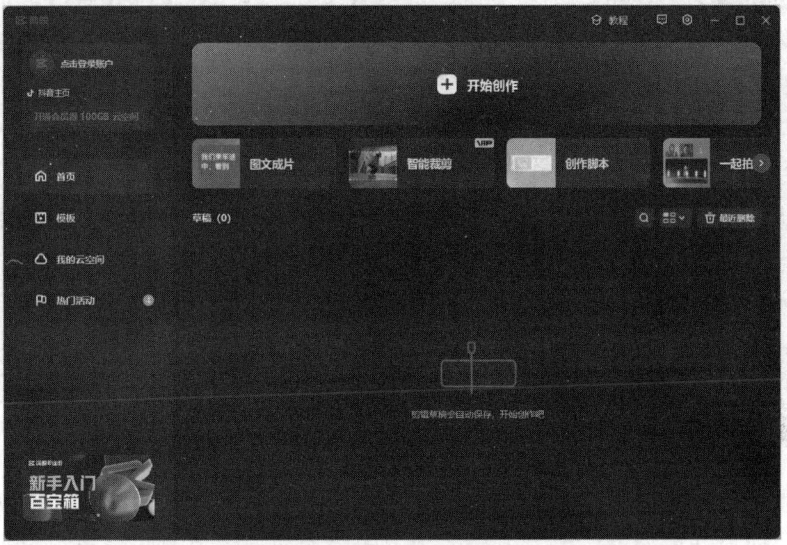

图 4-2-3　启动界面

单击“图文成片”按钮，打开如图 4-2-4 所示界面。在“主题”文本框中可以填写文案的主题，在“话题”文本框中可以填写稍微具体的描述，单击下面的“生成文案”按钮可以像 ChatGPT 一样生成一段文案。

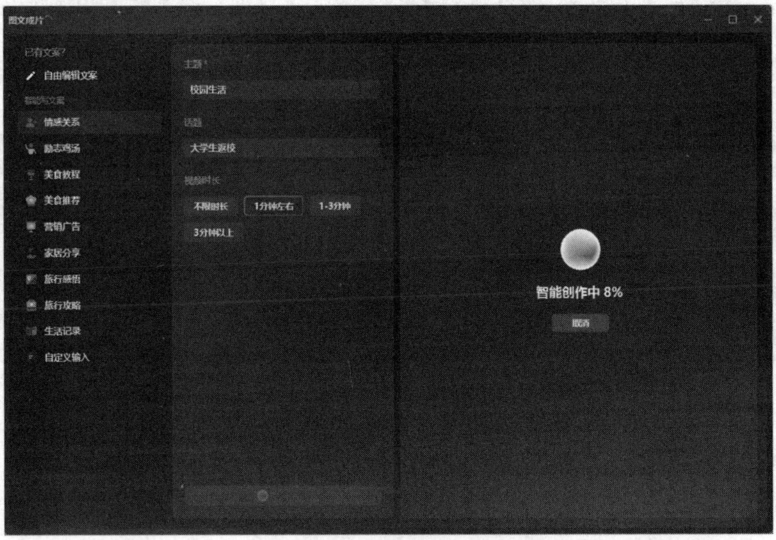

图 4-2-4　图文成片界面

文案生成以后，可以对智能生成的文案进行修改和编辑，然后在右下角单击“生成视频”按钮，剪映自动在后台合成合适的视频，如图 4-2-5 所示。

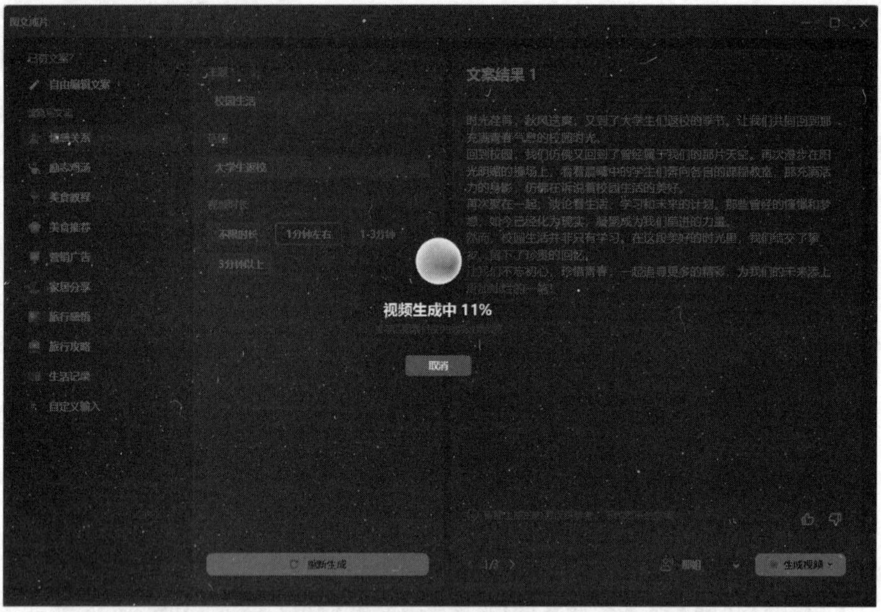

图 4-2-5　文生视频

视频生成完毕会转到创作界面，如图 4-2-6 所示，注意这里和剪映的启动界面是不一样的，要想返回启动界面可单击右上角的“关闭”按钮。在“图文成片”按钮下面的草稿区中可以看到刚才创作的作品。创作界面中的素材就是刚才用图文成片得到的文案生成的。

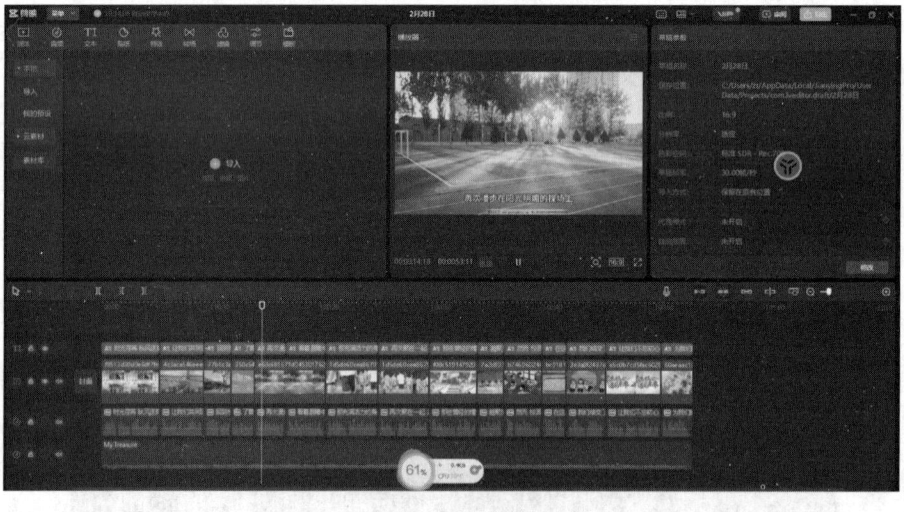

图 4-2-6　创作界面

在启动界面中，单击“开始创作”按钮，也可以进入图 4-2-7 所示的创作界面，两者的区别在于自己创作需要导入素材（如视频、音频、图片），而利用图文成片功能生成作品则无须导入素材。

素材可以是下载的短片、用手机拍摄的短片或者图片，如果都没有，可以将所需的其他人的短视频通过微信的文件传输助手转发到自己的设备上，如图 4-2-8 所示。

注意：需要确认原作者是否允许转载。

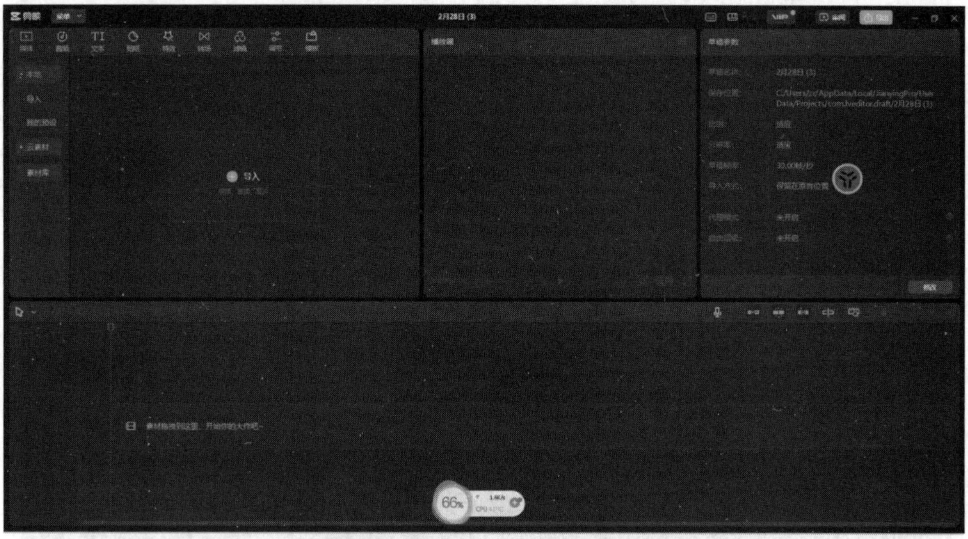

图 4-2-7　需导入素材的创作界面

图 4-2-8　抖音视频的下载和转发

在文件传输助手中找到视频所在的文件夹，复制路径，然后在剪映中单击“导入”按钮，粘贴刚才复制的路径并按 Enter 键，即可看到通过文件传输助手传过来的短视频，如图 4-2-9 所示。单击导入的短视频，可在中间的播放器窗口中播放视频，单击空白处则停止播放。用这个功能可预览素材，以此确认素材是否适合将要创作的作品。

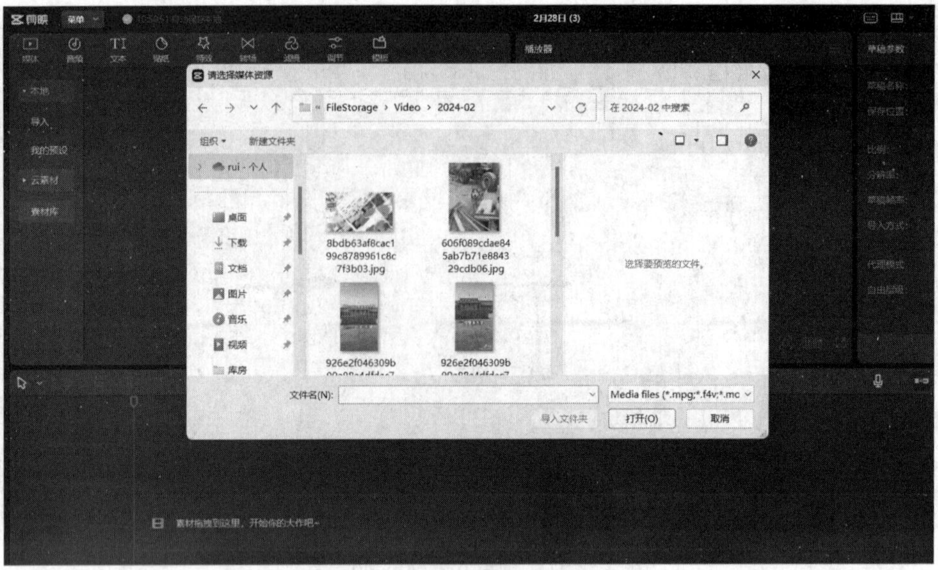

图 4-2-9　素材导入选择界面

导入素材后会出现图 4-2-10 所示的界面（此处导入了两个素材）。

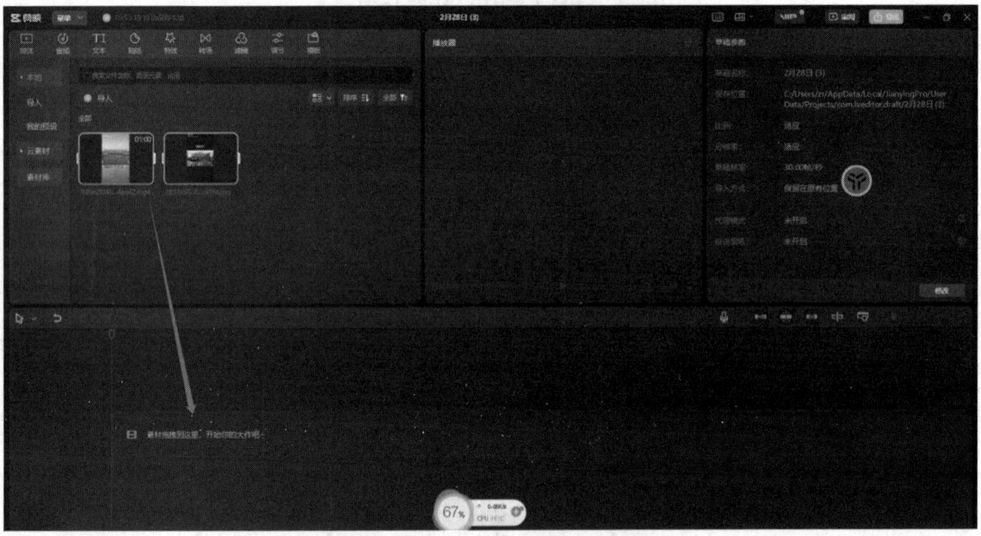

图 4-2-10　素材导入后的界面

将素材拖动到下面的剪辑区域，如图 4-2-11 所示，注意这两段视频的长度（时间长度）还有下面的插件区域，和用图文成片智能匹配的素材（见图 4-2-12）比较，可以看到编辑区只有一个一行的视频，另外一个有四行（文本、视频、音频和背景音乐），这上面会有一条时间线，就是从左到右的时间顺序，成片以后也是按时间线播放的。剪辑区里面的都可以认为是对象，对象在计算机里面可以应用拖放，移动、删除等常用的功能。

整个界面可以分为上、下两个部分，上边左侧是素材选择和效果添加区域，上边中间区域是预览窗口，实际就是播放器，上边右侧区域是检查器。

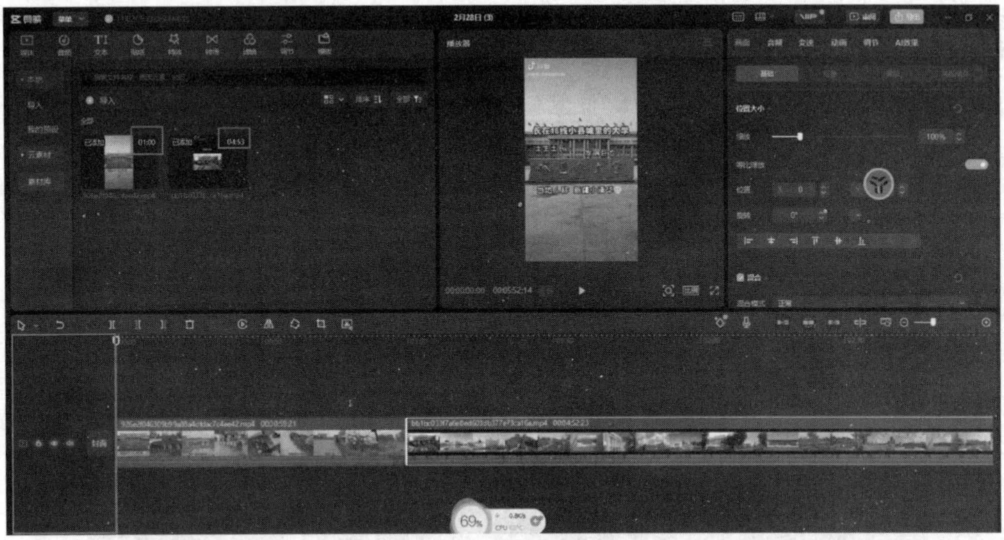

图 4-2-11　仅媒体素材界面

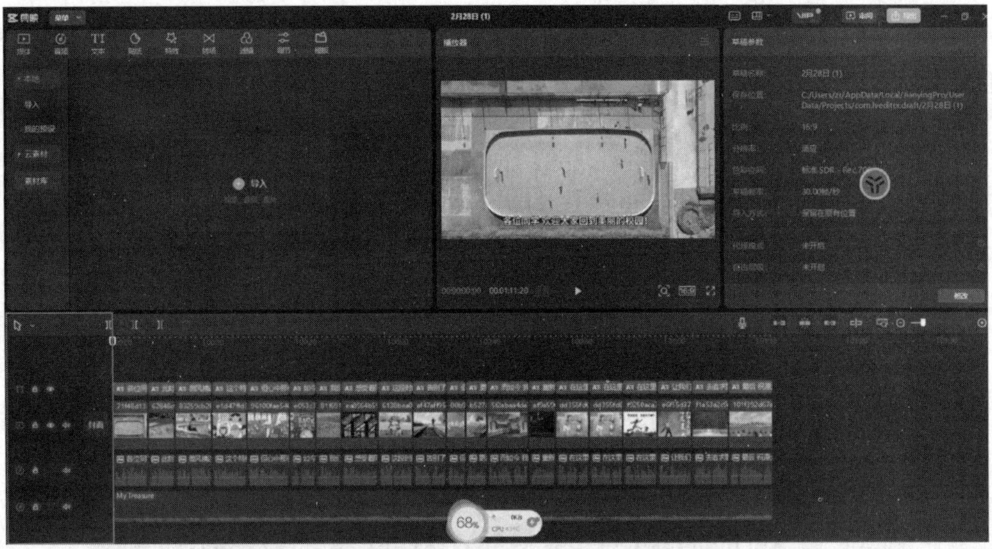

图 4-2-12　多种媒体界面

素材选择与效果添加区的具体功能在后面讲。

播放器能够实时展示剪辑过程中的视频效果，方便用户即时查看和调整。播放器下侧依次是当前播放的时间点、视频总长、音频状态图标、播放控制按钮、缩放按钮、比例调整按钮、全屏按钮。

检查器也称为功能面板，利用它可以对选中的对象进行各种设置。例如，选中时间线上的视频片段后，可以在检查器中对素材进行放大、缩小、移动和旋转等操作，以调整素材在视频中的位置和展示效果，还可以设置透明度、淡入、淡出等效果；在拍摄过程中由于设备抖动导致的视频不稳定问题，可以通过“画面”选项卡的视频防抖功能进行修复。下面介绍几个比较实用的功能。

在检查器的“画面”选项卡中，有一个“背景填充”复选框，勾选并进行相关设置，当原始素材画面比较小（或者是素材和画布比例没有统一）导致没有填满画布时，空白区域就会被设置的颜色、图案或视频填充，如图 4-2-13 所示。

图 4-2-13　背景填充

视频播放的速度可以在“变速”选项卡中调节，如图 4-2-14 所示，可以是常规变速。也可以是曲线变速。

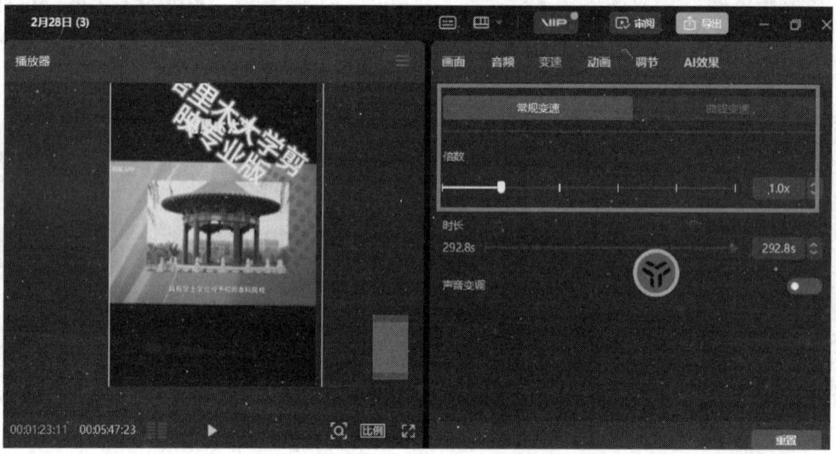

图 4-2-14　视频变速

“动画”选项卡提供了一些预设的动画效果，如图 4-2-15 所示，有入场动画、出场动画、组合动画等。

剪映专业版工作界面的下半部分是剪辑区，横向轴为时间线，纵向轴用来排列所有素材对象。选中不同的对象，在剪辑区工具栏会出现不同的按钮：选中视频对象，从左到右会有“选择”、“撤销”、“恢复”、“分割”、“向左剪裁”、“向右剪裁”、“删除”、“倒放”、“镜像”、“旋转”和“剪裁比例”等按钮；选中音频对象，会有“选择”、“撤销”、“恢复”、“分割”、“向左剪裁”、“向右剪裁”、“删除添加音乐节拍标记”和“添加标记”等按钮。

剪辑时用得比较多的就是分割功能。无论是视频、音频还是图片素材，都可以通过分割功能将其在时间线上进行切割，从而得到多个独立的片段。对这些片段可以单独进行编辑、删除、添加转场等操作，极大地提高了剪辑的灵活性和效率。

图 4-2-15　“动画”选项卡

分割有两种方法。

第一种方法是先在对应素材的时间线上找到需要分割的位置，单击该处，再单击“分割”按钮，如图 4-2-16 所示。

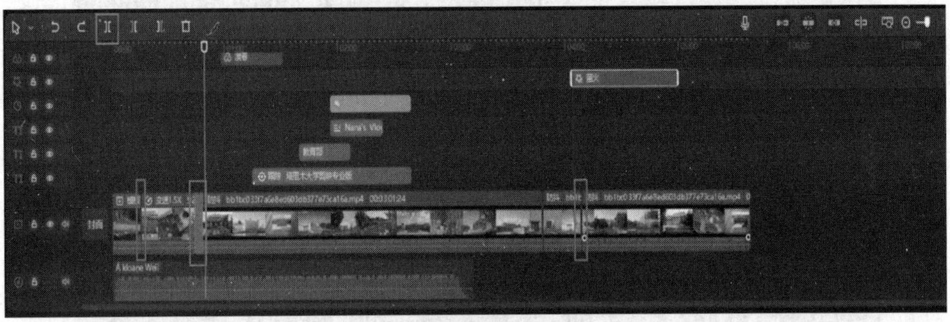

图 4-2-16　分割功能（1）

第二种方法是按 B 键，按下后鼠标指针会变为刀片形状，在需要分割的地方单击，就可以在该处分割素材，如图 4-2-17 所示，按 A 键可以使鼠标指针回到原来的状态。

图 4-2-17　分割功能（2）

当视频全部剪辑好后就可以单击窗口右上角的“导出”按钮，打开“导出”对话框，如图 4–2–18 所示。在“导出”对话框里可以设置视频封面、视频标题、导出位置及各种导出参数。一般情况下可以在视频内任意选择一帧作为封面。如果要将视频上传抖音，分辨率选 1080P 就足够。码率越高视频画面越清晰，但占用空间越大。如果勾选“音频导出”复选框，会多导出一个 mp3 格式的音频文件。设置完毕后，单击“导出”按钮，导出完毕后视频就制作完成了，可以发布到朋友圈或者上传抖音平台。

图 4–2–18 “导出”对话框

3. 素材选择与效果添加区介绍

剪映专业版在默认布局模式下的素材选择与效果添加区提供了“媒体”、“音频”、“文本”、“贴纸”、“特效”、“转场”、“滤镜”、“调节”和“模板”九个选项卡，下面进行简单介绍。

1）“媒体”选项卡

如图 4–2–19 所示，“媒体”选项卡提供了“本地”、“云素材”和“素材库”三个按钮，利用“本地”按钮可以导入自己计算机中的媒体、音乐、图片等；利用“云素材”按钮可以导入个人剪映账户云空间中的素材；利用“素材库”按钮可以导入剪映官方提供的素材，可以在搜索框内输入关键词来缩减范围查找需要的素材。

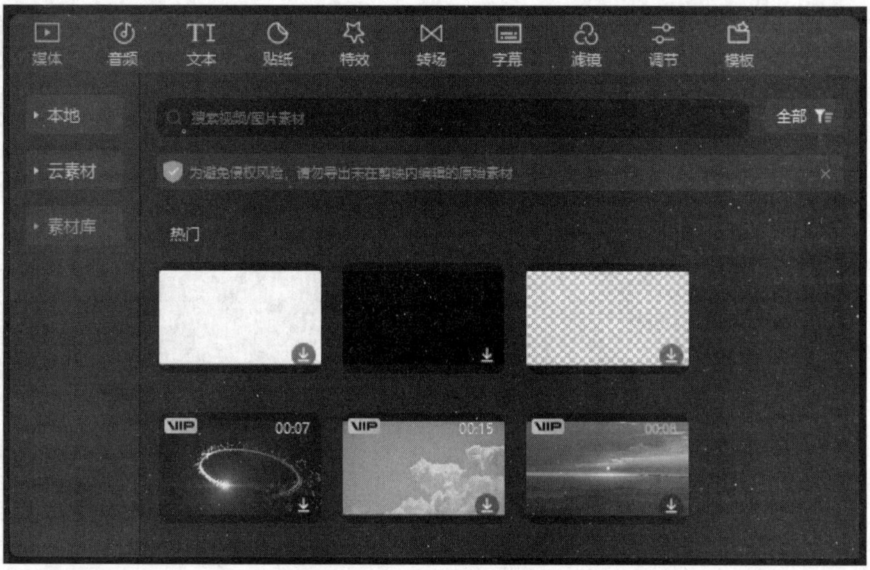

图 4-2-19　“媒体”选项卡

2）“音频”选项卡

利用“音频”选项卡可以导入音频素材，如图 4-2-20 所示。剪映专业版提供了多种灵活的音频添加方式，包括使用推荐音乐、导入抖音收藏、通过链接下载、提取视频中的音乐以及导入本地音乐，用户可以根据自己的需求和喜好选择合适的方法。

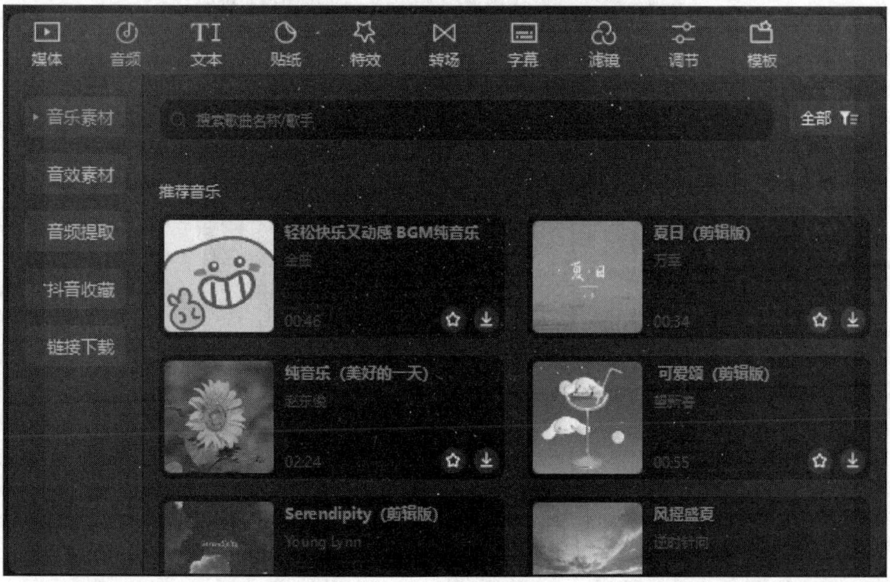

图 4-2-20　“音频”选项卡

3）“文本”选项卡

利用“文本”选项卡（见图 4-2-21）可以在视频中添加、编辑和定制各种文本元素，如标题、字幕、旁白等。

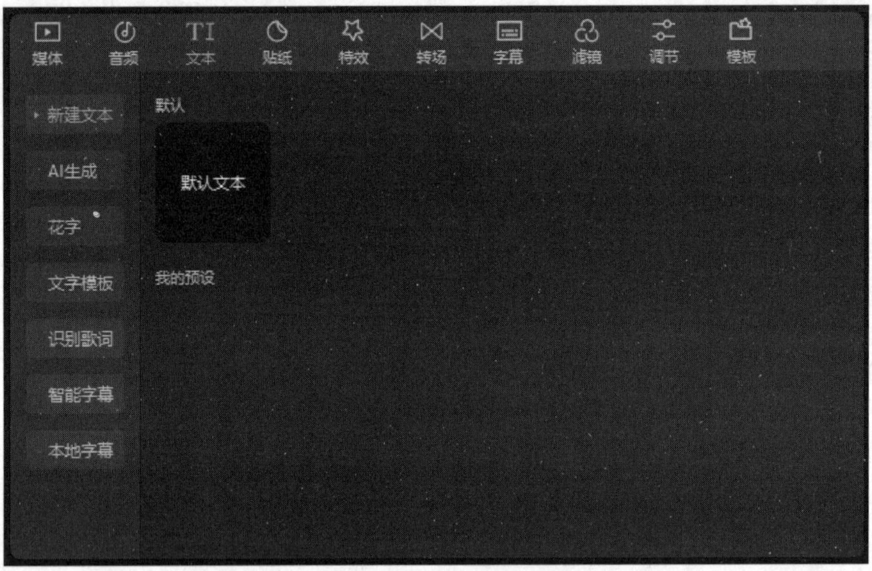

图 4-2-21 “文本”选项卡

添加文本后，可以在检查区对添加的文本进行多种设置，基础的设置项目有字体、字号、样式等，如图 4-2-22 所示。“花字”选项卡下提供了很多预设的样式，可以帮助用户快速修饰文字。

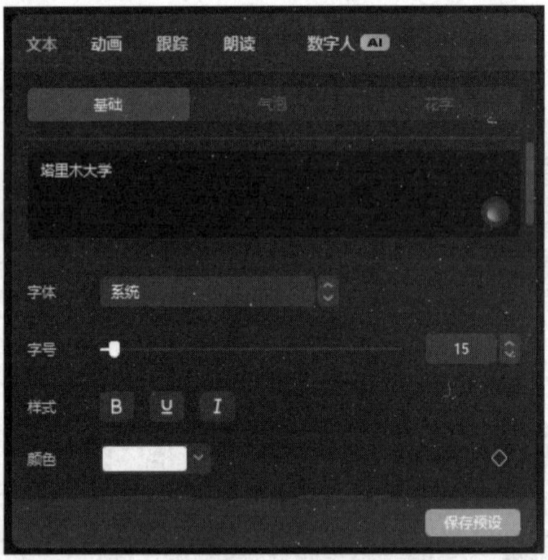

图 4-2-22 文本基础设置

剪映专业版还可以为文本设置动画效果，如渐显、渐隐、滑动等，以增强文本的视觉效果和吸引力，如图 4-2-23 所示。

4）“贴纸”选项卡

贴纸指的是一种可以添加到视频中的图像或动画元素。“贴纸”选项卡（见图 4-2-24）提供了多种类别的贴纸，如表情包、动物、花卉、食物、天气、标签、箭头等，每种贴纸都有其独特特点和用途。用户可以根据视频内容和风格，轻松选择合适的贴纸进行添加，以增强视频的视觉效果和趣味性。

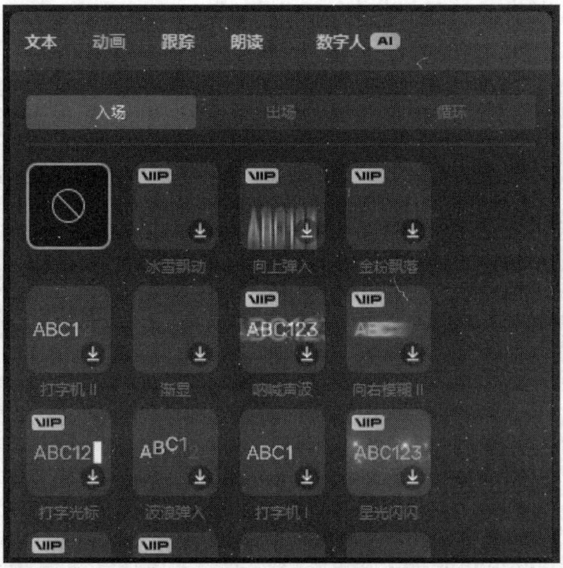

图 4-2-23　文本动画设置

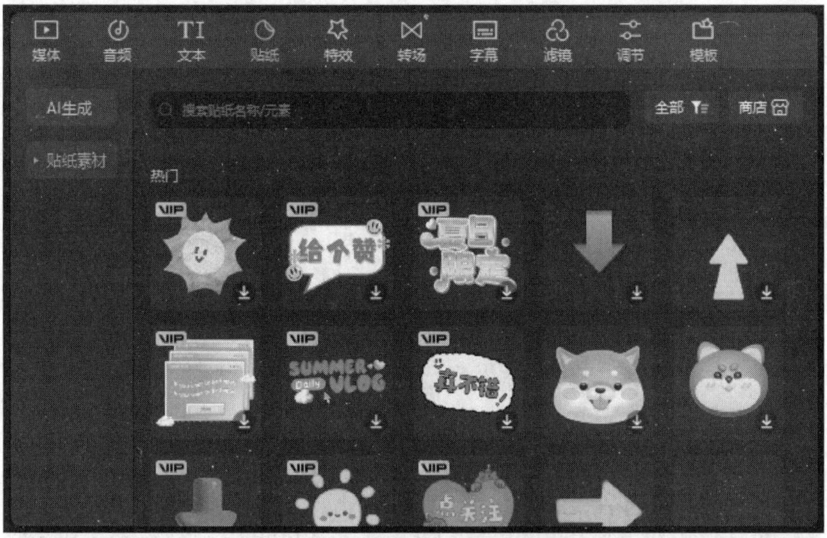

图 4-2-24　“贴纸”选项卡

添加贴纸后，用户可以自由调整贴纸的大小、位置、旋转角度及透明度，以适应视频画面的需要。

5）“特效”选项卡

“特效”选项卡（见图 4-2-25）提供了画面特效与人物特效两个功能。

画面特效：这一功能涵盖了全局性的视觉效果，如滤镜、色彩调整等，能够直接应用于整个视频画面，通过调整饱和度、对比度、亮度等参数，或选择复古、黑白、清新等风格滤镜，为视频营造独特的氛围和视觉效果。

人物特效：专注于视频中的特定人物，提供诸如形象变换、红眼特效、皮肤美化等专门针对人物的特效。这些特效仅作用于画面中的人物，且部分特效的实现需要合适的人物位置。用户可轻松为人物添加特效，增强视频的趣味性和表现力。

图 4-2-25 “特效”选项卡

6）“转场”选项卡

“转场”选项卡提供了多种转场效果，如淡入淡出、旋转、放大缩小等，使视频过渡自然流畅，增强观赏性，如图 4-2-26 所示。

图 4-2-26 “转场”选项卡

将鼠标指针悬停在某个转场效果上，可以进行预览。如果确认使用该效果，可以将该转场效果拖动到时间轴中需要添加转场效果的两个视频片段之间的区域，如图 4-2-27 所示。

7）“滤镜”选项卡

利用“滤镜”选项卡可添加滤镜效果，如图 4-2-28 所示，帮助用户为视频添加不同风格和氛围，营造独特的视觉效果。滤镜效果也可以调整长度及相关参数。

图 4-2-27　添加转场效果

图 4-2-28　添加滤镜

8）“调节”选项卡

剪映专业版的调节功能非常强大，为用户提供了多种方式来改善和优化视频效果，如图 4-2-29 所示，但一般不建议新手使用，因为凡是涉及自定义，就需要自己去操作，需要仔细了解各种参数的含义，否则得不到预期的效果。

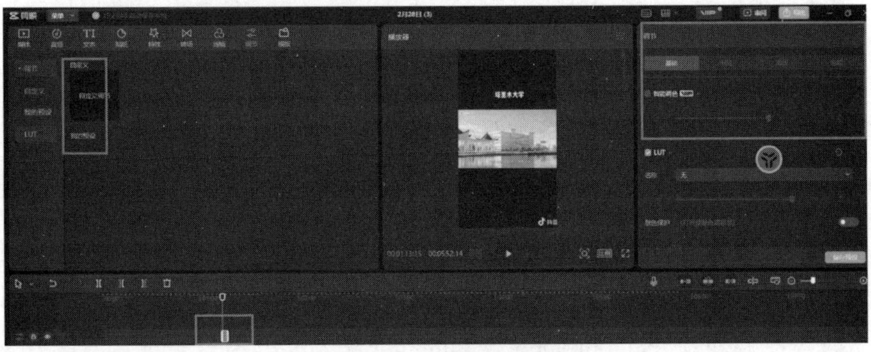

图 4-2-29　添加调节

9）“模板”选项卡

剪映专业版提供了大量模板，如图 4-2-30 所示，用户可以在这些模板的基础上，通过替换、修改其中的占位元素素材，快速生成符合自己需求的视频作品。

图 4-2-30 “模板”选项卡

剪映专业版提供的特效功能较多，但在真正创作作品的时候，还是要考虑好哪些效果适合用哪些效果不适合用，不能为了展示效果功能而强行添加，切记不要将视频做得花里胡哨，每一秒每一帧都应突出重点，不能让其他效果抢了想要展示内容的风头，所以创作的时候整体要有逻辑性，要有文案或剧本，尽量多打磨。

第5章　常用工具软件实验

实验 5.1　网络安全与病毒防范工具

【实验目的】

（1）掌握使用 360 安全卫士进行电脑体检、木马查杀、系统修复、垃圾清理和优化加速等操作的方法。

（2）掌握使用 360 杀毒查杀计算机病毒的方法。

（3）了解网络安全的相关知识及木马、病毒的日常防范方法。

【实验环境】

中文 Windows 10、360 安全卫士 13 和 360 杀毒 7.0。

【实验内容及操作步骤】

1. 360 安全卫士的使用

360 安全卫士是由奇虎 360 推出的一款 Windows、Linux 及 macOS 下的计算机安全辅助软件。360 安全卫士拥有木马查杀、系统修复、清理垃圾、优化加速、软件管家等多种功能。其中，软件管家相当于手机的应用商店，在上面下载软件后可以选择去插件安装。

360 安全卫士独创了“木马防火墙”“360 密盘”等功能，依靠抢先侦测和云端鉴别，可全面、智能地拦截各类木马，保护用户的账号等重要隐私信息，360 安全卫士的使用极其方便。

（1）下载安装。

① 360 安全卫士的官方下载地址为 https://weishi.360.cn/channel.html，页面如图 5–1–1 所示。

② 利用下载的安装文件可进行安装，安装过程中可能会有相应的提示，应读懂内容后再选择相应的按钮。安装成功后，360 安全卫士将自动启动，界面如图 5–1–2 所示。

图 5-1-1　官方下载页面

图 5-1-2　启动界面

360 安全卫士安装后，运行过程中会经常提示用户安装一些相关的软件，如图 5-1-3 所示。如有需要，可以选择安装；如不需要，可以略过。

（2）木马查杀。

使用 360 安全卫士查杀木马功能，可以对流行木马进行彻底扫描和查杀，保护系统的安全，用户可以根据需要采取不同的扫描方式。

在启动界面中单击“木马查杀”按钮，进入“木马查杀”界面，如图 5-1-4 所示。单击“快速查杀”按钮，可对系统的主要分区及易存在木马的软件和目录进行查杀。

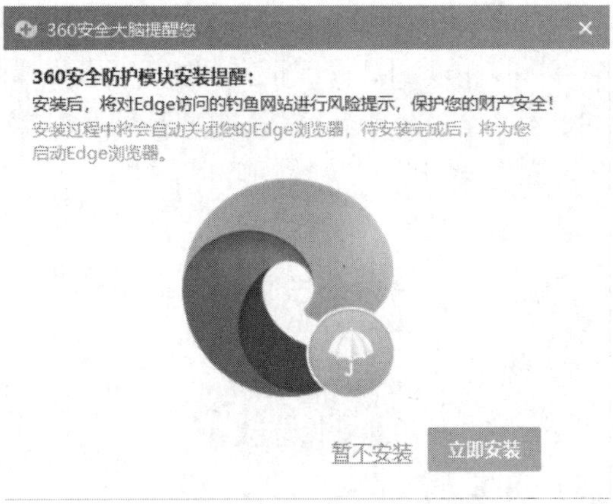

图 5-1-3　安装提示对话框

图 5-1-4　“木马查杀”界面

单击“全盘查杀”按钮，可对系统的所有分区进行扫描，但耗时较长，如图 5-1-5 所示。

单击“按位置查杀”按钮，可以对系统中的设置、软件和分区进行有选择的扫描，如图 5-1-6 所示。

（3）系统检测。

利用系统检测功能，可以对当前计算机系统进行安全检测，检测范围涉及系统漏洞、垃圾文件、共享资源、浏览器设置、木马扫描等方面，根据检测结果 360 安全卫士会对当前计算机系统安全情况予以评价。用户可以根据需要随时对当前计算机系统进行检测，具体操作步骤如下。

图 5-1-5 “全盘查杀”按钮

图 5-1-6 按位置查杀

运行 360 安全卫士，在其启动界面中单击“我的电脑”按钮，再单击“立即检测”按钮开始对计算机系统进行检测，如图 5-1-7 所示，检测完毕后显示检测结果，如图 5-1-8 所示。其中有些问题并不是大问题，不要因为评分低或者给出的结论而恐慌，所有的类似软件都会使用夸大的语言或者自带的标准进行评分，评分低并不代表计算机系统有严重问题。

在进行系统检测后，可以单击“一键修复”按钮进行修复。

（4）电脑清理。

360 安全卫士的电脑清理功能包括清理计算机中的 Cookie、计算机中的垃圾、使用计算机和上网产生的痕迹、注册表中的多余项目和计算机中不必要的插件（插件是利用应用程序接口编写出来的一种特殊程序，好的插件程序能帮助计算机用户快速浏览网页，但恶意插件程序能监视用户的上网行为，并将所记录的数据报告返回给插件程序的编写者，严重威胁计算机用户的信息安全）。

图 5-1-7　系统检测过程

图 5-1-8　系统检测结果

用 360 安全卫士进行电脑清理的具体操作步骤如下。

① 运行 360 安全卫士，在其启动界面中单击“电脑清理”按钮，360 安全卫士会先对系统进行扫描，如图 5-1-9 所示。

② 扫描完毕，显示扫描详细信息，并给出清理建议，如图 5-1-10 所示。

图 5-1-9　电脑清理过程

图 5-1-10　电脑清理扫描结果

③ 选择需要清理的内容，单击“一键清理”按钮。

注意：这里一般可以使用默认选择，但是在微信和QQ及常用的软件中，有些图片是需要保存的，一旦清理可能无法恢复及显示。

（5）系统修复。

当系统存在高危漏洞时，利用360安全卫士可以对其进行扫描和修复，具体操作步骤如下。

① 运行360安全卫士，在其启动界面中单击“系统修复”按钮，进入“系统修复”界

面，如图 5-1-11 所示。

② 单击“一键修复”按钮，360 安全卫士将自动修复漏洞。

图 5-1-11　“系统修复”界面

（6）优化加速。

优化加速是 360 安全卫士中能够全面优化系统、提升计算机运行速度的一个重要功能。在其启动界面中单击“优化加速”按钮，360 安全卫士将自动扫描计算机中的可优化项目，如图 5-1-12 所示。扫描完毕后，单击“全部加速”按钮或者页面下方的单项加速按钮即可进行计算机优化。

图 5-1-12　优化加速

（7）功能大全。

功能大全是360安全卫士为用户提供的一个便捷、实用的多功能服务窗口，包括“安全”“数据”“网络”“系统”“游戏”“实用”“我的工具”等工具库，如图5–1–13所示。其中，“网络”工具库中有断网急救箱、宽带测速器、Wi–Fi体检、流量防火墙等工具；“系统”工具库有系统备份还原和系统重装等工具，无须光盘，即可系统恢复到初始状态。特别推荐的是“我的工具”工具库，里面有一些我们经常会用到的小工具，但是有些工具需要用户具备一定的技术知识才能正确使用。

图5–1–13　功能大全

（8）设置中心。

360安全卫士是一款优秀的系统维护软件，能够有效地提高系统的性能和稳定性，但同时也存在一些缺点和问题。

① 强制广告和推送消息。在计算机上安装360安全卫士后，可能会出现强制弹出广告和推送消息的情况，这给用户带来了麻烦和困扰。

② 资源占用高。360安全卫士可能会占用大量的系统资源和网络带宽，导致计算机运行缓慢、卡顿，甚至出现死机等问题。

③ 误报和漏报。360安全卫士在杀毒过程中可能会出现误报或漏报的情况，影响了软件的可靠性。

④ 捆绑安装。360安全卫士可能会捆绑安装其他软件，导致计算机性能下降，影响用户体验。

⑤ 断网查杀能力极弱。360安全卫士在断网的情况下的查杀能力较弱，无法有效检测和清除病毒。

⑥ 没有实时监控功能。360安全卫士没有实时监控功能，无法实时监控计算机的安全状态。

⑦ 防护自定义程度不高。360 安全卫士的防护功能自定义程度不高，用户无法根据自己的需求进行个性化的设置。

用户在使用过程中应该谨慎使用，掌握好功能的使用方法。

在实际的使用中，用户可以通过设置中心（见图 5–1–14）规避掉强制弹出广告和推送消息，这样可以解决大部分的烦恼。还可以通过设置开机不启动 360 安全卫士来解决资源占用高的问题，只需要定期或不定期地启动 360 安全卫士来检测计算机即可。

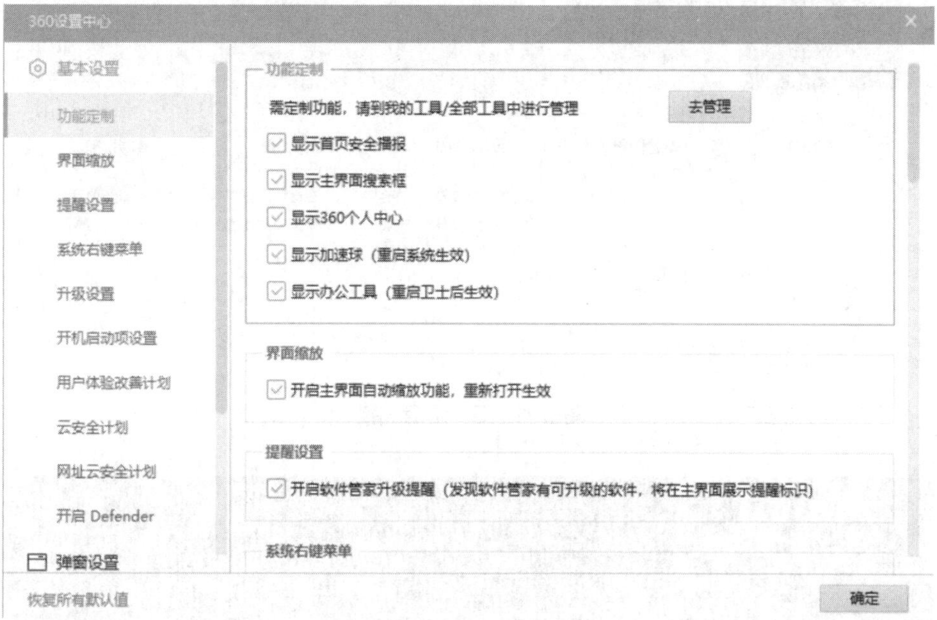

图 5–1–14　设置中心

2. 360 杀毒的使用

360 杀毒作为 360 系列软件的重要分支软件，在产品的安全性、功能性、使用体验上都一直备受好评。360 杀毒界面简洁明了，操作简单方便，并且还拥有自动更新功能，能够及时升级病毒库，保证杀毒效果，但是 360 杀毒也有明显的缺点，主要有以下几方面。

① 占用资源大。在运行时占用的资源较多，会影响电脑的运行速度。

② 误报率高。有时会将正常文件误判为病毒，给用户带来麻烦。

③ 弹窗广告多。在使用过程中会弹出广告，有时会影响用户的使用体验。

本实验以 360 杀毒 7.0 为例，介绍其基本应用。

（1）全盘扫描。

运行 360 杀毒 7.0，在其启动界面中单击“全盘扫描”按钮，对系统中的系统设置、常用软件、内存活跃程序、开机启动项、所有磁盘文件进行病毒查杀，如图 5–1–15 所示。

（2）快速扫描。

运行 360 杀毒 7.0，在其启动界面中单击“快速扫描”按钮，对系统中的系统设置、常用软件、内存活跃程序、开机启动项、系统关键位置进行病毒查杀，如图 5–1–16 所示。

两种扫描方式的区别在于扫描范围，进一步体现在完成时间上，全盘扫描一般是在不使用计算机的时候开启，否则就会发生前述占用资源大的问题。

图 5-1-15　全盘扫描

图 5-1-16　快速扫描

实验 5.2　压缩和解压缩工具

【实验目的】

（1）掌握使用 WinRAR 对文件进行压缩、解压缩和加密等操作的方法。

（2）了解其他文件压缩和解压缩工具。

【实验环境】

中文 Windows 10 和 WinRAR。

【实验内容及操作步骤】

目前流行的压缩软件种类很多，WinRAR 是其中使用较多的一种压缩软件，其主要功能是在 Windows 的操作环境下，对 RAR 等格式的压缩文件进行管理和操作，同时还支持多种压缩格式，可以为许多其他格式的文件解压缩。WinRAR 界面友好，使用方便，具有较高的压缩率和较快的压缩速度，深受广大计算机用户的喜爱。本实验以 WinRAR 为例，介绍其常用的基本功能。

1. 压缩文件

选中文件后右击，然后在弹出的快捷菜单中单击“添加到‘文件名 .rar’”命令，就可以将文件直接压缩成 RAR 格式的压缩包；也可以单击“添加到压缩文件”命令，设置压缩选项后再进行压缩，如图 5–2–1 所示。

分卷压缩文件：在压缩文件时弹出的“压缩文件名和参数”对话框中，单击“切分为分卷，大小”下拉按钮，选择每个分包的大小，如 5 MB，也可以根据文件的大小自行设置，最后单击“确定”按钮即可开始分卷压缩。

2. 解压文件

① 右击压缩文件，从弹出的快捷菜单中选择“提取到”命令或类似的命令。

② 设置解压路径。在弹出的对话框中，根据需要设置解压到的文件夹名称和存储位置，如图 5–2–2 所示。

③ 开始解压。确认设置无误后，单击“确定”或相应的按钮，压缩文件的内容将被解压到指定文件夹中。

想要解压分卷文件，必须要把所有分卷文件都放在同一目录下，然后确认压缩包文件名没有被修改过，也就是保持“文件名 + 分卷序号 + 压缩格式”的文件格式，才能解压成功。

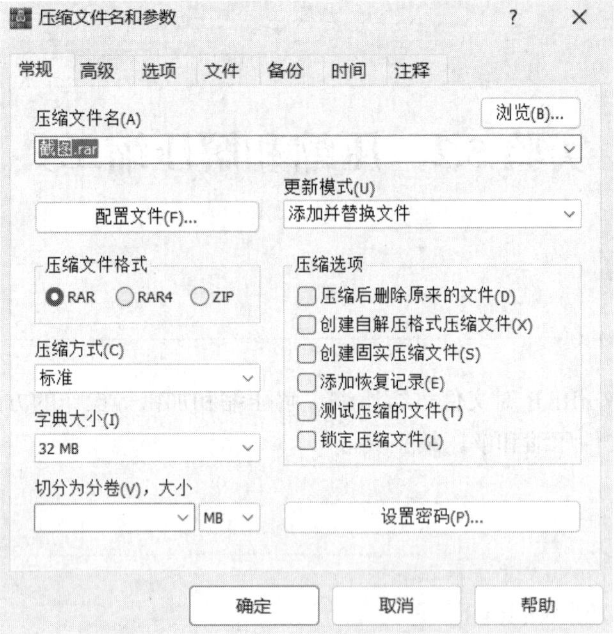

图 5-2-1 “压缩文件名和参数”对话框

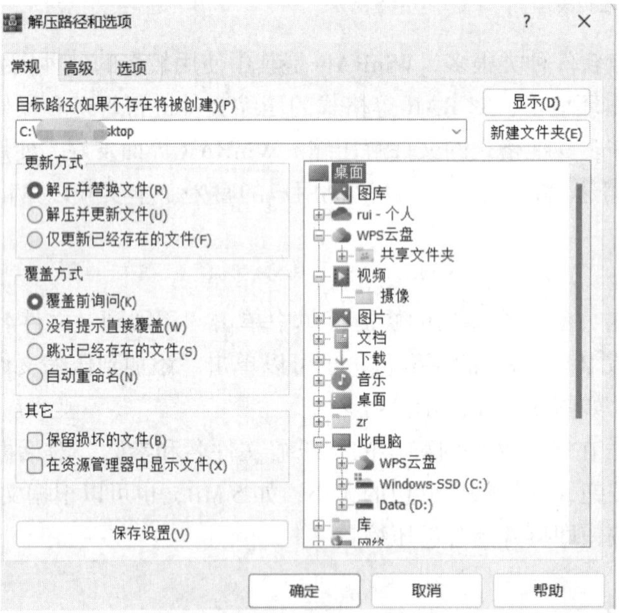

图 5-2-2 解压文件

注意：具体的操作步骤可能会因压缩软件的不同而有所差异。例如，360 压缩软件允许直接在软件内添加文件并进行压缩，而不一定需要通过选择“添加到压缩文件”命令这样的步骤。同样，WinRAR 等软件提供了一系列的压缩和解压功能，包括但不限于分卷压缩、文件锁定等功能。

3. 创建加密压缩文件的步骤

WinRAR 还可以给压缩文件设置打开密码，来防止文件被他人随意打开，如图 5-2-3 所示。

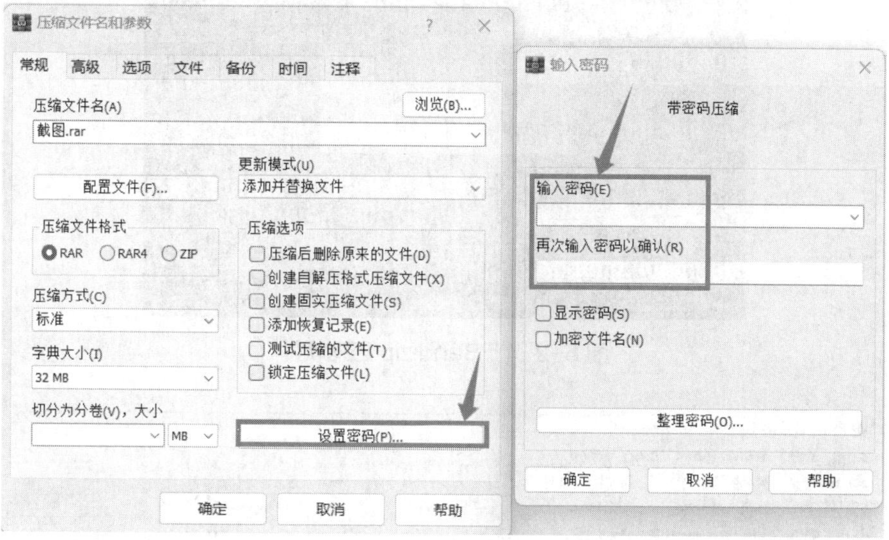

图 5-2-3　加密压缩文件

需要说明的是，在设置密码时，在“输入密码”对话框中，如果勾选了“加密文件名”复选框，那么在打开该压缩文件时，将无法看到压缩文件的文件列表；如果没有勾选此复选框，虽然可以看到压缩文件的文件列表，但在所显示的每个文件名后面，都会加上一个“*”，表示文件被加密了，在没有输入正确密码的情况下，是无法看到加密文件的内容的。

设置完成后，单击“确定”按钮，返回到“压缩文件名和参数”对话框，再次单击对话框中的“确定”按钮，开始文件加密和压缩的过程，当压缩过程结束后，退出 WinRAR。解压使用 WinRAR 加密的压缩文件，会在解压之前出现对话框，提示用户输入密码，输入正确密码才能解压文件，如果遗忘了密码，可能将再也无法取出加密的文件。

4. 其他压缩软件

Bandizip 压缩软件是目前市面上较好的压缩软件之一，如图 5-2-4 所示。Bandizip 的界面非常简洁，没有强制弹窗，它支持多种压缩格式（ZIP、RAR 等），同时拥有非常快速的压缩和解压算法，并且支持多线程压缩、快速拖放等功能。Bandizip 软件分为免费版和付费版，免费版在 7.0 版本后添加了广告（只在软件内显示，不弹窗）。

7-zip 是一款高压缩比的开源压缩软件，如图 5-2-5 所示，这款软件的安装包只有 1.5 MB 左右，软件内部界面简洁、无广告，缺点是界面不美观。

Nanazip 是一款基于 7-zip 开发的完美适配 Windows 11 系统的压缩软件，如图 5-2-6 所示，免费、开源、无广告，Nanazip 继承了 7-zip 大部分的优点，而且它的界面较为美观。

图 5-2-4　Bandizip 压缩软件

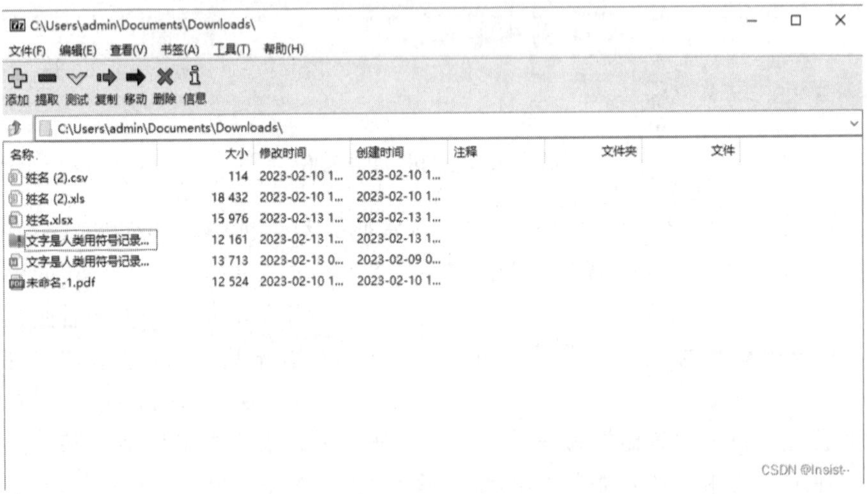

图 5-2-5　7-zip 压缩软件

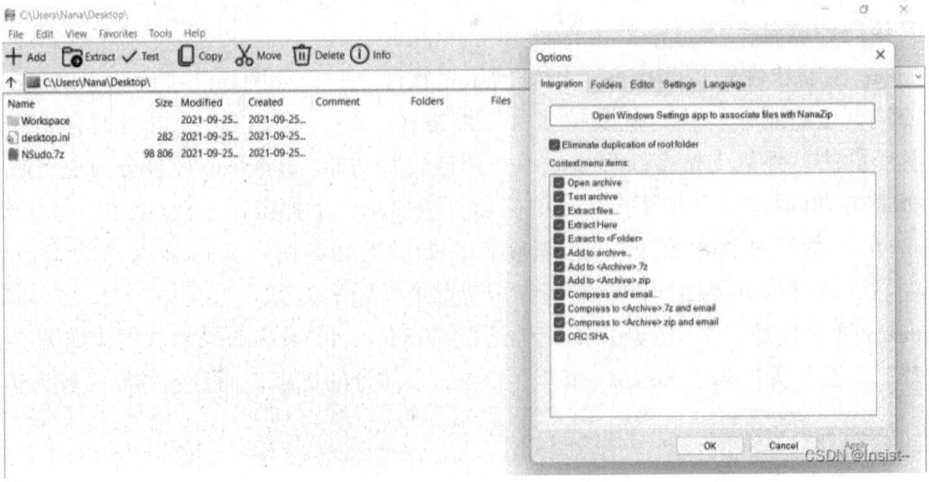

图 5-2-6　Nanazip 压缩软件

实验 5.3　磁 盘 工 具

【实验目的】

（1）掌握使用 Ghost 对系统进行备份和还原的方法。

（2）了解主流硬盘分区软件的使用方法及其特征，掌握创建分区、调整分区大小和格式化分区等操作。

（3）了解 Utools 软件。

【实验环境】

中文 Windows 10、Ghost 11、奇客分区大师、傲梅分区助手、Laplink PC Mover、Paragon Partition Manager 和 Resize-C。

【实验内容与操作步骤】

1. Ghost 11 的使用

Ghost 是赛门铁克公司推出的一个用于备份或恢复操作系统和数据的工具，其最新版本是 Ghost 11。Ghost 提供数据定时备份、自动恢复与系统备份恢复的功能。

Ghost 能够提供对系统的完整备份和恢复，支持的磁盘文件系统格式包括 FAT、FAT32、NTFS、ext2、ext3、linux swap 等，还能够对不支持的分区进行扇区对扇区的完全备份。

Ghost 分为两个版本，Ghost（在 DOS 下运行）和 Ghost32（在 Windows 下运行），两者具有统一的界面，可以实现相同的功能，但是 Ghost32 不能恢复 Windows 操作系统所在的分区，因此用 Ghost32 恢复系统分区时可以从硬盘、光盘、U 盘、移动硬盘的方式进入 Windows PE 系统启动计算机并运行 Ghost32。Ghost 一键版没有安装版权，公司装机推荐用安装版。

“gho”是 Ghost 工具软件的镜像文件存放扩展名。gho 文件中是使用 Ghost 软件备份的硬盘分区或整个硬盘的所有文件信息，可以直接用于安装系统，并不需要解压。

（1）导出镜像文件（备份系统）。

① 选择“Loacl”→“Partition”→“To Image”命令，进入备份驱动器选择窗口，如图 5-3-1 所示。

② 选择要备份的分区所在的驱动器，单击“OK”按钮。

③ 选择要备份的分区，即 System 分区，单击“OK”按钮。

④ 在“Filename”栏输入镜像文件名称，如“Win10.gho”，并设置存放位置（注：不能选正在备份的分区），然后按 Enter 键。

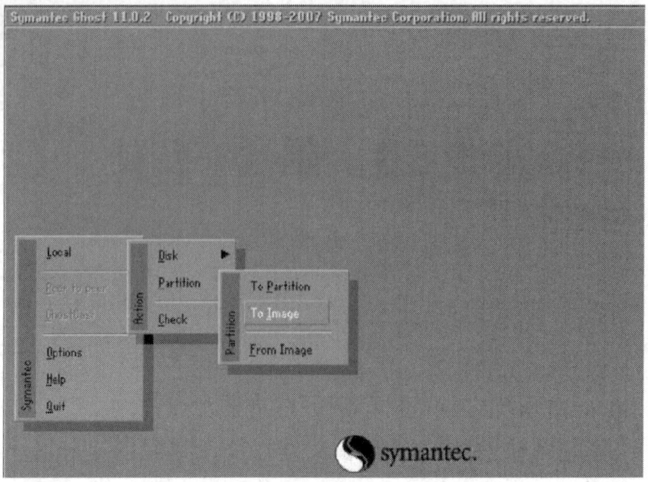

图 5-3-1 Ghost 分区备份

⑤ 选择压缩选项：No 表示不压缩，Fast 表示低压缩，High 表示高压缩。一般选 High，速度虽然慢，但可以压缩 50%。

（2）恢复镜像文件（还原系统）。

① 选择“Local”→“Partition”→“From Image”命令，如图 5-2-2 所示。

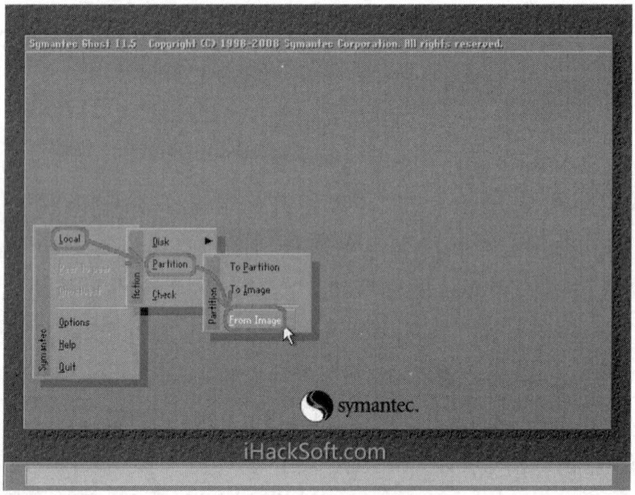

图 5-3-2 Ghost 镜像恢复

② 选择镜像文件要恢复的源分区，单击“OK”按钮。

③ 提示是否确定还原，单击“YES”按钮。

④ 恢复完毕，提示重新启动计算机，按 Enter 键。

2. 磁盘分区软件

磁盘分区或系统分区是操作系统最重要的功能之一，可确保系统文件和用户文件的干净隔离。它有助于系统有效地进行内存管理，并有助于在同一设备上并行安装多个操作系统（如 Windows 和 Linux）。下面列举几个免费的磁盘分区软件。

奇客分区大师（见图 5-3-3）是一款一体化免费磁盘分区管理器软件，可帮助组织磁盘分区并优化硬盘性能。该软件有助于基本的磁盘分区管理操作，如创建、删除、合并、检查和调整分区大小。它会检查软件安全性，可以测试 SSD 性能、调整 SSD 工作状态以及将 FAT 转换为 NTFS。该软件还提供空间分析器工具，用于分析分区空间和分区基准测试，并监控磁盘分区期间的传输速度。

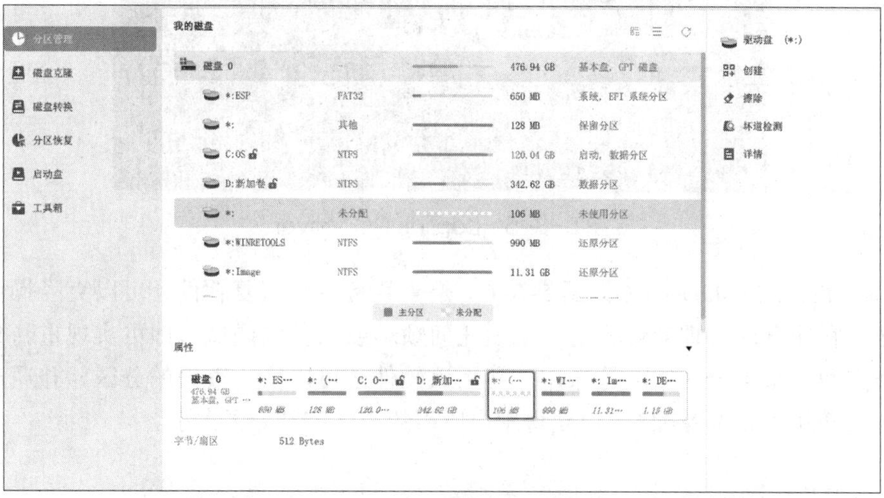

图 5-3-3　奇客分区大师

傲梅分区助手（见图 5-3-4）简化了分区和磁盘管理的过程，提供分区的收缩和扩展功能，并支持执行创建分区、删除分区和编辑分区等操作。除了基本操作外，该软件还具有清理、分割、移动和合并磁盘分区的功能。

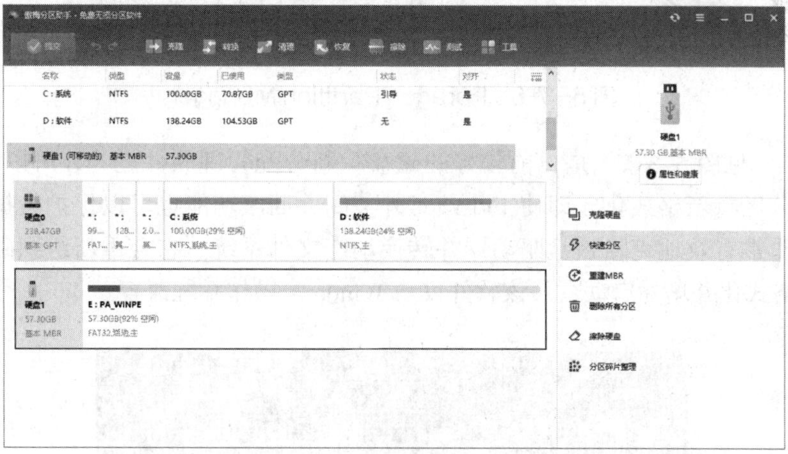

图 5-3-4　傲梅分区助手

如今，用户很难将所有重要数据从旧计算机移动到新计算机而不丢失或泄漏任何数据。Laplink PC Mover（见图 5-3-5）是一款帮助用户将系统文件、应用程序文件、Windows 和设置移动到新计算机的软件工具。它可以帮助用户轻松地将相同的系统配置、数据、用户配置文件甚至保存的存储设置传输到新计算机，而无须手动操作。Laplink PC Mover 缓解了磁盘管理的压力。

当用户使用 Laplink PC Mover 登录新计算机时，感觉就像是登录了熟悉的计算机。

图 5-3-5　Laplink PC Mover

Paragon Partition Manager（见图 5-3-6）是一款备份和恢复软件，可以克隆操作系统并管理分区。它使分区管理变得容易，无须任何烦琐或艰苦的调试，即可实现重新分配分区中的浪费空间、检查分区错误等操作。利用该软件还可以恢复丢失的分区，并通过向右或向左滑动隔离分区来调整分区，以获得用户所需的精确定制分区大小。

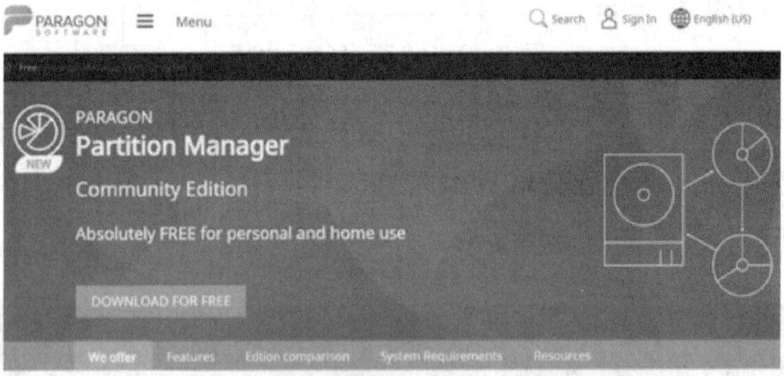

图 5-3-6　Paragon Partition Manager

Resize-C（见图 5-3-7）是目前较好的磁盘重新分配管理软件之一，可以扩展、缩小、合并或隔离分区重新格式化，即使工作站意外关闭，回滚功能也可以保护数据安全并保护磁盘分区，非常有效地克隆磁盘驱动器并转换动态文件系统。它会重新组织磁盘、通过磁盘操作重新格式化并增加启动卷。该软件仅与 Windows 操作系统兼容。

图 5-3-7　Resize-C

3. uTools 软件

uTools 是一个极简、插件化、跨平台的现代桌面软件，通过自由选配丰富的插件，用户可以打造得心应手的工具集合。安装后的 uTools 如图 5-3-8 所示。

图 5-3-8 uTools

但是单击最右边的按钮进入插件中心的页面之后，才算是开始使用 uToots，如图 5-3-9 所示。

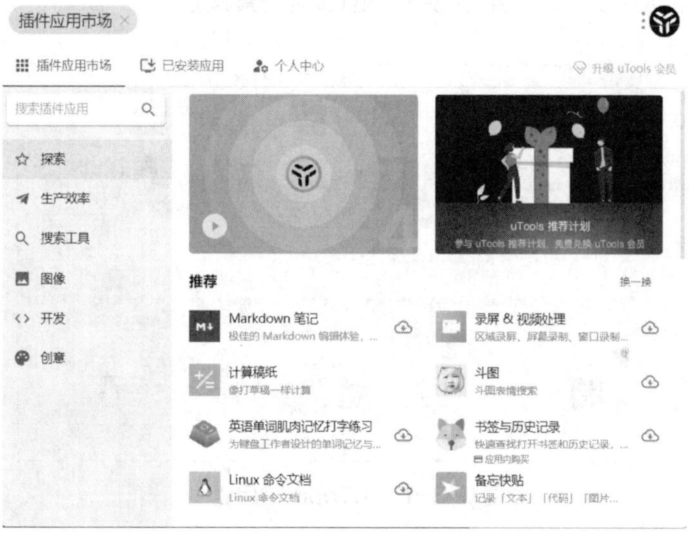

图 5-3-9 uTools 插件中心

uTools 是基于 Everything 内核构建的，可以用它来迅速打开本地程序和文件。uTools 虽然没有 Everything 的全部功能，但在基础操作上表现相当不错，足够日常使用。其搜索界面如图 5-3-10 所示。

uTools 提供了五十多个插件，涵盖了日常使用的方方面面，不管用户是哪个专业的，这里都有他需要的小工具。如图 5-3-11 所示。

uTools 中的插件都提供相对应的快捷键，也可以自己设置。比如单击“设置”→“个人中心”→“全局快捷键”，新增 Alt+W 组合键对应的功能关键字为 wx，如图 5-3-12 所示，那么在键盘上按下 Alt+W 组合键，则直接调用 uTools，并出现如图 5-3-13 的搜索结果，自动列出了微信、文心一言等软件或插件，还会搜索出文件名包含 wx 的文件。

uTools 可以作为一个程序快速启动器，支持通过英文、英文驼峰、中文拼音、拼音首字母来打开本地程序。除程序外，Windows 10 及以上版本和 macOS 用户还可以快速搜索并打开控制面板内的细项。

图 5-3-10　uTools 搜索界面

图 5-3-11　uTools 常用插件

图 5-3-12　全局快捷键设置

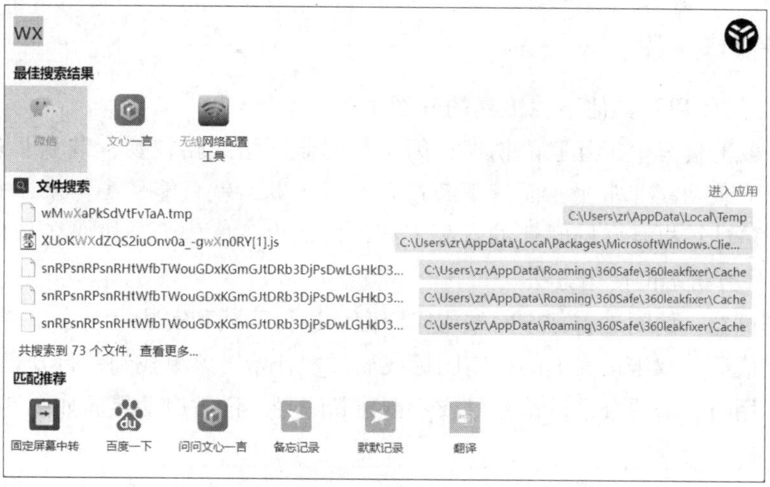

图 5-3-13 “wx”搜索结果

uTools 总结起来有如下特性。

① 插件化。优秀的插件化设计，自取所需。每个插件解决一个具体场景的问题，简洁易用、随用随走。

② 有多功能输入框。支持导入文本、截图、图片、文件、文件夹。

③ 自动识别。自动识别文本类型（json、base64、时间戳等）。

④ 自动粘贴。呼出 uTools 时，如果剪贴板中 5 秒内有新的内容，该内容将自动粘贴到输入框。

⑤ 支持全局快捷键。有助于快速执行常用操作。

⑥ 数据同步。云端同步，永不丢失，支持微信登录。

实验 5.4　网络工具

【实验目的】

（1）掌握使用下载工具下载资源、批量下载资源和通过 URL 下载资源等操作。

（2）掌握使用上传工具 FTP 上传文件、下载文件等操作。

（3）掌握使用网络存储工具阿里云盘的方法。

【实验环境】

中文 Windows 10、迅雷 12、CuteFTP9.0 和阿里云盘。

【实验内容及操作步骤】

1. 迅雷 12 的使用及其他下载工具的介绍

计算机下载工具诞生于互联网初期，因为那时候网络线路较少，带宽非常低，浏览器自带的单线程下载功能非常慢，而且下载过程一旦中断，就只能从头再来，非常浪费时间和精力。迅雷是计算机互联网时代的资源下载神器，也一度成为装机必备软件。下面简单介绍一下迅雷计算机端的使用方法。

① 打开浏览器，访问迅雷官方网站或应用商店进行下载和安装。

② 安装完成后，双击桌面上的迅雷图标或通过“开始”菜单找到并打开迅雷程序。

③ 首次使用时，需要登录迅雷账号或者创建新账号。迅雷启动界面如图 5-4-1 所示。

图 5-4-1　迅雷启动界面

④ 单击“新建”按钮，可以创建一个新的下载任务，如图 5-4-2 所示。

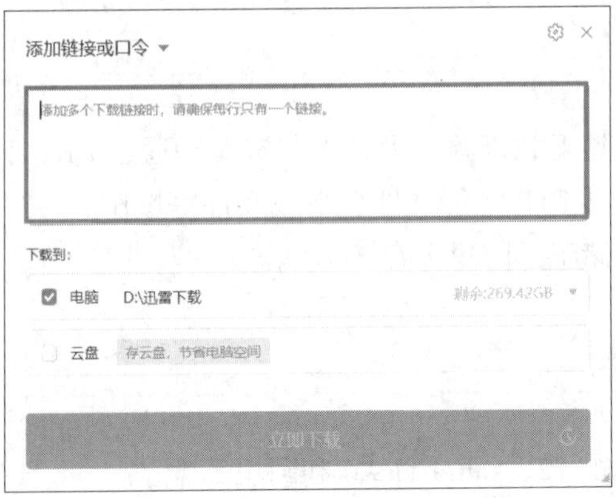

图 5-4-2　迅雷下载任务界面

⑤ 在文本框中输入下载链接或文件路径，单击“确定”按钮即可开始下载。在该文本框内可以添加多个下载链接，只需要保证每行只有一个链接即可。

⑥ 下载完成后，可以在下载历史中查看下载内容。

伴随着科技的进步，互联网带宽越来越大，迅雷不再成为装机的必需品，越来越无足轻重。但不可否认的是，迅雷在计算机端仍然具有很大的装机量，仍然是好用的计算机下载工具软件之一。除此之外，IDM 也非常热门，如图 5-4-3 所示，很多人都会拿它跟迅雷进行比较。这几年来，迅雷的口碑不太好，软件内置大量广告不说，不开通会员速度也不稳定。这导致很多人逐渐抛弃迅雷，转用其他下载器。

图 5-4-3　IDM 下载管理器图标

当然，如今在国内，用户量最大的下载工具，依旧是迅雷。毕竟，迅雷有着得天独厚的优势。除了 p2p 下载技术，它还有很多其他下载器不具备的加速功能，如高速通道、离线下载等。

Internet Download Manager，中文名为互联网下载管理器，简称 IDM。这是一款非常经典的多线程下载软件，它的 HTTP 下载功能，堪称神器。它的界面虽然老土，但依旧非常受国内外用户的追捧。

IDM 支持断点续传，如图 5-4-4 所示，还特有 in-speed 技术，能充分利用网络，时刻保持满速下载。另外，它支持自动捕获链接，如网盘链接、网页上的视频音频链接等。在下载功能上，IDM 绝对是非常强大的。

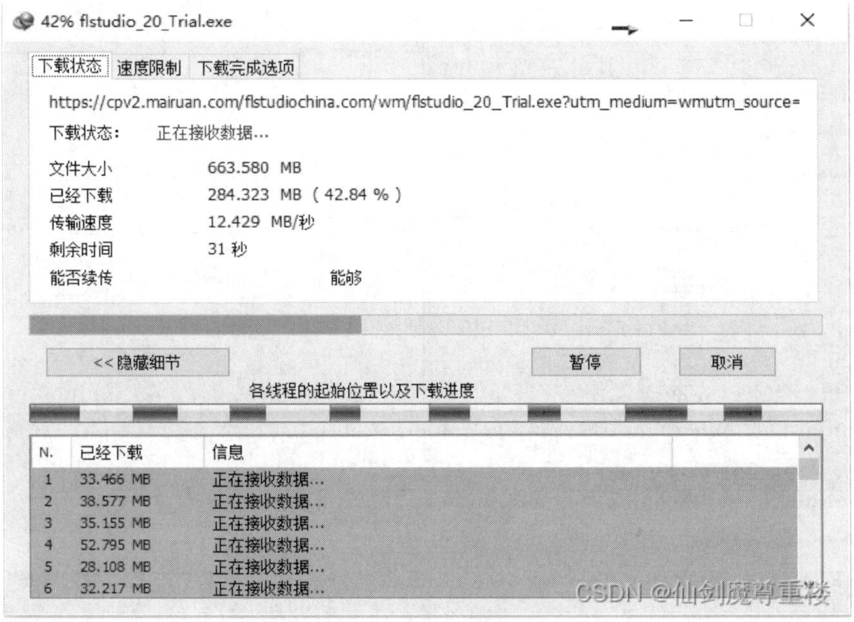

图 5-4-4　IDM 断点续传

当然，该软件能如此受欢迎，原因不仅仅于此。IDM 专注于文件下载，界面清爽无广告，没有任何多余功能，不会出现打扰用户的情况。在这一点上，其他花里胡哨的下载工具无法与之相比。

强大的下载引擎使用独特的算法以最快的方式接收互联网数据。与其他下载管理器和加速器不同，IDM 在下载过程中动态分割下载的文件，并且无需额外的连接和登录阶段即可重用可用连接，以实现最佳的加速性能。

2. FTP 工具介绍

FTP 的英文全称为 file transfer protocol，即文件传输协议，用于文件的传输。FTP 通常应用在服务器，也有应用在网络设备中的。FTP 工具通常支持 FTP、SFTP、HTTP/HTTPS 等协议，下面简单介绍几款主流的 FTP 工具。

（1）FileZilla。

FileZilla（见图 5-4-5），适用于 Windows、macOS 和 Linux，同时 FileZilla 还支持 FTPS 和 SFTP，界面操作非常简单，只需要输入主机、用户名、密码、端口，然后单击“快速连接”按钮即可。FileZilla 可以在 Windows、Linux、BSD、macOS 等平台上运行，支持 IPv6 提供多种语言，支持大于 4 GB 的大文件续传和传输，具有选项卡式用户界面、强大的站点管理器和传输队列管理功能，支持拖放，可配置限制传输速度，文件名过滤器，目录比较，网络配置向导，远程文件编辑，支持 HTTP/1.1、SOCKS5 和 FTP 代理，同步目录浏览，远程文件搜索。

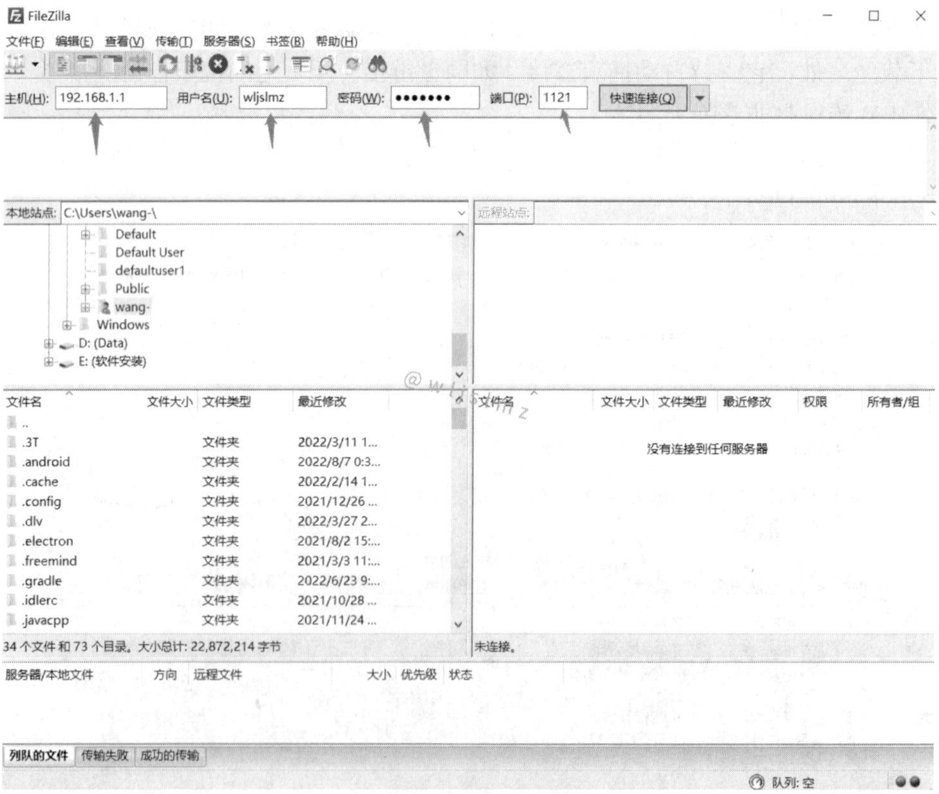

图 5-4-5　FileZilla

（2）WinSCP。

WinSCP（见图 5-4-6）是目前比较流行的免费 FTP 工具，从其名字中的“Win”就可以看出，其支持的系统只有 Windows。WinSCP 有两种不同的用户界面：Commander 和

Explorer，前者类似于 Norton Commander UI，而后者类似于 Windows 文件资源管理器。

作为其图形用户界面的替代方案，WinSCP 的脚本或控制台界面可自动执行各种操作，如文件传输和同步。WinSCP 的使用也非常简单，只需要输入主机号、端口号、用户名、密码，然后单击“Login”按钮即可。

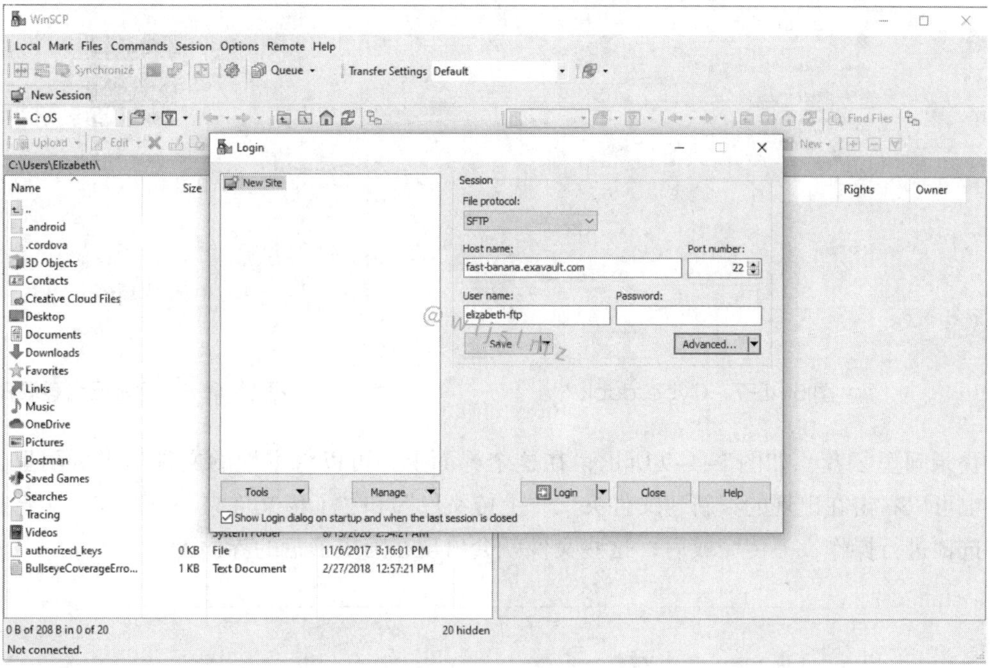

图 5-4-6　WinSCP

（3）Cyberduck。

Cyberduck（见图 5-4-7）是一个强大的文件传输协议客户端，用于连接各种服务器、共享企业文件和云存储。Cyberduck 适用于 macOS 和 Windows 系统，可以与任何外部文件编辑器进行集成。例如，想使用 VS Code 编辑服务器上的文件，通过 Cyberduck 可以轻松实现。

Cyberduck 还提供了书签、云服务同步，甚至 CDN 配置的功能。插件 Cryptomator 还提供客户端加密的功能，即使文件位于云端和服务器上，也可以保证安全性。Cyberduck 支持简体中文，连接方式也非常的简单。在“新建连接”对话框中，输入服务器地址、端口、用户名、密码，然后单击“连接”按钮即可。

3. 阿里云盘的使用

网盘，又称网络 U 盘、网络硬盘、云盘，是由互联网公司推出的在线存储服务。服务器机房为用户划分一定的磁盘空间，免费或收费为用户提供文件的存储、访问、备份、共享等文件管理等功能，并且拥有世界各地的容灾备份。用户可以把网盘看成一个放在网络上的硬盘或 U 盘，不管是在家中、单位或其他任何地方，只要连接到因特网，就可以管理、编辑网盘里的文件，不需要随身携带，更不怕丢失。

阿里云盘（见图 5-4-8）是由阿里巴巴全球技术团队打造的一款个人网盘，有下载会员不限速、不打扰、够安全、易于分享等特点，是一款为计算机端用户提供云端存储、数据备份及智能相册等服务的网盘产品。该产品支持安卓手机、iOS 手机、网页版、计算机客户端、

Mac 客户端、平板客户端、微信小程序，是云存储系统下的一项应用，支持跨平台使用。

图 5-4-7　Cyberduck

图 5-4-8　阿里云盘登录界面

登录阿里云盘，如图 5-4-9 所示，在这个界面上，可以将本地的文件拖曳到阿里云盘中，也可以右击在出现的“新建文件夹”、“上传文件”和“上传文件夹”三个选项中选择对应的选项进行操作，上传完成后，这些文件就会出现在阿里云盘的界面上。

图 5-4-9　阿里云盘启动界面

同样，也可以将阿里云盘中的文件下载到本地。只需要在文件上右击，在快捷菜单中选择“下载”命令，就可以将文件下载到本地。移动端也可以进行相似的操作。

阿里云盘还提供了文件分享的功能，如图 5-4-10 所示，用户只需要右击需要分享的文件或文件夹，从弹出的快捷菜单中选择“快传”命令，在打开的对话框中单击“创建快传”

按钮，然后复制生成的链接，就可以将文件分享给其他人。接收者只需要打开这个链接，就可以下载该文件了。

图 5-4-10　快传功能

在阿里云盘的客户端中，设置自动备份，让阿里云盘自动备份手机里的照片和视频；还可以设置同步，让用户在不同的设备上都可以访问到同一个阿里云盘。

阿里云盘是一款非常实用的云存储服务产品，无论是上传、下载、分享文件，还是管理文件夹，都非常方便，而且，阿里云盘还有回收站等功能，让用户的使用体验更加完美。

参 考 文 献

[1] 牛荣. 大学计算机基础实验教程 [M]. 3 版. 北京：北京邮电大学出版社，2014.

[2] 于萍. 大学计算机基础实验教程 [M]. 北京：清华大学出版社，2013.

[3] 杨振山，龚沛曾. 大学计算机基础上机实验指导与测试 [M]. 4 版. 北京：高等教育出版社，2004.

[4] 刘杰，朱仁成. 计算机应用基础实训指导：Windows 7+Office 2010 [M]. 西安：西安电子科技大学出版社，2012.

[5] 叶丽珠，马焕坚. 大学计算机基础项目式教程实验指导：Windows 7+Office 2010 [M]. 北京：北京邮电大学出版社，2013.

[6] 邵玉环. Windows 7 实用教程 [M]. 北京：清华大学出版社，2012.